高等学校规划教材

建 筑 测 量 学

邹积亭 主编

中国建筑工业出版社

图书在版编目（CIP）数据

建筑测量学/邹积亭主编. —北京：中国建筑工业出版社，2009
高等学校规划教材
ISBN 978-7-112-10999-9

Ⅰ. 建… Ⅱ. 邹… Ⅲ. 建筑测量-高等学校-教材
Ⅳ. TU198

中国版本图书馆 CIP 数据核字（2009）第 082993 号

本书是为建筑类高等院校讲授《工程测量》这门课程而编写的，其内容是根据城市规划专业、土木工程专业、交通工程专业、给水排水工程专业、环境工程专业、工程管理专业和成人教育相关专业等《工程测量》课的教学大纲编写完成的，同时考虑到自学和授课的需要，每章之后附有一定数量的思考题与习题。

全书共十五章。第一章至第六章主要讲述测绘工程的基本概念和基本知识以及工程上常用的仪器和现代高端仪器，特别是对能够直接得到点位三维坐标的全站仪、全球卫星导航定位系统和三维激光扫描仪作了较为全面的介绍。同时还介绍了测量误差理论和观测数据处理的基本知识。第七章至第十章主要讲述小地区的控制测量、地形图测绘及地形图应用的各种方法和测设的基本工作。第十一章至第十四章主要针对不同专业讲述了测绘工程在各自专业中的应用，并对移动道路测量系统进行了介绍。第十五章主要介绍了建（构）筑物变形监测的基本理论和监测方法。

本书作为建筑类高等院校《工程测量》及相关课程的教材，适用于城市规划、土木工程、交通土建工程、道路与桥梁工程、给水排水工程、环境工程、工程管理及其成人教育等相关专业，也可作为高等教育自学及有关工程技术人员的参考书。

为更好地支持相应课程教学，我们向采用本书作为教材的教师免费提供教学课件，有需要者可向出版社联系，邮箱：jgkejian@163.com，电话：010-58337483。

* * *

责任编辑：王 跃 牛 松
责任设计：张政纲
责任校对：王金珠 孟 楠

高等学校规划教材
建 筑 测 量 学
邹积亭 主编
*
中国建筑工业出版社出版、发行（北京西郊百万庄）
各地新华书店、建筑书店经销
霸州市顺浩图文科技发展有限公司制版
北京建筑工业印刷厂印刷
*
开本：787×1092毫米 1/16 印张：18 字数：438千字
2009年6月第一版 2017年1月第七次印刷
定价：**29.00元**
ISBN 978-7-112-10999-9
（18246）

版权所有 翻印必究
如有印装质量问题，可寄本社退换
（邮政编码 100037）

前 言

现代科学技术的发展，使测量技术手段由传统的水准仪、经纬仪、钢尺等发展为激光测量、自动测量和卫星测量，对大地测量学、工程测量学和普通测量学等理论和方法产生了革命性影响。全站仪、激光三维扫描仪、全球卫星导航定位系统和移动道路测量系统等新仪器、新技术的不断涌现，使得测绘工作更加快捷和方便。建立经济实用的连续运行卫星定位综合服务系统（CORS），是现代全球卫星定位测量技术发展热点之一。

本教材为适用于建筑类高等院校城市规划、土木工程、交通工程、道路与桥梁工程、建筑环境与设备工程给水排水工程、环境工程、工程管理和成人教育相关专业的教学而编写，也可作为高等教育自学考试及相关工程技术人员的参考书。全书共十五章。第一章至第六章主要讲述测绘工程的基本概念和基本知识以及工程上常用的仪器和现代高端仪器，特别是对能够直接得到点位三维坐标的全站仪、全球卫星导航定位系统和三维激光扫描仪作了较为全面的介绍。同时还介绍了测量误差理论和观测数据处理的基本知识。第七章至第十章主要讲述小地区的控制测量、地形图测绘及地形图应用的各种方法和测设的基本工作。第十一章至第十四章主要针对不同专业讲述了测绘工程在各自专业中的应用，并对移动道路测量系统进行了介绍。第十五章主要介绍了建（构）筑物变形监测的基本理论和监测方法。

为了便于教学我们配有相关电子教案，免费为读者提供。在教学中各专业可以根据需要和要求，有选择地讲解各章节内容，附录提供了北京建筑工程学院《工程测量》课程48学时的教学日历供授课教师参考。北京建筑工程学院有70多年的办学历史，1977年恢复高考时，学院就有"测绘工程"本科专业，是当时有"测绘工程"本科专业为数不多的院校之一。30多年来，"测绘工程"专业建设得到了突飞猛进的发展，2007年被评为北京市品牌专业，2009年被评为北京市特色专业。《工程测量》是针对非测绘专业学生开设的一门专业基础课程，在"测绘工程"专业背景的支撑下，《工程测量》课程得到了很好的建设和发展，2006年《工程测量》课程被评为北京市精品课程。

本书由北京建筑工程学院测绘学院的部分教师共同承担。邹积亭教授担任主编，组织和负责全书的编写工作。第一章由赵西安教授编写，第二、十、十一和十三章由陈秀忠教授编写，第三章由朱凌副教授编写，第四、五（1）、八和九章由周乐皆副教授编写，第五（2）、十二和十五章由邹积亭编写，第五（3）章由张瑞菊博士编写，第六、七章由陆立副教授编写，第十四章由丁克良编写。全书由邹积亭统稿并得到严莘稼的执笔修改，书中还借鉴了大量相关有关书籍和文章（见书后参考文献），同时在编写过程中还得到了朱光教授、刘旭春博士的指导和帮助，在此一并表示感谢。

由于编者水平有限，书中难免有不妥之处，恳请广大读者批评指正，以便再版时修订。

编 者
2009年3月

目 录

第一章 绪论 1
 第一节 测绘学与测绘学科 1
 第二节 测绘学的发展概况 2
 第三节 地面点位的确定 4
 第四节 水平面代替水准面的限度 9
 第五节 建筑测量概述 10

第二章 水准测量 12
 第一节 水准测量原理 12
 第二节 水准测量的仪器和工具 13
 第三节 水准仪的使用 16
 第四节 水准测量的方法 17
 第五节 水准仪的检验与校正 22
 第六节 水准测量误差与注意事项 25
 第七节 自动安平水准仪和数字水准仪 26

第三章 角度测量 30
 第一节 水平角测量原理 30
 第二节 光学经纬仪及其操作 31
 第三节 水平角测量 36
 第四节 竖直角测量 38
 第五节 电子经纬仪 41
 第六节 光学经纬仪的检验和校正 43
 第七节 角度测量误差及注意事项 47

第四章 距离测量与直线定向 50
 第一节 钢尺量距 50
 第二节 视距测量 54
 第三节 电磁波测距 56
 第四节 直线定向 62

第五章 直接得到点位坐标的仪器和方法 66
 第一节 全站仪及其使用 66
 第二节 全球卫星导航定位测量基础 82
 第三节 三维激光扫描测量技术 94

第六章　测量误差的基本知识 ... 105
第一节　测量误差概述 ... 105
第二节　偶然误差的统计规律性 ... 107
第三节　衡量观测值精度的指标 ... 108
第四节　误差传播定律 ... 111
第五节　等精度观测值的最或然值和精度评定 ... 113
第六节　非等精度观测值的最或然值和精度评定 ... 115

第七章　小地区控制测量 ... 120
第一节　控制测量概述 ... 120
第二节　导线测量 ... 122
第三节　三、四等水准测量 ... 127
第四节　三角高程测量 ... 130

第八章　大比例尺地形图测绘 ... 133
第一节　地形图的比例尺 ... 134
第二节　大比例尺地形图图式 ... 136
第三节　地貌的表示方法 ... 141
第四节　碎部点平面位置的测量方法 ... 145
第五节　大比例尺地面模拟法测图 ... 148
第六节　大比例尺地面数字测图 ... 155

第九章　地形图应用 ... 167
第一节　地形图的识读 ... 167
第二节　地形图的基本应用 ... 173
第三节　图形面积的量算 ... 175
第四节　工程建设中的地形图应用 ... 178
第五节　数字地形图的应用 ... 180

第十章　测设的基本工作 ... 188
第一节　水平距离、水平角和设计高程的测设 ... 188
第二节　点的平面位置测设 ... 190

第十一章　建筑施工测量 ... 194
第一节　概述 ... 194
第二节　建筑场地施工控制测量 ... 195
第三节　民用建筑施工中的测量 ... 198
第四节　工业建筑工程施工中的测量 ... 201

第十二章　道路工程测量 ... 205
第一节　概述 ... 205
第二节　道路初测阶段的测量 ... 205

第三节　路线中线测量 …………………………………………………… 206
　　第四节　单圆曲线元素的计算和主点测设 …………………………… 209
　　第五节　单圆曲线的详细测设 ………………………………………… 211
　　第六节　其他圆曲线类型简介 ………………………………………… 214
　　第七节　缓和曲线的测设 ……………………………………………… 215
　　第八节　高速公路线型简介 …………………………………………… 221
　　第九节　竖曲线 ………………………………………………………… 223
　　第十节　路线纵横断面测量 …………………………………………… 223
　　第十一节　道路施工测量 ……………………………………………… 228

第十三章　管道工程测量 ………………………………………………… 233
　　第一节　概述 …………………………………………………………… 233
　　第二节　管道工程中线测量 …………………………………………… 233
　　第三节　管道纵、横断面测量 ………………………………………… 235
　　第四节　管道工程施工测量 …………………………………………… 236

第十四章　测绘在城市规划管理中的应用 ……………………………… 244
　　第一节　概述 …………………………………………………………… 244
　　第二节　城市规划测量是城市规划建设的保障 ……………………… 244
　　第三节　移动道路测图技术 …………………………………………… 246
　　第四节　GIS在城市规划中应用 ……………………………………… 253
　　第五节　遥感技术 ……………………………………………………… 257

第十五章　建（构）筑物变形监测 ……………………………………… 260
　　第一节　概述 …………………………………………………………… 260
　　第二节　建（构）筑物的沉降监测 …………………………………… 262
　　第三节　假设检验理论在沉降监测的应用 …………………………… 268
　　第四节　建（构）筑物的水平位移监测 ……………………………… 276
　　第五节　建（构）筑物的倾斜监测与裂缝监测 ……………………… 277

主要参考文献 ……………………………………………………………… 279

第一章 绪　　论

第一节　测绘学与测绘学科

测绘学是研究测定和推算地面点的几何位置、地球形状和大小、地球重力场，测量和描述地球表面自然形态和地物的几何分布，编制全球或局部地区各种比例尺的地图和专题图的理论与技术的学科。

测绘学根据其研究对象、要求和手段不同，已经形成了一些分支学科。

大地测量学是研究和测定地球形状、大小、地球重力场以及建立国家大地控制网。现代大地测量已经突破了经典大地测量的时空限制，进入以空间大地测量为主的新阶段，它将为人类提供高精度、高分辨率，实时、动态的定量空间信息，是研究地壳运动与变形、地球动力学、海平面变化、地质灾害预测等的重要手段之一。

全球卫星导航定位系统（Global Navigation Satelite System，GNSS），通过安置在地面（或车、机载平台）上的卫星信号接收机，接收来自太空的卫星发射回地球的导航电文。据此，可在很短时间内计算得到接收机天线中心的三维坐标。

地理信息系统（Geographic Information System，GIS）是利用计算机数据库技术将与地球有关的空间位置和属性特征（例如地面植被分布、地表水质量、地下矿藏储量等数据）存放在数据库中，在此基础上实现智能化应用。由于地理信息系统管理着丰富的与地球空间位置有关的地理、环境、资源、人文等属性数据，已经在包括建筑工程在内的众多领域得到了广泛应用。

摄影测量与遥感（Remote Sensing，RS）是通过航空、航天传感器获取被测物立体影像信息，经过影像匹配、特征提取和分析，得到被测物的位置、形状、大小及其他属性特征，进而生成各种比例尺地图、地形图和专题图；全数字摄影测量、机载实时测图、航空航天遥感影像信息融合、数据挖掘、图形和图像数据库、数字地面模型、数字表面模型和虚拟现实正在成为这门学科的关键技术。

工程测量学是研究大型工程建设在勘测、规划、设计、施工和管理阶段的测量技术和方法。工程测量面向大型、特种工程建设。从电磁波测距、电子测角到全站仪以及测量机器人技术、卫星测量技术等都在大型工程施工与监测中得到大量应用。测量自动化、测量数据的三维可视化和激光技术等在大型及特种工程中起着重要作用。

普通测量学是研究地球表面较小范围内大比例尺测量的基本技术、方法与应用的学科。大比例尺地形图的数字成图和可视化技术应用已经是地形测量学的主要技术手段。

建筑测量学属于普通测量学与工程测量学的范畴。在城乡建设应用中，建筑测量学的任务主要包括地形测绘、施工测设和变形监测三个方面内容。地形测绘是通过一定的测量方法将地球表面的一定区域缩绘成图，满足国防和国家经济建设的需要。施工测设是将设计在图纸上的建（构）筑物位置标定到实地，作为建筑施工的依据。变形监测则是对各类建（构）筑物（例如高层建筑、大型水工构筑物、城市高架桥等）、山体、地壳等因各种荷载变化或外力作用后产生的变形进行实时测量。

建筑类专业的学生通过本课程的学习，要求掌握测绘学的基本知识和理论，掌握建筑工程中常用仪器的使用，了解大比例尺测图原理和方法，在工程施工方面，具有正确使用地形图和有关测绘成果的能力，具有进行一般施工测量的能力，了解建（构）筑物变形监测的原理和方法。

随着人类对于自己生存的地球认识的加深，将会越来越多地依赖测绘遥感信息技术。在工农业生产方面，从工程的勘测、规划、设计到施工组织、竣工验收、工程安全性监测等都要进行大量的测量工作。GNSS、GIS 技术还在大型水工构筑物变形监测与仿真研究中起着重要作用。在国防建设中，军事测绘、GNSS 实时定位技术正在成为大规模诸兵种协同作战的技术保障之一。GNSS、GIS、RS 与计算机虚拟现实技术结合使远距离精确制导武器的威力越来越大。在空间武器、人造卫星或航天器发射中，测绘学科除了提供精确的空间坐标外，还要提供有关的空间重力场资料。在科学研究方面，随着各类航天器的发射，特别是高空间分辨率、高光谱分辨率和高时相分辨率遥感卫星的发展，使全球监测与预报研究在国民经济中的地位更加凸显。

上述有关测绘学科的各项高新技术，已在或正在建设领域各专业中得到广泛应用。在工程建设的规划设计阶段，各种比例尺地形图、数字地形图或有关 GIS 广泛应用于城镇规划设计、管理、道路选线以及总平面图设计和竖向设计等，以保障建设选址得当，规划布局科学合理；在施工阶段，特别是大型特大型工程的施工，GNSS 技术和测量机器人技术已经用于高精度建（构）筑物的施工测设，并实时对施工、安装工作进行检验校正，以保证施工符合设计要求；在工程管理方面，竣工测量资料是扩建、改建和管理维护必需的资料。对于大型或重要建（构）筑物要定期进行变形监测，以确保其安全可靠。

第二节　测绘学的发展概况

由于政治、经济和科学文化发展的需要，测绘学科在人类历史进程中很早就产生了。根据史料记载，由于历史上古埃及尼罗河年年洪水泛滥后，需要重新划定土地界线，开始有了测量工作。公元前 6 世纪希腊哲学家毕达哥拉斯提出地球为圆球形的学说，公元前 3 世纪希腊天文学家埃拉托色尼初步测定地球为圆球形，亚历山大的埃拉托斯特尼采用在两地观测日影的办法，首次推算出地球子午圈的周长。公元 15 世纪，物理学家牛顿根据力学原理，提出地球是两极略扁的椭球体学说。荷兰的斯涅耳采用三角测量法进行弧度测量，克服了在地面上直接量测弧长的困难。同期，法国学者在南美洲和北欧进行的弧度测量证明了地球椭球理论。公元 16 世纪，法国 A. C. 克莱罗的《地球形状理论》，奠定了地球形状研究的物理方法。也是在 16 世纪，墨卡托创造了著名的地图制图方法，称为墨卡托投影。公元 18 世纪初，测定地面高低起伏形状的水准测量方法产生。公元 19 世纪德国著名数学家、天文学家和测量学家高斯提出了横轴椭圆柱面投影学说（高斯投影），并创立最小二乘法，这些学说与方法至今仍是测量与地图学的基础。第一次世界大战期间，为了快速解决军事用图的需要，诞生了航空摄影测量。

测绘科学在我国的发展始于公元前 21 世纪。《史记·夏本纪》中著名的夏禹治水，就是使用简单测量工具测量距离和高低，"准、绳、规、矩"是指实际测量的工具。到春秋战国时期，测绘学科有了新的发展。其中《周髀算经》、《海岛算经》、《管子》（地图篇）、《孙子兵法》等有关论述，可以说明我国测绘学科在当时已经达到了相当高的水平。公元前 3 世纪，我们的祖先已利用磁石制成了世界最先进的指南工具"司南"。西晋裴秀（公元 224～271）在总结前人制图经验的基础上，编制了小比例尺地图制图法则，称为《制图六体》，是世界上最早的地图制图规范。魏晋的刘徽著"重差术"是世界上最早的地形测量规范。724 年中国唐代的张遂在今河南省的滑县至上蔡县，实测了约 300km 的子午弧长。在滑县、开封、扶沟、上蔡测量同一时刻的日影长度，推算纬度 1°的子午弧长，这是世界上最早用子午线弧长测量方法测定地球形状与大小。到公元 11 世纪，我国已有四种指南针装置与制作方法。元代郭守敬（公元 1231～1316）拟定了全国纬度测量计划。清康熙四十七年至五十七年（公元 1684～1718）开展了大规模的经纬度测量和地形测绘，编制了著名的《皇舆全览图》，是中国历史上首次以实地测量结果绘制的地形图。

中华人民共和国成立后，我国测绘事业有了长足发展，已经在全国范围内建立了国家大地控制网、水准网、基本重力网和卫星多普勒网。应用全球卫星定位测量技术，北起大兴安岭，南至南沙群岛，西自塔克拉玛干沙漠，东到沿海地区大陆架，测定了 700 多个 GPS 卫星控制点，点位精度已经达到国际先进水平。完成了珠穆朗玛峰高程测量和南极长城站及中山站地形图测绘。在举世瞩目的长江三峡水利工程建设、北京正负电子对撞机安装中，测绘工作者都作出了卓越的贡献。

由于 GNSS 实时动态定位技术（RTK）要求测区附近控制点数据，实际测量应用中需要架设基准站，考虑到初始化时间与改正模型等方面因素，建立经济实用的连续运行卫星定位服务系统（CORS）是现代全球卫星定位测量技术发展热点之一。CORS 系统是将网络技术引入大地测量，连续运行参考站系统可以定义为一个或若干个固定的、连续运行的 GNSS 参考站，利用现代计算机、数据通信和互联网技术组成网络，实时地向不同类型、不同需求、不同层次的用户自动提供经过检验的不同类型的 GNSS 观测值（载波相位，伪距），各种改正数、状态信息，以及其他有关 GNSS 服务项目的系统。总之，随着现代科学技术的发展，测量手段正由传统的水准仪、经纬仪、钢尺等发展为激光测量、自动测量和全球卫星定位测量，正在对大地测量学、工程测量学等的理论和方法产生革命性影响。

摄影测量由获取航空摄影照片的解析摄影测量发展为航空航天遥感传感器获取被测物的数字影像信息，通过影像立体匹配、影像解译来获取地面数字信息（包括数字高程模型、数字正射影像和数字地形图等）。航空激光扫描技术（Lidar）通过获取地球表面三维点云数据（地面离散点的三维坐标），基于点云数据自动分析和目标提取快速得到地面数字高程模型。遥感技术用于对地观测与全球变化研究，使人类对于自己生存的地球有了新的认识。差分干涉雷达成像技术（D-InSAR）的发展，正在为地震监测、城市大型工程安全运行以及快速生成数字地面模型提供又一高新技术手段和方法；地面激光三维扫描技术通过直接获取被观测物体三维点云信息，研究古建筑保护、正射影像制作和古建筑变形分析等。意大利学者利用地面激光扫描获取 Nicolo 教堂三维点云，建立数字表面模型，与彩色强度影像配准后生成教堂的正射影像。其特点是该法可获取高密度、可重复使用的科学实验数据，通过与历史数据比较研究文化变迁。利用地面激光三维扫描仪在"故宫博物院古建筑修缮"中，对"太和殿"数据采集方法、三维建模及修缮过程变形监测做了大量实验，与彩色影像配准后生成"太和殿"的正射影像。同时，利用移动道路测量系统（基于车载立体视频、CCD 成像、惯性导航和 GNSS 定位等技术集成），进行城市道路和交通空间信息快速获取，在城市建设与管理中也得到了重要应用。地理信息系统用于政府管理决策、大型工程的仿真研究；网络地理信息系统与计算机虚拟现实技术结合，使城市规划研究正在发展成为规划专家、政府决策人员与普通市民共同参与的城市规划。

第三节　地面点位的确定

一、地球的形状与大小

地球的自然表面有高山、丘陵、平原、江、河、湖、海等，高低不平，也极不规则，如图1-1（a）所示。最高的珠穆朗玛峰高出平均海水面 8844.43m，最低的马里亚纳海沟在海平面以下 11022m。相对于地球形体（平均半径为 6371km）而言，这种自然表面的起伏变化还是很有限的。由于地球的质量和自转运动，地球上任何一点都同时受到地心引力和地球自转运动的离心力影响，这两个力的合力称为地球重力，重力的方向线称为铅垂

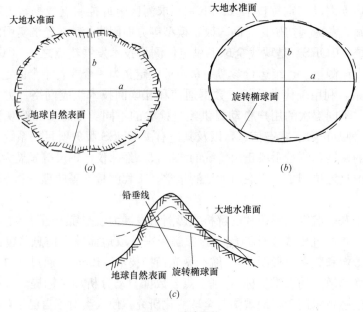

图 1-1　地球形状
（a）地球自然表面与大地水准面；（b）大地水准面与旋转椭球面；（c）三者关系

线。地球表面71%是被海水所覆盖；设想一个自由静止的海水面（只有重力作用，无潮汐、风浪影响），并延伸通过大陆、岛屿形成一个包围地球的封闭曲面，这个曲面就称为水准面。水准面是一个处处与重力线方向垂直的连续曲面，重力线方向（铅垂线）是测量工作中的基准线。水准面有无数多个，其中与平均海水面相吻合的水准面称为大地水准面。大地水准面是测量工作的基准面，大地水准面包围的地球形体称为大地体。

地球内部质量分布不均匀，使铅垂线方向随位置不同而变化［图1-1（c）］。因此，大地水准面仍然是一个复杂的曲面，人们还是无法在这个曲面上直接进行测量数据处理。从地球动力学的角度看，地球是一个旋转的非均质流体，其平衡状态近似为旋转椭球体［图1-1（b）］，大地测量也证明了地球是一个沿赤道稍稍膨起和两极略扁的椭球体。为此，通常用一个非常接近大地水准面的旋转椭球面代替地球表面。旋转椭球体的表面是一数学面，可以作为测量计算工作的基准面。其参数方程为

$$\frac{x^2}{a^2}+\frac{y^2}{a^2}+\frac{z^2}{b^2}=1 \tag{1-1}$$

式中　a——椭球体的长半轴；

　　　b——其短半轴。

定义椭球体几何扁率 α 为

$$\alpha=\frac{a-b}{a} \tag{1-2}$$

目前，我国采用的椭球参数为：$a=6378.137$km，$1/\alpha=298.257$。

经过椭球体定位，得到我国的大地坐标系，称为国家大地坐标系。我国大地坐标的原点在陕西省泾阳县永乐镇。由于旋转椭球体的扁率很小，当测区面积不太大时，可以把地球近似当作圆球看待，其平均半径为6371km。

二、确定地面点位的方法

测量工作的根本任务是确定地面点的位置。众所周知，表示地面点的空间位置需要三个分量。测量工作中用该点投影到椭球面上或水平面上的位置和该点到大地水准面的铅垂距离表示，即地面点的坐标和高程。为了方便起见，通常分别用测量点在投影面上的坐标和到大地水准面的距离来表示。

1. 地面点的高程

地面点到大地水准面的铅垂距离称为该点的绝对高程，或称海拔。如图1-2所示，地面上 A、B 两点沿铅垂线方向到大地水准面的距离为 H_A 和 H_B，即绝对高程。由于海水面是一个随时间发生变化的动态曲面，为此，在我国青岛设立海水涨落观测站，称为验潮站，长期观测海水面的升降变化。同时，建立一个与验潮站相联系的水准基点，作为高程起算点，这个水准基点称为水准原点。我国采用的"1985国家高程基准"，是根据青岛验潮站1952～1979年验潮资料等确定的我国黄海平均海水面起算的高程系统。依此推算出国家水准原点高程值为72.260m。

在局部地区或根据工程需要，也可以假设一个水准面作为高程起算面。如图1-2所示，地面点到该水准面的铅垂距离称为假定高程，或者叫做相对高程。地面点 A 的绝对高程为 H_A，相对高程为 H'_A。两个地面点间的高程之差称为高差。地面点 A、B 之间的

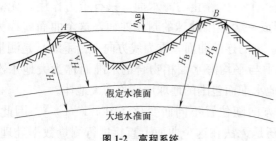

图1-2 高程系统

高差可写为

$$h_{AB} = H_B - H_A = H'_B - H'_A$$

由上式可知，两点间的高差与高程起算面无关。

2. 地面点在投影面上的坐标

（1）大地坐标系

当研究整个地球或较大区域的测量工作时，考虑到地球曲率的影响，可建立关于旋转椭球面的大地坐标系（或者建立相应大地直角坐标系）。用大地经度 L 和大地纬度 B 表示地面点在旋转椭球面上的位置。如图1-3所示，以 O 为中心的旋转椭球体，其旋转轴与地球自转轴平行，其起始子午面 NGDS 与英国格林尼治天文台平均子午面平行。起始子午面与旋转椭球体的截线称为首子午线。设地面一点在旋转椭球面上的投影为 P，则该点的大地经度 L 就是过 P 点的子午面 NPAS 与起始子午面 NGDS 间所构成的二面角。该点的大地纬度为过 P 点的法线 PK 与赤道面的夹角。我国目前采用的是1980年国家大地坐标系。

（2）高斯平面直角坐标系

大地坐标系用来确定地面点在旋转椭球面上的位置，而大比例尺地形图的测绘是相对于水平面而言，其测量计算也是在平面上进行。为此，有必要将旋转椭球面上的点位或图形投影到一平面直角坐标系，这种投影称为地图投影。地图投影的方法很多，我国采用的是高斯—克吕格投影方法（简称高斯投影）。

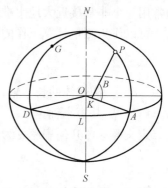

图1-3 大地坐标系

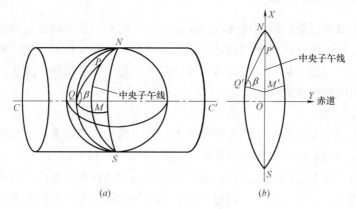

图1-4 高斯—克吕格投影

(a) 高斯投影过程；(b) 投影带

如图1-4所示，高斯投影是设想用一个椭圆柱面横向与地球椭球面相套合，使椭圆柱面的中心轴线 CC' 通过地球椭球中心并与地球自转轴垂直。椭圆柱面与地球椭球上一子午线相切。在保证投影前后角度相等的条件下，将切线两侧一定经度差范围内地球椭球表面的点位投影到该椭圆柱面上，然后沿椭圆柱面上过南北极的母线剪开，将其展开成为平面，即高斯投影平面。在高斯平面上原切线（即子午线）是一条直线且长度不变形，称该子午线为中央子午线。离开中央子午线越远，其长度投影变形越大。为了控制投影变形的程度，通常按经差6°分带，即从地球椭球的首子午线（通过英国格林尼治天文台的首子午线）起，将旋转椭球按经差6°由西向东划分为60个投影带；按每带进行投影，称为6°投影带。用数字1、2、3、……、60表示投影带的号数。则第1带的范围自经度0°到经度6°，该投影带的中央子午线经度为3°。

任意带的中央子午线经度 L_0 按下式计算：

$$L_0 = 6°N - 3° \tag{1-3}$$

其中 N 为6°投影带的带号。

当测绘大比例尺地形图时，要求投影变形更小，则可将旋转椭球按经度差3°，从东经1°30′起，由西向东划分为120个带，称为3°带，如图1-5所示。每带中央子午线的经度为

$$L_0' = 3°n \tag{1-4}$$

其中 n 为3°带的号数。

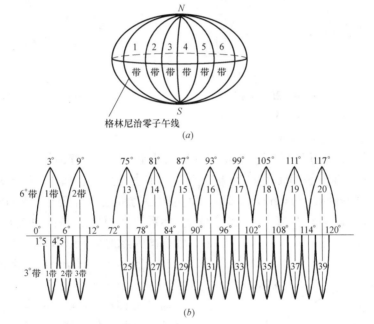

图1-5 3°/6°分带方法

将各带独立的投影到高斯平面上，以本带中央子午线作为纵轴 X；由于高斯平面上赤道的投影线是一条与中央子午线相垂直的直线，定义为横轴 Y。两直线的交点为坐标原点 O，由此建立各带独立的高斯平面直角坐标系。我国位于北半球，X 坐标总为正值，而 Y 坐标有正有负。为避免 Y 坐标出现负值，将各带坐标纵轴向西平移500km。设 A 点 $x = 3380240.85$m，$y = -286250.36$m，则横坐标为 $y = (-286250.36) + 500000 = 213749.64$m。前者称为自然值，后者称为统一值。因为不同投影带内的点可能会有相同坐标值，也为了区分其所属投影带，规定在横坐标前冠以带号。例如，A 点位于第18带，则横坐标为 $y = 18213749.64$m，如图1-6所示。

（3）独立平面直角坐标系

当测量区域较小时，可以把该区域内地球表面沿铅垂线方向投影到水平面上，用平面直角坐标来表示它的投影位置。为使测区内各点的坐标均为正值，规定以测区的西南角坐标为原点 O，南北方向为纵轴（X 轴），向北为正；以东西方向为横轴（Y 轴），向东为正。这与数学上的规定有所不同，测量中取南北方向为纵轴，目的是为了定向方便。

为了使数学中有关三角函数公式可以直接应用到测量计算，在高斯平面直角坐标系和独立平面直角坐标系中将坐标系的象限定义为顺时针方向编号，如图 1-7 所示。

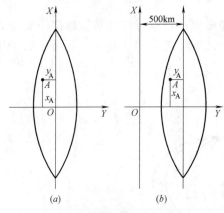

图 1-6　高斯平面直角坐标系
(a) 自然坐标；(b) 统一坐标

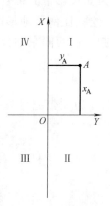

图 1-7　独立平面直角坐标系

3. 地面点的空间直角坐标

随着空间技术的发展，全球卫星测量应用领域非常广泛，特别是在大型建设工程中应用日益增多。全球卫星测量获得的是地心空间三维直角坐标，属于 WGS-84 世界大地坐标系（World Geodetic System, 1984），由美国国防部建立并公布。WGS-84 世界大地坐标系的几何定义是：原点在地球质心，Z 轴指向国际时间局 BIH 1984.0（Bureau International del'Heure）定义的协议地球极（CTP：Conventional Terrestrial Pole）方向，X 轴指向 BIH 1984.0 的零子午面和 CTP 赤道面的交点，Y 轴与 Z、X 轴构成右手坐标系，如图 1-8 所示。

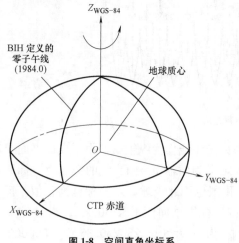

图 1-8　空间直角坐标系

由于地球自转轴在地球内部随着时间而发生位置变化，也称为极移现象。国际时间局（BIH）定期向外公布地极的瞬间位置。WGS-84 世界大地坐标系就是以国际时间局 1984 年首次公布的瞬时地极（BIH 1984.0）作为基准建立的坐标系统。

我国的 1980 年国家大地坐标系、城市坐标系以及大型建设中采用的独立平面直角坐标系与 WGS-84 世界大地坐标系之间存在相互转换关系。

第四节 水平面代替水准面的限度

水准面是一不规则曲面，要在这样的曲面上进行测量计算和工程设计，是很不方便的。但是，用水平面代替水准面，必然会在测量和制图工作中带来误差，并且范围越大，这种影响会越大。为简化测量和绘图工作，并顾及到测量与计算本身的误差，选择在一定范围内用水平面来代替水准面，以保证测绘和测设有足够的精度。

一、对距离的影响

如图1-9所示，A、B是地面上的两点，它们在大地水准面上的投影是a、b，弧长为S。在水平面上的投影是a'和b'，其距离为D。现分析由此产生的影响：

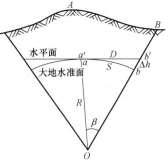

图1-9 对距离的影响

$$S = R \cdot \beta \qquad D = R \cdot \tan\beta$$

近似地将大地水准面视为半径为R的球面，用水平面代替水准面所产生的距离差异

$$\Delta D = D - S = R \cdot (\tan\beta - \beta) \tag{1-5}$$

将式中$\tan\beta$按泰勒级数展开，即

$$\tan\beta = \beta + \frac{1}{3}\beta^3 + \frac{2}{15}\beta^5 + \cdots\cdots$$

略去高次项，则有

$$\Delta D = R \cdot \left(\beta + \frac{1}{3}\beta^3 - \beta\right) = R \cdot \frac{1}{3}\beta^3 \tag{1-6}$$

顾及$\beta = S/R$，得

$$\Delta D = \frac{S^3}{3R^2} \tag{1-7}$$

其相对误差：

$$\frac{\Delta D}{S} = \frac{S^2}{3R^3} \tag{1-8}$$

取地球平均半径$R=6371$km，并以不同的S值代入式（1-7）和式（1-8）。可得到由此产生距离误差ΔD及相对误差$\Delta D/S$列于表1-1。由表列可知，当距离为10km时，所产生的相对误差为1：125万，这样小的误差，对在地面上进行最精密的测量也是允许的。因此，在10km为半径的范围内，可以把水准面当作水平面看待，而不必考虑地球曲率对距离的影响。

水平面代替水准面对距离的影响　　　　　　　　　　　表1-1

距离 S(km)	距离误差 ΔD(cm)	距离相对误差 $\Delta D/S$
10	0.8	1：1250000
25	12.8	1：200000
50	102.6	1：49000

二、对高程的影响

如图 1-9 所示，地面一点 B 的高程应是沿铅垂线方向到大地水准面的距离 Bb。用水平面代替水准面后，B 的高程近似为 Bb'，由此产生的高程误差为 Δh。由图可看出

$$(R+\Delta h)^2 = R^2 + D^2 \tag{1-9}$$

$$\Delta h = \frac{D^2}{2R+\Delta h} \tag{1-10}$$

式中，用 S 代替 D，同时顾及 $\Delta h \ll 2R$，则

$$\Delta h = \frac{S^2}{2R} \tag{1-11}$$

用不同的距离 S 代入式（1-11），便得到表 1-2 高程误差值。从表 1-2 可以看出，用水平面代替水准面，对高程的影响是很大的。当距离为 2km，高程误差可达 0.31m。因此，就高程测量而言，即使距离很短，也应顾及地球曲率对高程的影响。

水平面代替水准面对高程的影响　　　　　　　　　　表 1-2

S(km)	0.1	0.5	1	2	4	5
Δh(cm)	0.08	2	8	31	125	196

第五节　建筑测量概述

通常，测量工作应遵循"从整体到局部，先控制后碎部"的组织原则，即先进行整体的控制测量，然后进行局部的碎部测量。这样可以减少测量误差累积，保证测量精度；另外，为防止测量工作中的错误发生，还应严格地进行测量成果检核。在各类建设项目中以及在建筑施工的不同阶段，都需要测量工作给予配合，其测量任务可概括如下。

一、地形图测绘

地球表面复杂的形态可分为地物和地貌两大类。其中河流、湖泊、道路和房屋等固定性物体称为地物，山头、谷地和陡崖等地面上高低起伏形态称为地貌。不论地物或地貌，它们的形状和大小都是由一些特征点的位置所决定，这些特征点在地形图测绘时又称为碎部点。地形图测绘就是测定这些特征点的平面位置和高程。地形图测绘遵循"先控制后碎部"的组织原则，先控制测量，后碎部测量，以保证测图精度；还可以多幅图同时进行测绘、加快测图进度。

二、施工测量

施工测量即测设，又称施工放样，是将图纸上设计好的建（构）筑物的平面位置和高程测设到实地。施工测量贯穿于建（构）筑物施工全过程。施工测量为防止错误的发生和测量误差的累积，同样需要遵循"先控制后碎部"的测量工作组织原则，以保证施工的正

常进行和施工的质量。

三、变形监测

对于高层建筑物、工业厂房及主要设备、大型水工构筑物等，为保证其施工与使用的安全，在施工过程中以及施工完成后一定时期内要对其变形状态进行定期监测。建（构）筑物的变形监测分为沉降监测和倾斜监测。变形监测组织工作程序分为变形控制网测量和变形点的观测。变形监测控制点的布设应注意远离建筑工程影响范围（例如，施工降水影响区），变形监测周期要与建筑物施工的负荷加载过程同步。

综上所述，无论是地形图测绘、施工测量还是变形监测，其实质是测定地面点的位置。高程测量、角度测量和水平距离测量是测量的基本工作，测量仪器操作、测量成果计算和绘图是测量工作的基本技能。

思考题与习题

1. 测绘学的定义是什么？
2. 测绘学有哪些主要学科？其主要工作是什么？
3. 测绘与测设有何区别？
4. 何谓大地水准面？它在测量工作中的作用是什么？
5. 何谓绝对高程和相对高程？两点之间绝对高程之差与相对高程之差是否相等？
6. 绘图说明高差为"＋"或"－"的物理意义是什么？
7. 测量工作中所用的平面直角坐标系与数学上的平面直角坐标系有何不同？
8. 已知某点位于东经$117°55'$，试计算它所在的$6°$带号和$3°$带号，以及相应$6°$带和$3°$带中央子午线的经度。
9. 用水平面代替水准面，对距离、水平角和高程有何影响？
10. 测量组织工作的原则及其作用是什么？
11. 确定地面点位的三项基本测量工作是什么？
12. 建筑测量学的主要任务有哪些？

第二章 水准测量

第一节 水准测量原理

测定地面点高程的工作称为高程测量。高程测量按所使用的仪器和施测方法的不同,可分为水准测量、三角高程测量和物理高程测量。水准测量是一种直接得到点位高程的方法,精度较高,是建筑工程中获取一个地面点位高程最常用的方法。

一、水准测量原理

水准测量是利用水准仪提供的水平视线,借助于带有分划的水准尺,直接测定地面上两点间的高差,然后根据已知点高程和测得的高差,推算出待定点高程。

如图2-1所示,已知A点的高程为H_A,欲测定待定点B的高程H_B。在A、B两点上立水准尺,两点之间安置水准仪,当视线水平时分别在A、B尺上读数a、b,则A到B点的高差h_{AB}为

$$h_{AB}=a-b \tag{2-1}$$

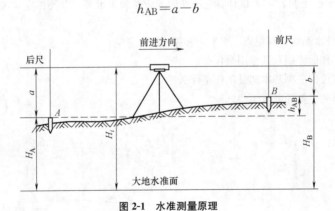

图2-1 水准测量原理

设水准测量是由A向B进行的,则A点为后视点,A点尺上的读数a称为后视读数;B点为前视点,B点尺上的读数b称为前视读数。因此,高差等于后视读数减去前视读数。

二、计算待定点高程

1. 高差法

测得A到B点间高差h_{AB}后,如果已知A点的高程H_A,则B点的高程H_B为:

$$H_B=H_A+h_{AB}=H_A+(a-b) \tag{2-2}$$

这种直接利用高差计算待定点 B 高程的方法，称为高差法。

2. 视线高法

B 点高程也可以通过水准仪的视线高程 H_i 来计算，即

$$H_i = H_A + a$$
$$H_B = H_i - b \tag{2-3}$$

这种利用仪器视线高程 H_i 计算待定点 B 点高程的方法，称为视线高法。在线路纵断面测量、场地平整等施工测量中，通常安置一次仪器，测定多个地面点的高程，采用视线高法测量方便、高效。所以我们也把立在已知点上水准尺的读数叫做后视读数 a，把立在待定点上水准尺的读数叫做前视读数 b。

第二节　水准测量的仪器和工具

水准测量所使用的仪器为水准仪，工具有水准尺和尺垫等。

水准仪按其精度分，有 DS_{05}，DS_1，DS_3 及 DS_{10} 等几种型号。"D"表示大地测量；"S"表示水准仪；05、1、3 和 10 表示水准仪精度等级。按其结构分，主要有：微倾式水准仪、自动安平水准仪和数字水准仪。在建筑工程上主要使用 DS_3 级水准仪，本章将以 DS_3 微倾式水准仪为重点讲述。

一、DS_3 微倾式水准仪的构造

DS_3 水准仪主要由望远镜、水准器及基座三部分组成。见图 2-2。

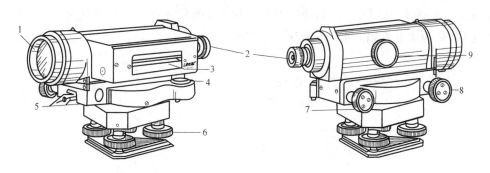

图 2-2　DS_3 水准仪的主要构造

1—物镜；2—目镜；3—水准管；4—圆水准器；5—水平制动螺旋；6—脚螺旋；
7—微倾螺旋；8—水平微动螺旋；9—调焦螺旋

1. 望远镜

望远镜是用来精确瞄准远处目标并对水准尺进行读数的装置。它主要由物镜、目镜、调焦透镜和十字丝分划板组成，见图 2-3。

物镜和目镜多采用复合透镜组，目标 AB 经过物镜成像后形成一个倒立而缩小的实像 ab，通过调焦螺旋可沿光轴移动调焦透镜，使不同距离的目标均能清晰地成像在十字丝平面上，再通过目镜的作用，便可看清同时放大了的十字丝和目标虚像 $a'b'$，见图 2-4。

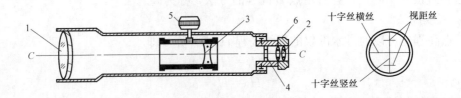

图 2-3 望远镜的主要构造
1—物镜；2—目镜；3—物镜调焦透镜；4—十字丝分划板；5—物镜调焦螺旋；6—目镜调焦螺旋

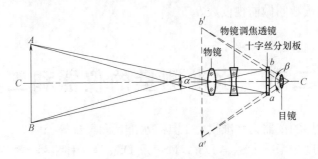

图 2-4 光学成像

十字丝交点与物镜光心的连线，称为视准轴 CC。视准轴的延长线即为视线，水准测量就是在视准轴水平时，用十字丝的横丝在水准尺上截取读数。

2. 水准器

（1）管水准器　它与望远镜固连在一起，用于指示视准轴是否处于水平位置。如图 2-5 所示，它是一玻璃管，其纵剖面方向的内壁研磨成一定半径的圆弧形，水准管上一般刻有间隔为 2mm 的分划线，分划线的中点 O 称为水准管零点，通过零点与圆弧相切的纵向切线 LL 称为水准管轴。水准管轴平行于视准轴。

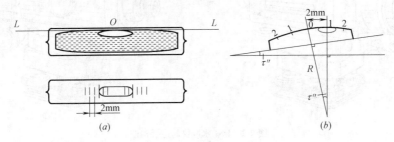

图 2-5 管水准器
(a) 构造图；(b) 水准管分划值示意

水准管上 2mm 圆弧所对的圆心角 τ，称为水准管的分划值，如图 2-5(b) 所示。即：

$$\tau'' = \frac{2mm}{R} \cdot \rho'' \tag{2-4}$$

水准管分划值愈小，水准管灵敏度愈高，用其整平仪器的精度也愈高。DS_3 型水准仪的水准管分划值为 $20''$，记作 $20''/2mm$。

为了提高水准管气泡居中的精度，采用符合水准器，如图 2-6 所示。

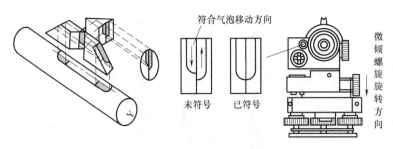

图 2-6 符合水准器

（2）圆水准器　圆水准器装在水准仪基座上，用于仪器粗略整平，使仪器的竖轴竖直。圆水准器是在玻璃盒内表面研磨成一定半径的球面，球面的正中刻有圆圈，其圆心称为圆水准器的零点。过零点的球面法线 $L'L'$，称为圆水准器轴。圆水准器轴 $L'L'$ 平行于仪器竖轴 VV，如图 2-7 所示。

气泡中心偏离零点 2mm 时竖轴所倾斜的角值，称为圆水准器的分划值，一般为 $8'\sim10'/2mm$，精度较低，故用于仪器的粗略整平。

3. 基座

基座的作用是支承仪器的上部，并通过连接螺旋与三脚架连接。它主要由轴座、脚螺旋、底板和三脚压板构成。转动脚螺旋，可使圆水准气泡居中。

二、水准尺和尺垫

1. 水准尺

水准尺是进行水准测量时与水准仪配合使用的标尺。常用的水准尺有塔尺、折尺和双面尺等，如图 2-8 所示。

（1）塔尺　是一种套接的组合尺，其长度为 3～5m，有两节或三节套接在一起，尺的底部为零点，尺面上黑白格相间，每格宽度为 1cm，有的为 0.5cm，在米和分米处有数字注记。

（2）折尺　与塔尺的刻划标注基本相同，只是尺子可以一分为二对折。使用时打开，方便使用和运输。

（3）双面水准尺　尺长一般为 3m，两根尺为一对。尺的双面均有刻划，一面为黑白相间，称为黑面尺（也称主尺）；另一面为红白相间，称为红面尺（也称辅尺）。两面的刻划均为 1cm，在分米处注有数字。两根尺的黑面尺尺底均从零开始，而红面尺尺底，一根从 4.687m 开始，另一根从 4.787m 开始。在视线高度不变的情况下，同一根水准尺的红面和黑面读数之差应等于常数 4.687m 或 4.787m，这对常数称为尺常数，用 k 来表示，以此可以检核读数是否正确。

2. 尺垫

尺垫是由生铁铸成。一般为三角形板座，其下方有三个脚，可以踏入土中。尺垫上方有一突起的半球体，水准尺立于半球顶面，如图 2-9 所示。尺垫用于转点处传递高程。

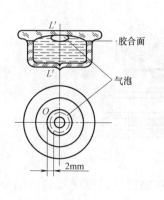
图 2-7 圆水准器

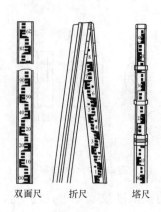
双面尺　折尺　塔尺
图 2-8 水准尺

图 2-9 尺垫

第三节　水准仪的使用

微倾式水准仪的基本操作程序为：安置仪器、粗略整平、瞄准水准尺、精确整平和读数。

一、安置仪器

首先在测站上松开三脚架架腿的固定螺旋，按需要的高度调整架腿长度，再拧紧固定螺旋，张开三脚架将架腿踩实，并使三脚架架头大致水平。然后从仪器箱中取出水准仪，用连接螺旋将水准仪固定在三脚架架头上。

二、粗略整平

通过调节脚螺旋使圆水准器气泡居中。具体操作步骤如下：

如图 2-10 所示，用两手按箭头所指的相对方向转动脚螺旋 1 和 2，使气泡沿着 1、2 连线方向由 a 移至 b。用左手按箭头所指方向转动脚螺旋 3，使气泡由 b 移至中心。

整平时，气泡移动的方向与左手大拇指旋转脚螺旋时的移动方向一致，与右手大拇指旋转脚螺旋时的移动方向相反。

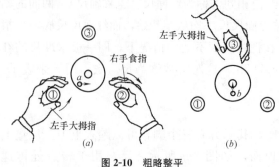

图 2-10 粗略整平
(a) 使气泡由 a 移到 b；(b) 使气泡由 b 移至中心

三、瞄准水准尺

1. 目镜调焦　松开水平制动螺旋，将望远镜转向明亮的背景，转动目镜对光螺旋，使十字丝成像清晰。

2. 初步瞄准　通过望远镜筒上方的照门和准星瞄准水准尺，旋紧水平制动螺旋。

3. 物镜调焦　转动物镜对光螺旋，

使水准尺的成像清晰。

4. 精确瞄准　转动水平微动螺旋，使十字丝的竖丝瞄准水准尺中央，如图2-11所示。

5、消除视差　眼睛在目镜端上下移动，如果看见十字丝的横丝与水准尺影像之间相对移动，这种现象叫视差。产生视差的原因是水准尺的尺像与十字丝平面不重合，如图2-12（a）所示。视差的存在将影响读数的正确性，应予消除。消除视差的方法是仔细地转动物镜对光螺旋和目镜调焦螺旋，直至尺像与十字丝平面重合，如图2-12（b）所示。

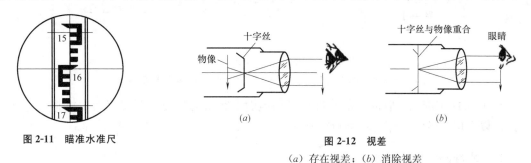

图2-11　瞄准水准尺

图2-12　视差
（a）存在视差；（b）消除视差

四、精确整平

水准管的精确整平简称精平。观察水准管气泡观察窗内的气泡影像，转动微倾螺旋，使气泡两端的影像严密吻合，此时视线即为水平视线。微倾螺旋的转动方向与左侧半气泡影像的移动方向一致，如图2-13所示。

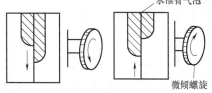

图2-13　精平

五、读数

符合水准器气泡居中后，应立即用十字丝横丝在水准尺上读数。无论是倒像还是正像的水准仪，读数时应从小数向大数读取。直接读取米、分米和厘米，并估读出毫米，共4位数。如图2-11所示，横丝读数为1.610m。读数后再检查符合水准器气泡是否居中，若不居中，应再次精平，重新读数。

第四节　水准测量的方法

一、水准点

用水准测量的方法测定的高程控制点，称为水准点，记为 BM（Bench Mark）。进行水准测量首先要布设水准点。水准点有永久性水准点和临时性水准点两种。

1. **永久性水准点**　国家等级永久性水准点，如图2-14（a）所示；建筑测量中的埋石水准点如图2-14（b）所示；有些永久性水准点的金属标志也可镶嵌在稳定的墙角上，称为墙上水准点，如图2-14（c）所示。

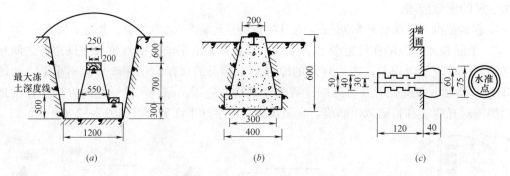

图 2-14 水准点

(a) 国家等级永久水准点；(b) 埋石水准点；(c) 墙上水准点；

2. 临时性水准点 临时性的水准点可用地面上突出的坚硬岩石或用大木桩打入地下，桩顶钉以半球状铁钉，作为水准点的标志。

二、水准测量的施测方法

当已知水准点与待定点距离较远或高差较大，安置一次仪器（一测站）无法测出两点间高差时，就需要利用一些过渡点来传递高程，这种传递高程的点称为转点，用符号 TP 表示。

如图 2-15 所示，已知水准点 BM_A 的高程为 H_A，现欲测定待定点 B 点的高程 H_B。普通水准测量的观测步骤如下：

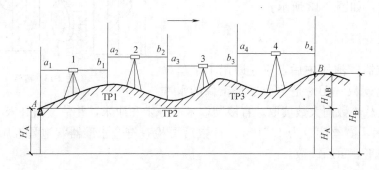

图 2-15 普通水准测量

从 A 点到 B 点逐站观测的高差

$$\left.\begin{array}{l}h_1=a_1-b_1\\ h_2=a_2-b_2\\ \cdots\cdots\\ h_5=a_5-b_5\end{array}\right\} \tag{2-5}$$

将上述各式相加，得

$$h_{AB}=\Sigma h=\Sigma a-\Sigma b \tag{2-6}$$

则 B 点高程为：

$$H_B=H_A+h_{AB} \tag{2-7}$$

【例 2-1】 如图 2-16 所示，自水准点 BM_0（高程为 149.285m）起，利用普通水准测量方法测定 P 点的高程，观测数据如图所示。试将观测数据填入水准测量记录表中，推算 P 点的高程，并进行计算检核。

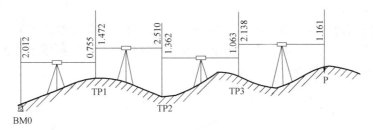

图 2-16 普通水准测量实测

普通水准测量手簿   表 2-1

测站	点名	水准尺读数		高差 h(m)		高程 H(m)	备注
		后视 a	前视 b	＋	－		
	BM0	2.012				149.285	
1	TP1	1.472	0.755	1.257			
2	TP2	1.362	2.510		1.038		
3	TP3	2.138	1.063	0.299			
4	P		1.161	0.977		150.780	
∑		6.984	5.489	2.533	1.038		
计算检核	∑a＝6.984　　∑b＝5.489　　∑h＝+1.495　　∑a－∑b＝6.984－5.489＝+1.495＝∑h						

为了保证记录表中数据的正确，应对后视读数总和减前视读数总和、高差总和、B 点高程与 A 点高程之差进行检核，这三个数字应相等。

三、水准测量的成果检核

1. 测站检核

（1）变动仪器高法　是在同一个测站上用两次不同的仪器高度，测得两次高差进行检核。要求：改变仪器高度应大于 10cm，两次所测高差之差不超过容许值，取其平均值作为该测站最后结果，否则需要重测。

（2）双面尺法　分别对双面水准尺的黑面和红面进行观测。利用前、后视的黑面和红面读数，考虑 k 值后，分别算出两个高差。如果两高差之差不超过规定的限差（例如四等水准测量容许值为±5mm），取其平均值作为该测站最后结果，否则需要重测。

2. 路线检核

测站检核可发现读数错误，但不能发现立尺点变动等错误。为了评定水准测量成果的精度，应根据实际情况将水准测量路线布设成具有检核条件的形式。

在水准点间进行水准测量所经过的路线,称为水准路线。相邻两水准点间的路线称为测段。在一般的建筑测量中,单一水准路线布设形式主要有以下三种形式:

(1) 附合水准路线

附合水准路线的布设方法 如图2-17所示,从已知高程的水准点 BM_A 出发,沿待定高程的水准点 P_1、P_2、P_3 进行水准测量,最后附合到另一已知高程的水准点 BM_B 上所构成的水准路线,称为附合水准路线。

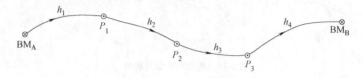

图 2-17 附合水准路线

从理论上讲,附合水准路线各测段高差代数和应等于两个已知高程的水准点之间的高差,即

$$\sum h = H_B - H_A \tag{2-8}$$

由于测量中各种误差的影响,实测高差 $\sum h$ 与理论高差 $(H_B - H_A)$ 往往不相等,则称实测高差与理论高差之间的差值称为高差闭合差,即

$$f_h = \sum h - (H_终 - H_始) = \sum h - (H_B - H_A) \tag{2-9}$$

各种测量规范对不同等级的水准测量都规定了高差闭合差的允许值,见表2-2。

当 $|f_h| \leq |f_{h允}|$,则成果符合要求,否则应分析原因,进行重测。

水准测量高差闭合差允许值　　　　　　　　　　　表 2-2

等级	规范名称	高差闭合差允许值		备注
		平地	山地	
图根	工程测量规范 GB 50026—2007	$\pm 40^{mm}\sqrt{L^{km}}$	$\pm 12^{mm}\sqrt{n}$	L 为水准路线长; n 为测站数。
图根	城市测量规范 CJJ 8—99	$\pm 40^{mm}\sqrt{L^{km}}$	$\pm 12^{mm}\sqrt{n}$	

(2) 闭合水准路线

闭合水准路线的布设方法 如图2-18所示,从已知高程的水准点 BM_A 出发,沿各待定高程的水准点 1、2、3、4 进行水准测量,最后又回到原出发点 BM_A 的环形路线,称为闭合水准路线。

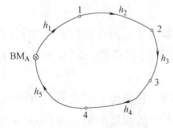

图 2-18 闭合水准路线

闭合水准路线各测段高差代数和应等于零,即

$$\sum h = 0 \tag{2-10}$$

由于测量中各种误差的影响,实测高差之和并不等于零,其高差闭合差为

$$f_h = \sum h_测 - \sum h_理 = \sum h_测 \tag{2-11}$$

(3) 支水准路线

从已知高程的水准点 BM_A 出发,测量至待定点1之后返回,这种既不闭合又不附合的水准路线,称为支水准路线。如图2-19所示。

支水准测量应进行往返观测，其往测高差与返测高差的代数和应等于零。由于测量误差的影响，其高差闭合差为

$$f_h = |\sum h_{往}| - |\sum h_{返}| \qquad (2-12)$$

图 2-19 支水准路线

四、水准测量的成果整理

1. 附合水准路线的计算

【**例 2-2**】 图 2-20 为某一附合水准路线图根水准测量示意图，A、B 为已知高程的水准点，1、2、3 为待定高程的水准点，h_1、h_2、h_3 和 h_4 为各测段观测高差，n_1、n_2、n_3 和 n_4 为各测段测站数，L_1、L_2、L_3 和 L_4 为各测段长度。已知 $H_A = 65.376$m，$H_B = 68.623$m，各测段站数、长度及高差均注于图 2-20 中。

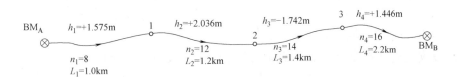

图 2-20 附合水准路线实测

计算过程如下：

(1) 填写已知数据和观测数据

将点号、测段长度、测站数、观测高差及已知水准点 A、B 的高程填入附合水准路线成果计算表 2-3 中有关各栏内。

水准测量成果计算表　　　　　　表 2-3

点号	距离(km)	测站数 n	实测高差(m)	改正数(mm)	改正后高差(m)	高程(m)	备注
1	2	3	4	5	6	7	
BM_A						65.376	
	1.0	8	+1.575	−12	+1.563		
1						66.939	
	1.2	12	+2.036	−14	+2.022		
2						68.961	
	1.4	14	−1.742	−16	−1.758		
3						67.203	
	2.2	16	+1.446	−26	+1.420		
BM_B						68.623	
$\sum$	5.8	50	+3.315	−68	+3.247		
辅助计算	$f_h = \sum h - (H_B - H_A) = 3.315 - (68.623 - 65.376) = +0.068$m $f_{h允} = \pm 40\text{mm}\sqrt{L^{km}} = \pm 40\text{mm}\sqrt{5.8} = \pm 96\text{mm}$　　$|f_h| < |f_{h允}|$　成果合格						

(2) 高差闭合差计算

高差闭合差　　　$f_h = \sum h - (H_B - H_A) = 3.315 - (68.623 - 65.376) = +0.068$m

允许误差（限差）$f_{h允} = \pm 40\text{mm}\sqrt{L^{km}} = \pm 40\text{mm}\sqrt{5.8} = \pm 96\text{mm}$

因为 $|f_h| < |f_{h允}|$，说明观测成果精度符合要求，所以可对高差闭合差进行调整。

(3) 高差闭合差调整

高差闭合差调整的原则和方法，是按与测站数或测段长度成正比例的原则，将高差闭合差反号分配到各相应测段的高差上，得改正数，即

$$\nu_i = \frac{-f_h}{\sum L} \cdot L_i \quad \text{或} \quad \nu_i = \frac{-f_h}{\sum n} \cdot n_i \tag{2-13}$$

式中 ν_i——第 i 测段的高差改正数；

n_i 和 L_i——第 i 测段的测站数和测段长度。

$\sum n$ 和 $\sum L$——水准路线总测站数和总长度；

本例中，各测段改正数为：

$$\nu_i = \frac{-f_h}{\sum L} \cdot L_i = \frac{-68^{mm}}{5.8^{km}} \cdot L_i^{km}$$

计算检核：理论上讲 $\sum \nu = -f_h$，由于计算取位凑整误差的影响，不满足该式，可将余数凑至段长较长或测站较多的测段高差上。本例中 $\sum \nu = -68mm$，$\sum \nu = -f_h$，计算无误。

(4) 各测段改正后高差计算

各测段改正后高差等于各测段观测高差加上相应的改正数，即

$$\bar{h}_i = h_i + \nu_i \tag{2-14}$$

式中 $\bar{h}_i$——第 i 段的改正后高差。

计算检核： $\qquad \sum \bar{h}_i = H_B - H_A \tag{2-15}$

(5) 待定点高程计算

根据已知水准点 A 的高程和各测段改正后高差，即可依次推算出各待定点的高程，即

$$\begin{aligned} H_1 &= H_A + \bar{h}_1 \\ H_2 &= H_1 + \bar{h}_2 \\ H_3 &= H_2 + \bar{h}_3 \end{aligned} \tag{2-16}$$

计算检核：最后推算出的 B 点高程应与已知的 B 点高程相等，以此作为计算检核。

2. 闭合水准路线的计算

闭合水准路线成果计算的步骤与附合水准路线基本相同，不再赘述。

第五节 水准仪的检验与校正

一、水准仪应满足的几何条件

根据水准测量的原理，水准仪必须能提供一条水平的视线，它才能正确地测出两点间的高差。如图 2-21 所示，水准仪在结构上应满足的条件：

(1) 圆水准器轴应平行于仪器的竖轴（$L'L' // VV$）；

(2) 十字丝的横丝应垂直于仪器的竖轴 VV；

(3) 水准管轴应平行于视准轴（$LL // CC$）。

在水准测量之前，应对水准仪进行认真的检验与校正。

二、水准仪的检验与校正

1. 圆水准器轴平行于仪器的竖轴（$L'L'$∥VV）的检验与校正

（1）检验：旋转脚螺旋使圆水准器气泡居中，然后将仪器绕竖轴旋转 $180°$，如果气泡仍居中，则表示该几何条件满足；如果气泡偏出分划圈外，则需要校正。

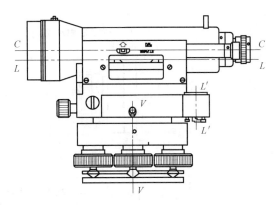

图 2-21 经纬仪的主要轴线

（2）校正：校正时先调整脚螺旋，使气泡向零点方向移动偏离值的一半，此时竖轴处于铅垂位置。然后，稍旋松圆水准器底部的固定螺钉，用校正针拨动三个校正螺钉，使气泡居中，这时圆水准器轴平行于仪器竖轴且处于铅垂位置。

圆水准器校正螺钉的结构如图 2-22 所示。此项校正，需反复进行，直至仪器旋转到任何位置时，圆水准器气泡皆居中为止。最后旋紧固定螺钉。

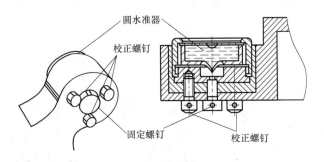

图 2-22 圆水准器校正螺钉

2. 十字丝横丝垂直于仪器的竖轴的检验与校正

（1）检验：安置水准仪，使圆水准器的气泡严格居中后，先用十字丝交点瞄准某一明显的点状目标 P，如图 2-23（a）所示，然后旋紧制动螺旋，转动微动螺旋，如果目标点 P 不离开横丝，如图 2-23（b）所示，则表示横丝垂直于仪器的竖轴；如果目标点 P 离开横丝，如图 2-23（d）所示，则需要校正。

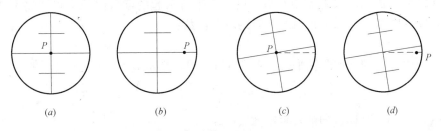

图 2-23 十字丝横丝的检验

（2）校正：松开十字丝分划板座的固定螺钉转动十字丝分划板座，使横丝一端对准目标点 P，再将固定螺钉拧紧，如图 2-24 所示。此项校正也需反复进行。

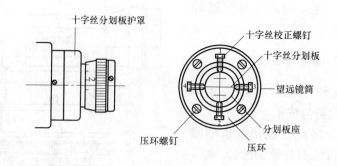

图 2-24 十字丝分划的校正

3. 水准管轴平行于视准轴（$LL /\!/ CC$）的检验与校正

(1) 检验：如图 2-25 所示，在较平坦的地面上选择相距约 80m 的 A、B 两点，打下木桩或放置尺垫。用皮尺丈量，定出 AB 的中间点 C。

1) 在 C 点处安置水准仪，用变动仪器高法，连续两次测出 A、B 两点的高差，若两次测定的高差之差不超过 3mm，则取两次高差的平均值 h_{AB} 作为最后结果。由于距离相等，视准轴与水准管轴不平行所产生的前、后视读数误差 x 相等，故高差 h_{AB} 不受视准轴误差的影响。

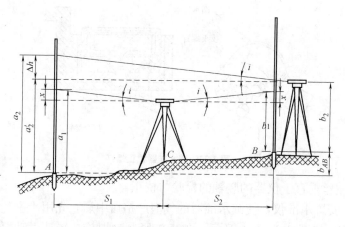

图 2-25 i 角的检验

2) 在离 B 点大约 3m 左右处安置水准仪，精平后读得 B 点尺上的读数为 b_2，读取 A 点尺上读数 a_2，因水准仪离 B 点很近，两轴不平行引起的读数误差 x 可忽略不计。根据 b_2 和高差 h_{AB} 算出 A 点尺上视线水平时的应有读数：

$$a_2' = b_2 + h_{AB} \tag{2-17}$$

如果 $a_2' = a_2$，则表示两轴平行。否则存在 i 角，其角值为：

$$i'' = \frac{a_2' - a_2}{S_{AB}} \cdot \rho'' \tag{2-18}$$

式中　S_{AB}——A、B 两点间的水平距离（m）；

　　　i——视准轴与水准管轴的夹角（"）；

　　　ρ——弧度的秒值，$\rho = 206265''$。

对于 DS_3 型水准仪来说，i 角值不得大于 $20''$，如果超限，则需要校正。

（2）校正：转动微倾螺旋，使十字丝的横丝对准 A 点尺上应读读数 a_2'，用校正针先拨松水准管一端左、右校正螺钉，如图 2-26 所示，再拨动上、下两个校正螺钉，使偏离的气泡重新居中，最后要将校正螺钉旋紧。此项校正工作需反复进行，直至达到要求为止。

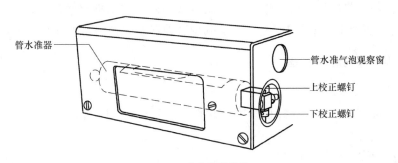

图 2-26　水准管轴的校正

水准仪的检验和校正在有条件的情况下，都应送到有检校资质的检校场所进行检校，检校合格后由检校场所出具合格证书，仪器在证书有效合格期内，方能使用。

第六节　水准测量误差与注意事项

水准测量误差包括仪器误差、观测误差和外界环境的影响三个方面。

一、仪器误差

1. 水准管轴与视准轴不平行误差

水准管轴与视准轴不平行，虽然经过校正，仍然可存在少量的残余误差。这种误差的影响与距离成正比，只要观测时注意使前、后视距离相等，便可消除此项误差对测量结果的影响。

2. 水准尺误差

由于水准尺刻划不准确、尺长变化、弯曲等原因，会影响水准测量的精度。因此，水准尺要经过检核才能使用。

二、观测误差

1. 水准管气泡的居中误差

由于气泡居中存在误差，致使视线偏离水平位置，从而带来读数误差。为减小此误差的影响，每次读数时，都要使水准管气泡严格居中。

2. 估读水准尺的误差

水准尺估读毫米数的误差大小与人眼的分辨率、望远镜的放大倍率以及视线长度有关。在测量作业中，应遵循不同等级的水准测量对望远镜放大倍率和最大视线长度的规定，以保证估读精度。

3. 视差的影响误差

当存在视差时，由于十字丝平面与水准尺影像不重合，若眼睛的位置不同，便读出不同的读数，而产生读数误差。因此，观测时要仔细调焦，严格消除视差。

4. 水准尺倾斜的影响误差

水准尺倾斜，将使尺上读数增大，从而带来误差。如水准尺倾斜 3°30′，在水准尺上 1m 处读数时，将产生 2mm 的误差。为了减少这种误差的影响，水准尺必须扶直。

三、外界条件的影响误差

1. 水准仪下沉误差

由于水准仪下沉，使视线降低，而引起高差误差。如采用"后、前、前、后"的观测程序，可减弱其影响。

2. 尺垫下沉误差

如果在转点发生尺垫下沉，将使下一站的后视读数增加，也将引起高差的误差。采用往返观测的方法，取成果的中数，可减弱其影响。

为了防止水准仪和尺垫下沉，测站和转点应选在土质坚实处，并踩实三脚架和尺垫，使其稳定。

3. 地球曲率及大气折光的影响

地球曲率和大气折光的影响，使得视线弯曲。可采用使前、后视距离相等的方法来消除。

4. 温度的影响

温度的变化不仅会引起大气折光的变化，而且当烈日照射水准管时，由于水准管本身和管内液体温度的升高，气泡向着温度高的方向移动，从而影响了水准管轴的水平，产生了气泡居中误差。所以，测量中应随时注意为仪器打伞遮阳。

第七节 自动安平水准仪和数字水准仪

一、自动安平水准仪

自动安平水准仪与微倾式水准仪的区别在于，自动安平水准仪没有水准管和微倾螺旋，而是在望远镜的光学系统中装置了补偿器。

1. 视线自动安平的原理

如图 2-27 所示，当圆水准器气泡居中后，视准轴仍存在一个微小倾角 α，在望远镜的光路上安置一补偿器，使通过物镜光心的水平光线经过补偿器后偏转一个 β 角，仍能通过十字丝交点，这样十字丝交点上读出的水准尺读数，即为视线水平时应该读出的水准尺读数。

由于无需精平，这样不仅可以缩短水准测量的观测时间，而且对于施工场地地面的微小振动、松软土地的仪器下沉等原因，引起的视线微小倾斜，能迅速自动安平仪器，从而

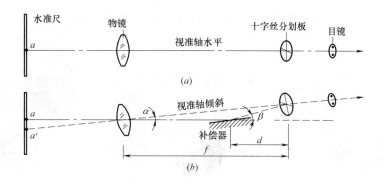

图 2-27 补偿原理

提高了水准测量的观测精度。图 2-28 为北京光学仪器厂生产的自动安平水准仪，图 2-29 为该仪器的光学结构。

图 2-28 自动安平水准仪

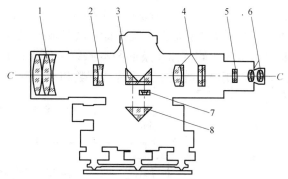

图 2-29 自动安平水准仪光学结构

1—物镜；2—物镜调焦透镜；3—补偿棱镜组；4—转像物镜；5—十字丝分划板；6—目镜；7—补偿器警告指示板；8—底物镜

2. 自动安平水准仪的使用

使用自动安平水准仪时，首先将圆水准器气泡居中，然后瞄准水准尺，等待 2～4s 后，即可进行读数。有的自动安平水准仪配有一个补偿器检查按钮，每次读数前按一下该按钮，确认补偿器能正常作用再读数。

二、数字水准仪简介

数字水准仪（亦称电子水准仪）是在仪器望远镜光路中增加了分光镜和光电探测器（CCD 阵列）等部件，采用条形码分划水准尺和图像处理系统，构成光、机、电及信息存储与处理的一体化水准测量系统，其特点是：

（1）自动电子读数代替人工读数，不存在人工读数错误；

（2）自动记录、检核、处理和存储，实现从外业数据采集到内业成果处理一体化；

（3）精度高。多条码测量，可消弱标尺分划误差；自动多次测量，提高成果精度；

（4）配合普通水准尺，可当作普通自动安平水准仪使用。

数字水准仪的自动读数系统通常有三类，一类是采用相关法，如瑞士徕卡（Leica）的 NA 系列（图 2-30）；第二类是采用几何法，如德国蔡司（Zeiss）的 DiNi 系列（2-31）；

第三类是采用相位法,如日本拓扑康(Topcon)的 DL 系列(图 2-32)。

图 2-30　Leica 数字水准仪

图 2-31　Zeiss 数字水准仪

图 2-32　Topcon 数字水准仪

下面以相关法为例来说明数字水准仪自动读数的原理。

图 2-33 为采用相关法的徕卡 DNA03 数字水准仪的机械光学结构图。用望远镜照准编码水准尺并调焦后,标尺上的条形码影像入射到分光镜上。分光镜将其分为可见光和红外光两部分,可见光影像成像在分划板上,供目视观测;红外光成像在 CCD 线阵光电探测器上。探测器将接收到的光图像先转换成模拟信号,再转换为数字信号传送给处理器,并将其与机内存储的标尺条形码本源数字信息进行相关比较,当两信号处于最佳相关位置时,即可获得水准尺上水平视线读数和视距读数,然后将处理结果存储并送往屏幕显示。

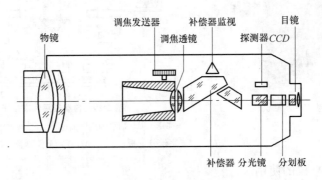
图 2-33　机械光学结构图

思考题与习题

1. 简述水准仪的测量原理。
2. 简述测定待定点高程的两种方法。
3. 分别叙述圆水准器轴、仪器的竖轴、水准管轴和视准轴的定义。
4. 简述视差的定义、产生的原因和消除的方法。
5. 简述水准测量成果的检核方法。
6. 水准测量中要求前后视距离相等,可以消除或减弱哪些误差的影响?
7. 水准仪轴系间应满足何种关系?
8. 简述 i 角的检校方法。
9. 高差的正负号有何意义?
10. 简述自动安平水准仪的补偿原理。
11. 简述数字水准仪的特点。

12. 某闭合水准路线如下图所示，已知高程点 BM 的高程为 67.648m，各测段的观测高差和测段长标注于水准路线略图上，试计算该路线水准测量成果。

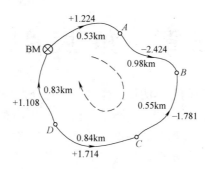

第三章 角度测量

角度测量是确定地面点位的基本测量工作之一,它分为水平角测量和竖直角测量。测量水平角是为了确定地面点的平面位置;测量竖直角是为了确定地面点的高程或将倾斜距离改为水平距离。常用的测角仪器是经纬仪。本章主要介绍水平角、竖直角测量原理和方法、经纬仪的使用和检校、电子测角原理与仪器等内容。

第一节 水平角测量原理

水平角指的是地面上一点到两目标的方向线投影到水平面上的夹角。

如图 3-1 所示,A、O、B 为地面上任意三点。O 为测站点,A、B 为两目标点,OA、OB 方向线在水平面 P 上垂直投影 O_1A_1、O_1B_1 的夹角 β,即为两目标方向线的水平角。由此可知水平角 β 就是过 OA、OB 两方向所作两铅垂面形成的两面角。该两面角可以在两铅垂面交线任意高度的水平面上进行量度,且角值均等于水平角 β。

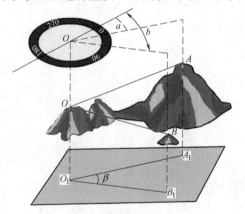

图 3-1 水平角定义

为了测定水平角值,可在过 O 点铅垂线上任意位置水平地安置一个顺时针注记的刻度盘,并使其圆心位于过 O 点的铅垂线上。设两铅垂面在刻度盘上截出的读数分别为 a 和 b,则

水平角(β)=右目标读数(b)−左目标读(a)

即
$$\beta = b - a \tag{3-1}$$

若 $b<a$,则应在 b 上加 360°,因为水平角没有负值,其值域为 0~360°。

由以上原理得知,测量水平角的仪器必须具有:刻度盘和读数设备且能将度盘圆心安置在测站点铅垂线上;能将刻度盘安置成水平的整平设备;能瞄准不同方向目标,既能水平转动又能竖直转动的照准设备。经纬仪便是根据上述条件制造的测角仪器。

第二节 光学经纬仪及其操作

一、经纬仪概述

经纬仪按其精度指标编制了系列标准,分为 DJ_{07}、DJ_1、DJ_2、DJ_6、DJ_{15}、DJ_{60} 等级别。其中 D、J 分别为"大地测量"和"经纬仪"的汉语拼音第一个字母,07、1、2、6、15、60 等下标数字,表示该仪器所能达到的精度指标。如 DJ_6 级表示一测回方向中误差不超过±6″的大地测量经纬仪。DJ_6 亦可简称为 J_6。

经纬仪按其读数系统可分为游标经纬仪、光学经纬仪和电子经纬仪等。游标经纬仪已被淘汰。光学经纬仪较游标经纬仪具有精度高、体积小、重量轻、密封性能好和使用方便等优点。电子经纬仪目前在我国工程测量中被广泛使用。

二、DJ_6 级光学经纬仪的构造

由于生产厂家和型号不同,光学经纬仪的各部件形状不完全一样,但其基本构造皆大致相同。光学经纬仪主要由照准部、水平度盘、基座三部分组成。图 3-2 是北京光学仪器厂生产的 DJ_6 级光学经纬仪的外形及各部件名称。

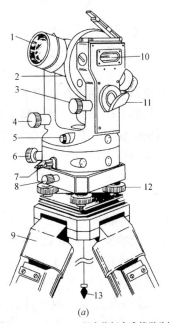 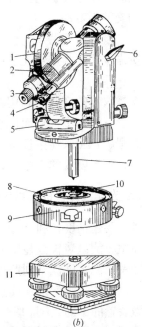

(a) (b)

1—物镜;2—竖直度盘;3—竖盘指标水准管微动螺旋;
4—望远镜微动螺旋;5—光学对中器;6—水平微动螺旋;
7—水平制动扳手;8—轴座连接螺旋;9—三脚架;
10—竖盘指标水准管;11—反光镜;12—脚螺旋;13—垂球

1—竖直度盘;2—目镜调焦螺旋;3—目镜;
4—读数显微镜;5—照准部水准管;
6—望远镜制动扳手;7—竖轴;8—水平度盘;
9—复测器扳手;10—度盘轴套;11—基座

图 3-2 DJ_6 级光学经纬仪的外形及各部件名称

1. 照准部

绕竖轴水平旋转部分称为照准部，它主要由望远镜、光学读数显微镜、竖盘装置、水准器、竖轴等组成。

望远镜是用于精确瞄准目标的设备，它和横轴垂直固连在一起，安置在支架上，可绕横轴在竖直面内作俯仰转动。为控制望远镜的俯仰，在支架一侧装有望远镜的制动螺旋和微动螺旋。

竖盘是用来测定竖直角的装置，固连在横轴的一端与望远镜同步转动。竖盘指标水准管安置在支架上。

光学读数显微镜是用来读取水平度盘和竖盘的读数设备，读数显微镜装在望远镜一侧。

水准管是指示仪器是否安置水平的部件。

竖轴又称为仪器旋转轴，装在支架的下部。竖轴插入竖轴轴套内，可使照准部绕竖轴作水平方向转动。

2. 水平度盘

水平度盘系用光学玻璃制成的圆环，其上通常刻有格值为 1°或 30′的刻线，从 0～360°，按顺时针方向注记度数，用来测量水平角。复测盘和水平度盘一同固定在度盘轴套上，套在竖轴轴套的外面，可绕竖轴轴套旋转。水平度盘一般是不转动的，在复测经纬仪中可利用复测器来控制水平度盘与照准部的离合关系，可将水平度盘读数配置到所需的位置。当复测器扳手扳下时，照准部带动水平度盘一起转动，这时水平度盘读数不变；当复测器扳手扳上时，水平度盘与照准部分离，照准部转动时水平度盘不动，因而水平度盘读数随照准部的旋转而变动。

方向经纬仪没有复测器，它装有拨盘装置。使用水平度盘位置变换手轮，将水平度盘读数配置到所需位置。为避免无意中碰动此手轮，设有护盖或保险装置。

3. 基座

基座是支撑仪器的底座。利用轴座连接螺旋将仪器上部固定在基座上。转动脚螺旋可使照准部水准管气泡居中，从而使水平度盘水平、仪器竖轴竖直。将三脚架头上的连接螺旋（又称中心螺旋）旋入连接板中，可将仪器稳固地安置在三脚架上。在连接螺旋的下端悬挂垂球，可将水平度盘的中心安置在欲测水平角的角顶铅垂线上。

三、DJ_6 级光学经纬仪的读数设备

读数设备主要包括度盘和指标。为了提高度盘的读数精度，在光学经纬仪的读数设备中都设置了显微、测微装置。显微装置是由仪器支架上的反光镜和内部一系列棱镜与透镜组成的显微物镜，能将度盘刻划照亮、转向、放大、成像在读数窗上，通过显微目镜读取读数窗上读数。测微装置就是在读数窗上测定小于度盘格值的读数装置。

根据测微装置的不同，DJ_6 级光学经纬仪的读数设备分为以下两种类型：

1. 分微尺测微装置及其读数方法

分微尺测微装置即在读数窗场镜上安装一块带有刻划的分微尺，其总长恰好等于放大后度盘格值的宽度。当度盘影像呈现在场镜上时，分微尺就可续分度盘相邻刻划线的格值。图 3-3 是在读数显微镜内看到的度盘和分微尺的影像，注有"水平"（或"H"）的为

水平度盘读数窗，注有"竖直"（或"V"）的为竖直度盘读数窗。度盘格值为1°，分微尺刻划注记为10′的倍数。将分微尺等分60小格，每小格为1′，可估读到0.1′（即6″）。读数时，以分微尺上的零刻划线为指标。度数由夹在分微尺上的度盘刻划线注记读出，小于1°的数值，即分微尺上的零刻划线至度盘刻度线间的角值，由度刻划线指在分微尺上的读数读出。二者之和即为度盘读数。

例如图3-3中，在分微尺上读出水平度盘刻划线注记为49°，该刻划线在分微尺上读数为05′00″，取二者之和即得水平度盘读数为49°05′00″。同理竖盘读数为38°56′06″。这种读数装置读数中估读秒数只能是6″的整数倍。

2. 单平板玻璃测微装置及其读数方法

单平板玻璃测微装置主要由平板玻璃、测微轮、测微分划尺和传动装置组成。测微轮、平板玻璃和测微分划尺由传动装置连接在一起，转动测微轮，可使平板玻璃和测微分划尺同轴旋转。图3-4为测微装置原理图，当测微分划尺读数为零时，平板玻璃的底面水平，光线垂直通过平板玻璃，度盘分划线的影像不改变原来位置，这时在读数窗上的双指标线读数为92°+a ［图3-4（a）］。当转动测微轮，平板玻璃转动一个角度后，如果度盘刻划线的影像正好平行移动一个a值，使92°刻划线的影像夹在双指标线的中间，这个移动量a即可由同轴转动的测微分划尺上读出为18′20″［图3-4（b）］。取二者之和为92°18′20″。

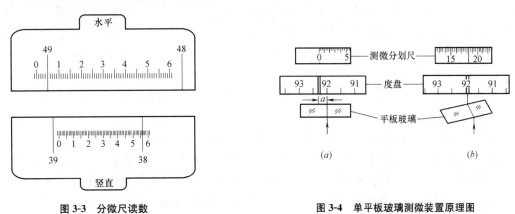

图3-3 分微尺读数　　　　　图3-4 单平板玻璃测微装置原理图

图3-5是从读数显微目镜中同时看到的上、中、下三个读数影像，上部是测微分划尺影像，中部是竖直度盘影像，下部是水平度盘影像。度盘刻划线每度有一注记，从0～360°，每度又等分两格，则度盘格值为30′。测微分划尺等分30大格，每五个大格有一注

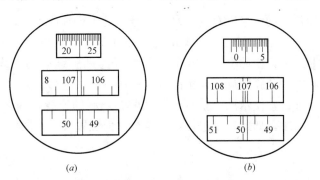

图3-5 单平板玻璃测微装置读数方法

记,从0~30′;每一大格又分三个小格,每小格为20″,可估读到0.1小格(即2″)。读数时,应先转动测微轮,使度盘某刻划线精确夹在双指标线的中间,先读取度盘上该刻划线的读数;再由单指标线在测微分划尺上读取小于度盘格值的分秒数,取二者之和即为度盘读数。例如在图3-5(a)中,水平度盘读数为49°30′+22′40″=49°52′40″;在图3-5(b)中,竖直度盘读数为107°+01′46″=107°01′46″。这种读数装置读数中估读秒数只能是2″的整数倍。

四、经纬仪的操作

用经纬仪观测水平角时,包括安置仪器、照准目标和读数等项基本操作。

1. 安置经纬仪

将仪器安置在待测角的顶点上,该点称为测站点。在测站点上安置经纬仪,包括仪器的对中和整平两项内容。

(1) 对中

对中的目的是将仪器的中心安置在测站点标志中心的铅垂线上。

使用垂球对中时,先打开三脚架,置于测站点上,使高度适中,目估架头水平,并注意架头中心大致对准测站点标志。然后在连接螺旋下方悬挂垂球,使连接螺旋位于架头中心,进行粗略对中;若偏差较大,可平移脚架使垂球大致对准测站点。踩紧三脚架后,装上仪器,稍紧连接螺旋,在架头上移动仪器基座,进行精密对中,直至垂球尖准确地对准测站点标志中心后,再拧紧连接螺旋。垂球对中的误差一般不超过3mm。在有风的天气,用垂球对中较困难,可使用光学对中器对中。

光学对中器是一个小型外调焦望远镜,一般安装在仪器的照准部上。对中器的刻划圈中心与物镜光心的连线,称为光学对中器的视准轴。当照准部水平时,对中器的视准轴经棱镜转向90°后的光学垂线与仪器竖轴中心重合。因此,用光学对中器进行对中时,应与仪器整平交替进行,这两项工作相互影响,直到对中和整平均满足要求为止。为此,将三角架安置于测站点上。目估水平、对中,装上仪器整平后,先调节对中器的目镜,使分划板清晰;拉出或推进对中器的目镜筒,使测站点标志影像清楚。如果点位偏离较大,可平移三脚架。经粗略对中后,踩紧三脚架。再整平仪器,在架头上平移基座,使对中器刻划圈中心与测站点标志中心重合,然后拧紧连接螺旋,并检查照准部水准管气泡是否居中。如有偏离,再次整平、对中,反复进行调整。其对中误差一般不超过1mm。

(2) 整平

整平的目的是使仪器的水平度盘置于水平、竖轴处于铅垂位置。

经纬仪的整平,是利用基座的三个脚螺旋使照准部水准管在两个正交方向上气泡居中。为此,先转动照准部,使照准部水准管平行于任意两脚螺旋的连线,如图3-6(a),两手以相对方向旋转这两个脚螺旋,使水准管气泡居中。气泡移动方向与左手拇指运动方向一致。然后转动照准部,使水准管垂直于原来两脚螺旋的连线,如图3-6(b),再旋转第三个脚螺旋使气泡居中。如此反复进行,直至在任何位置气泡都居中为止。整平后,气泡偏离零点不得超过一格。

2. 照准目标

经纬仪安置完毕,将望远镜指向天空,进行目镜调焦,使十字丝成像清晰。目镜调焦，因每个人的视力不同，各有差异。照准目标时，首先用望远镜上的准星或瞄准器对准目标，并固定水平制动螺旋和望远镜制动螺旋，进行物镜调焦，使目标影像清晰并注意消除视差。物镜调焦，因目标的远近而异。然后，转动水平微动螺旋和望远镜的微动螺旋，用望远镜视场中央部位准确地照准目标。

水平角观测时，应用双竖丝中间夹准或单丝平分目标，并尽量照准目标的底部，如图3-7（a）所示。竖直角观测时，应用中丝切准目标的顶部，如图3-7（b）所示。

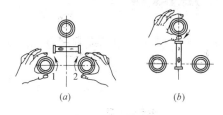

图 3-6　整平的方法

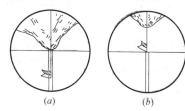

图 3-7　经纬仪水平角测量瞄准方法

3. 读数

将反光镜打开约成 45°，旋转镜面调节光源，使读数窗亮度适中；调节读数显微镜目镜，使度盘和测微尺影像清晰。然后按测微装置类型和前述方法进行读数。先取度盘读数，再取分微尺或测微尺上读数，二者之和即读出完整读数。

水平角观测时，为了水平角计算简便，及减少度盘刻划不均匀误差的影响在每一测回盘左位置，通常将水平度盘的起始方向读数配置在 0°00′ 或略大于 0°或某一整刻度。配置水平度盘起始方向读数的方法，因仪器构造不同而异。对于 DJ_6 级光学经纬仪，分别采用以下两种方法配置起始方向的读数。

（1）复测经纬仪配置起始方向读数的方法

如图 3-8 所示，装有水平度盘复测器的经纬仪，称为复测经纬仪。仪器安置于测站点上，经对中和整平后，在盘左位置，若将起始方向的读数配置为 0°00′30″ 左右，应先旋转测微轮，将测微尺安置在 00′30″。然后将复测器扳手扳上，转动照准部使水平度盘读数在 0°附近，固定水平制动螺旋后，用水平微动螺旋精确对准 0°，并扳下复测器扳手。此时，度盘随照准部同步转动，读数不变。照准起始方向目标后再扳上复测器扳手，即可进行水平角观测。

（2）方向经纬仪配置起始方向读数的方法

如图 3-9 所示，装有水平度盘拨盘手轮的经纬仪，称为方向经纬仪。仪器安置在测站

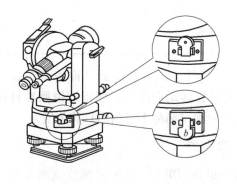

图 3-8　水平度盘复测器的经纬仪

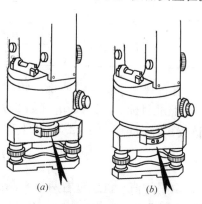

图 3-9　方向经纬仪

点上，经对中、整平后，于盘左位置照准起始方向的目标。然后打开拨盘手轮的护盖 [图 3-9 (a)]，转动拨盘手轮，将水平度盘的读数配置为 $0°00'30''$ 或欲安置的读数。盖上拨盘手轮护盖 [图 3-9 (b)]，便可进行水平角观测。

第三节　水平角测量

水平角测量方法，一般是根据测量工作要求的精度、使用的仪器及观测目标的多少而定。现将常用的两种测角方法分述如下。

一、测回法

测回法是测角的基本方法，它广泛用于两个方向之间的水平角观测。如图 3-10 所示，设 O 为测站点，A、B 为观测目标。$\angle AOB$ 为观测的水平角，具体观测步骤如下：

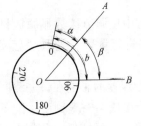

图 3-10　测回法

1. 安置仪器　在测站点 O 上安置经纬仪，进行对中、整平。在 A、B 点上设置观测标志。

2. 盘左观测　将竖盘置于望远镜左侧（称盘左或正镜）。配置水平度盘读数在 $0°00'$ 或略大于 $0°$，照准左边目标 A。读取水平度盘读数 $a_左$（如为 $0°00'24''$），称为方向读数，记入手簿（表 3-1）。松开水平制动螺旋，顺时针方向转动照准部，将望远镜照准右边目标 B，读数 $b_左$（如为 $87°26'48''$），记入手簿。以上称为盘左半测回观测（简称上半测回），其角值按式 (3-1) 计算，即：

$$\beta_左 = b_左 - a_左 = 87°26'24''$$

测回法观测手簿　　　　　　　　　　　　　　　　　表 3-1

测站	盘位	目标	水平度盘读数 (°′″)	水平角 半测回值 (°′″)	水平角 测回值 (°′″)	备注
O	左	A	0　00　24	87　26　24	87　26　18	
		B	87　26　48			
	右	A	180　00　12	87　26　12		
		B	267　26　24			

3. 盘右观测　纵转望远镜，转动照准部，将竖盘置于望远镜右侧（称为盘右或倒镜），先照准目标 B，读数 $b_右$（如 $267°26'24''$）。反时针转动照准部，使望远镜照准目标 A，读数 $a_右$（如 $180°00'12''$）。以上称为盘右半测回观测（简称下半测回）其角值为

$$\beta_右 = b_右 - a_右 = 87°26'12''$$

4. 取平均值　盘左盘右两个半测回，合称为一测回。用 DJ_6 光学经纬仪观测，两个半测回角值之差 $\Delta\beta = \beta_左 - \beta_右$ 不超过 $\pm 40''$ 时，可取两半测回角值的平均值作为一测回的

角值，即

$$\beta = \frac{1}{2}(\beta_左 + \beta_右) = 87°26'18''$$

当测角精度要求较高，需测 n 个测回时，为了减少度盘分划误差的影响，各测回的起始方向读数应改变 $180°/n$。例如，观测三个测回，各测回起始方向读数应分别略大于 $0°$、$60°$、$120°$。对于 DJ_6 级经纬仪，各测回角值之差应不超过 $\pm 40''$。

二、方向观测法

方向观测法简称方向法，适用于在一个测站上观测两个以上的方向。当观测方向多于三个时，每半测回依次观测各方向后，再闭合到起始方向的方向观测法，又称为全圆方向法。如图 3-11 所示，O 为测站点，A、B、C、D 为观测目标，具体观测步骤如下：

1. 在测站点 O 上安置仪器，在照准点 A、B、C、D 设置观测标志。

2. 盘左位置，将水平度盘读数配置在 $0°00'$ 或略大于 $0°$，照准起始方向 A（亦称零方向），读取读数 $a_1(0°01'12'')$，顺时针转动照准部依次照准 B、C、D，最后再照准 A（称"归零"），各方向相应读数 $b_1(72°35'06'')$、$c_1(181°24'36'')$、$d_1(303°41'48'')$、$a_1'(0°01'24'')$、按观测顺序自上而下记入表 3-2 第 4 栏。以上称上半测回。

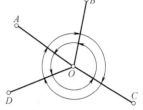

图 3-11 方向观测法

盘右位置，逆时针转动照准部，依次照准 A、D、C、B、A 各点，读取相应方向读数 $a_2(180°01'18'')$、$d_2(123°41'36'')$、$c_2(1°24'30'')$、$b_2(252°35'06'')$、$a_2'(180°01'06'')$，按观测顺序自下而上记入表 3-2 第 5 栏。以上称下半测回。

a_i 与 a_i' 之差称半测回"归零差"，以检查观测过程中水平度盘是否有带动误差，其值不得超过限差规定，DJ_2 级光学经纬仪为 $\pm 12''$，DJ_6 级光学经纬仪为 $\pm 18''$，否则应重测。

上下两个半测回组成一个测回。如需观测 n 个测回时，各测回起始读数应改变 $180°/n$。

水平角的计算步骤以表 3-2 为例介绍如下：

第 6 栏，$2C$ 称为两倍视准轴误差

$$2C = 同一方向盘左读数 - (盘右读数 \pm 180°)$$

$2C$ 应为一常数，其变化幅度应不超过限差规定，DJ_2 级光学经纬仪为 $\pm 18''$，否则应重测。

第 7 栏为同一方向盘左盘右平均值，其中度数取盘左数值，分秒数取盘左盘右的平均值。

由于"归零"观测，起始方向 A 有两个平均读数，最后取这两平均读数的平均值 $(0°01'15'')$，填入括号内作为 A 的方向值。平均读数 $=1/2[L+(R\pm 180°)]$。

第 8 栏为归零后的方向值，即由第 7 栏各方向的平均读数分别减去括号内 A 的方向值 $(0°01'15'')$，将 A 方向值改化为 $0°00'00''$。

第 9 栏为各测回归零方向的平均值，即将第 8 栏各测回中同一方向的归零方向值取平均值。各测回同一方向归零后的方向值之差，称为各测回方向较差，根据不同等级的仪器其限差值有不同规定，DJ_2 级光学经纬仪为 $\pm 12''$，DJ_6 级光学经纬仪为 $\pm 24''$，否则应重测。

方向法观测手簿　　　　　表 3-2

测站	测回数	目标	读数 盘左(L) (° ′ ″)	读数 盘右(R) (° ′ ″)	2C (″)	平均读数 (° ′ ″)	归零后方向值 (° ′ ″)	各测回归零方向值的平均值 (° ′ ″)	水平角 (° ′ ″)
1	2	3	4	5	6	7	8	9	10
O	1	A	0 01 12	180 01 06	+06	(0 01 15) 0 01 09	0 00 00	0 00 00	
		B	72 32 06	252 35 06	+00	72 35 06	72 33 51	72 33 52	72 33 52
		C	181 24 36	1 24 30	+06	181 24 33	181 23 18	181 23 18	108 49 26
		D	303 41 48	123 41 36	+12	303 41 42	303 40 27	303 40 28	122 17 10
		A	0 01 24	180 01 18	+06	0 01 21			
O	2	A	90 02 36	270 02 24	+12	(90 02 27) 90 02 30	0 00 00		
		B	162 36 24	342 36 18	+06	162 36 21	72 33 54		
		C	271 25 48	91 25 42	+06	271 25 45	181 23 18		
		D	33 42 54	213 43 00	−06	33 42 57	303 40 30		
		A	90 02 24	270 02 24	+00	90 02 24			

第 10 栏为观测的水平角值，即第 9 栏相邻两方向值之差。

方向观测法的观测测回数，是根据精度要求和所用仪器等级确定的。

第四节　竖直角测量

一、竖直角测量原理

在同一铅垂面内，倾斜视线与水平方向线之间的夹角，称为竖直角（简称竖角），其角值为 0～±90°，常以 α 表示。如图 3-12 所示，视线向上倾斜，竖直角为正（+α），称仰角；视线向下倾斜，竖直角为负（−α），称俯角。

经纬仪的竖盘是用于测定竖直角的装置，它和望远镜固连在一起。当仪器整平后，竖直度盘即为一个铅垂面。竖直角测量与水平角观测一样，均是两个方向读数之差，而竖直角测量中的水平方向线读数在竖直度盘上为一固定值（0°、90°、180°、270°等）。因此，测定竖直角时，只要用望远镜照准目标，读取竖直度盘上倾斜视线的读数，便可确定该目标的竖直角。

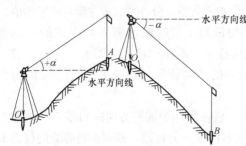

图 3-12　仰角与俯角

二、竖直度盘构造

经纬仪的竖盘装置包括竖直度盘、竖盘

指标水准管和竖盘指标水准管微动螺旋,如图 3-13 所示,竖直度盘垂直装在望远镜横轴的一端,随望远镜一起在铅垂面内转动。在度盘中心的铅垂线方向装有读数指标线,并与竖盘指标水准管连在一起,由竖盘指标水准管微动螺旋控制。调节竖盘指标水准管微动螺旋,将竖盘水准管气泡居中,使指标线处于正确位置。DJ$_6$ 级光学经纬仪的竖盘是由玻璃制成,它的注记形式有多种,常见的有全圆顺时针注记和逆时针注记两种形式,如图 3-14 所示。

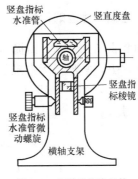

图 3-13 经纬仪竖盘结构

三、竖直角的计算

由竖直角测量原理可知,竖直角是倾斜视线与水平方向线的竖盘读数之差。而水平方向线的读数为某一固定值,观测时无需读取,但这一固定读数随竖盘注记形式不同而异。因此,必须根据竖盘注记形式得出竖直角的计算公式。

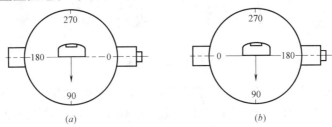

图 3-14 经纬仪竖盘的顺时针与逆时针注记
(a)顺时针注记;(b)逆时针注记

首先应识别竖盘的注记形式。当望远镜视线水平,竖盘指标水准管气泡居中时,竖盘的读数为始读数,盘左记为 $L_始$,盘右记为 $R_始$。将望远镜视线缓慢上倾时,从读数显微镜中观察竖盘读数变化,若盘左读数逐渐减小,而盘右读数逐渐增大,则竖盘为顺时针注记;反之,当盘左读数逐渐增大,而盘右读数逐渐减小,则竖盘为逆时针注记。

根据上述全圆顺时针和逆时针注记竖盘的读数变化规律,并用 L、R 分别表示盘左、盘右时照准目标的竖盘读数,竖直角计算公式如下:

1. 当望远镜视线上倾,盘左读数减小时,则

$$\left.\begin{aligned}盘左竖直角 \quad \alpha_左 &= L_始 - L \\ 盘右竖直角 \quad \alpha_右 &= R - R_始\end{aligned}\right\} \quad (3\text{-}2)$$

2. 当望远镜视线上倾,盘左读数增大时,则

$$\left.\begin{aligned}盘左竖直角 \quad \alpha_左 &= L - L_始 \\ 盘右竖直角 \quad \alpha_右 &= R_始 - R\end{aligned}\right\} \quad (3\text{-}3)$$

因为观测误差的影响,通常 $\alpha_左$ 与 $\alpha_右$ 不相等,取其平均值作为竖直角的结果,即

$$\alpha = \frac{1}{2}(\alpha_左 + \alpha_右) \quad (3\text{-}4)$$

上述公式均是以仰角为例,计算的结果为正值,但同样也适用于俯角,计算的结果为负值。

四、竖盘指标差的计算

上面竖直角的计算，前提是假定竖盘指标位置正确。实际上，此条件常不满足。当望远镜视线水平，竖盘指标水准管气泡居中时，指标偏离正确位置的角值，称为竖盘指标差，用 x 表示，如图 3-15 所示。指标差 x 偏离的方向与竖盘注记方向一致时，取正号；反之取负号。

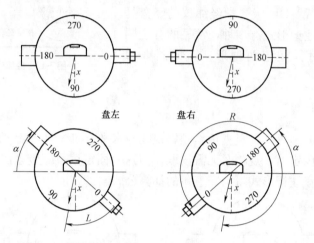

图 3-15 竖盘指标差

由图 3-15 可知，当竖盘指标位置正确时，则 $L_始=90°$，$R_始=270°$；倾斜视线的盘左、盘右读数应分别为 $(L-x)$，$(R-x)$。根据式（3-2），正确的竖直角为

$$\alpha_左 = 90°-(L-x) = (90°-L)+x \tag{3-5}$$

$$\alpha_右 = (R-x)-270° = (R-270°)-x \tag{3-6}$$

$$\alpha'_左 = 90°-L \tag{3-7}$$

$$\alpha'_右 = R-270° \tag{3-8}$$

上面 $\alpha'_左$ 与 $\alpha'_右$ 中均含有指标差 x，且对盘左、盘右竖直角的影响绝对值相同符号相反。将 $\alpha'_左$ 与 $\alpha'_右$ 分别代入式（3-5）、式（3-6），则

$$\alpha_左 = \alpha'_左 + x \tag{3-9}$$

$$\alpha_右 = \alpha'_右 - x \tag{3-10}$$

根据式（3-4），并顾及式（3-7）、式（3-8），可得

$$\alpha = \frac{1}{2}(\alpha_左 + \alpha_右) = \frac{1}{2}(\alpha'_左 + \alpha'_右) = \frac{1}{2}(R-L-180°) \tag{3-11}$$

显然，在盘左盘右竖直角的平均值中，消除了指标差的影响。

若不顾及照准、读数等误差的影响则 $\alpha_左 = \alpha_右$。将式（3-9）减式（3-10），并代入式（3-7）、式（3-8），即得

$$x = \frac{1}{2}(\alpha'_右 - \alpha'_左) = \frac{1}{2}(R+L-360°) \tag{3-12}$$

利用指标差 x 可对观测质量进行检核，同一个测站上观测不同目标时，指标差的变动范围，DJ_6 经纬仪一般不应超过 $±30″$。在精度要求不高时，用一个竖盘位置观测，再加指标差改正也可得到的竖直角。

五、竖直角的观测与计算

如图 3-12 中，O 为测站点，A、B 分别为仰、俯角目标，竖盘注记如图 3-14（a）所示。观测步骤如下：

1. 在测站点 O 上安置仪器，盘左照准目标点 A 的顶部。调节竖盘指标水准管微动螺旋，使竖盘指标水准管气泡居中，读取竖盘读数 L（如为 $88°25'18''$），称盘左半测回，记入表 3-3 第 4 栏。用 $90°-L=+1°34'42''$，记入第 5 栏。

2. 盘右再照准 A 目标，调节竖盘指标水准管微动螺旋，再使气泡居中，读取竖盘读数 R（$271°34'30''$），为盘右半测回，记入表 3-3 第 4 栏。用 $R-270°=+1°34'00''$，记入第 5 栏。

3. 计算第 6 栏指标差，$x=\frac{1}{2}(\alpha'_右-\alpha'_左)=-21''$

计算第 7 栏一测回竖直角，$\alpha=\frac{1}{2}(\alpha'_左+\alpha'_右)=+11°34'21''$

然后以同样方法观测和计算 OB 方向的竖直角。

竖直角观测手簿　　　　　　　　　　　　　　　　　　　　表 3-3

测站 1	目标 2	竖盘位置 3	竖盘读数 (° ′ ″) 4	半测回竖直角 (° ′ ″) 5	指标差 (″) 6	一测回竖直角 (° ′ ″) 7	备注 8
O	A	左	88　25　18	＋1　34　42	－21	＋1　34　21	
		右	271　34　00	＋1　34　00			
	B	左	92　03　12	－2　03　12	－12	－2　03　24	
		右	267　56　24	－2　03　36			

六、竖盘指标自动归零装置

竖直角测量时，每次竖盘读数前都必须调整竖盘指标水准管使气泡居中，这是很费事的。现在厂家生产的经纬仪，其竖盘指标采用自动归零装置代替水准管，当仪器稍有倾斜时，这种装置能自动地调整光路，可以读取为水准管气泡居中时的竖盘读数。正常情况下，其指标差为零。这种装置的原理与自动安平水准仪的补偿器基本相同。

第五节　电子经纬仪

与光电测距仪的测距技术相比，电子测角技术发展相对要晚一些，从 20 世纪 60 年代出现电子测角系统以来，电子测角技术突飞猛进的发展，出现了许多测角的新方法。光学经纬仪是利用光学的放大和折射作用人工进行读数的，而电子经纬仪则利用光电转换原理和微处理器自动对度盘进行读数并显示于读数屏幕，使观测时操作简单，避免产生读数误差。电子经纬仪能自动记录、储存测量数据和完成某些计算，还可以通过数据接口与计算

图 3-16 电子经纬仪

机相连。与光学经纬仪相比，电子经纬仪主要是测角和读数系统有很大的区别，图 3-16 为 ET-05B 电子经纬仪。

1. 编码法

编码法是直接将度盘按二进制制成多道环码，用光电的方法或磁感应的方法读出编码，根据其编码直接换算成角度值。这种方法的角度分辨率直接与码道数有关，如需要 20 条码道才能直接分辨出 $2''$ 的角度，但由于技术上的原因，对于外业用的仪器，要满足这个要求是困难的。目前电子经纬仪大部分采用下面的两种测角和读数方法。

2. 增量法

与编码法相比，增量法采用光栅度盘，所测得的角度值是照准部所旋转过的角值，所以增量法也称为相对测角法。

图 3-17 为增量法测角原理图。在度盘的圆周上等间隔地刻有黑色分划线。将度盘置于发光二极管和接收二极管之间，当度盘与发光和接收元件之间有相对转动时，光线被度盘分划线间断地遮挡，接收二极管接收到光信号，再转变为电信号以确定角度值。由于度盘直径的限制，分划线不可能很多。例如直径为 70～100mm 的光栅度盘，可以刻划 25000 条光栅，这样每条光栅的栅距为 $51.84''$，还不能满足测角的精确度，所以还要进行细分。

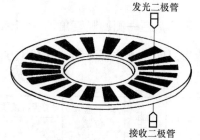

图 3-17 增量法测角原理

在光栅度盘测角系统中，一般采用莫尔条纹技术进行细分。这种方法是利用光栅度盘的刻划产生莫尔条纹后再进行细分。

3. 动态测角法

按动态测角法生产的仪器，主要用在精密测角仪器上，例如 WILD T2000 电子经纬仪。这种方法的原理是每测定一方向值均利用度盘的全部分划线，这样可以消除刻划误差及度盘偏心差对测角的影响。

如图 3-18 所示，度盘等间隔的由明暗分划线构成，分划线的间隔为角度 φ_0，在度盘的内侧和外侧分别有两组光信号发射和接收系统，其中一组安装在一起固定不动的部分，为度盘的零方向线；另一组则安装在一起的可旋转部分，随仪器的照准部或望

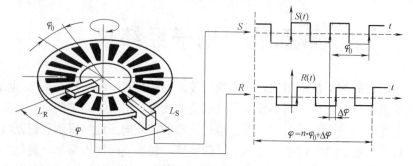

图 3-18 动态测角法

远镜一起旋转。这两组分别由一个发光管和一个接收管构成,当度盘在马达的带动下以一定的角速度旋转时,接受二极管接受穿过度盘的光线,两组系统之间的夹角 φ 可表示为:

$$\varphi = n \cdot \varphi_0 + \Delta\varphi$$

式中 n——整周数 φ_0 的个数;

$\Delta\varphi$——不足整周数的余数。

仪器所带的微处理器控制粗测 $n \cdot \varphi_0$ 和精测 $\Delta\varphi$ 的测量过程。

(1) $\Delta\varphi$ 的测定

如图 3-19 所示,L_S、L_R 各自输出正弦信号 S、R,整形成方波后,运用测相技术可测出相位差 $\Delta\varphi$。由于马达旋转速度是一定的,则

$$\Delta\varphi_i = (\varphi_0/T_0) \cdot \Delta T_i, i = 1, 2, \cdots\cdots N$$

式中 N——度盘刻划线总数,即 $n = 1024$;

T_0——度盘旋转一个刻划的时间;

ΔT_i——可以用填脉冲的方法精确确定,即由脉冲数和已知的脉冲频率算得相应的时间 ΔT。

(2) $n \cdot \varphi_0$ 的测定

为测定 n 值,在度盘上设有参考标志。当参考标志通过一组系统时,计数器开始对度盘的分划计数,当参考标志通过另一组系统时,停止计数,从而获取 n 值。

第六节 光学经纬仪的检验和校正

由测角原理得知,要准确地观测水平角和竖直角,经纬仪的水平度盘必须水平,竖盘必须竖直,望远镜上下转动时,视准轴应形成一个铅垂面。无论电子经纬仪还是光学经纬仪,均应满足以下三个几何条件:

1. 照准部水准管轴应垂直于竖轴($LL \perp VV$);
2. 视准轴应垂直于横轴($CC \perp HH$);
3. 横轴应垂直于竖轴($HH \perp VV$)。

对于光学经纬仪,要经过人工检定和校正后使上述三个几何条件满足要求;对于电子经纬仪,可以通过软件和补偿器对轴系误差进行补偿,但也应当通过误差修正满足条件。

除此之外,为了准确地照准目标,十字丝竖丝应垂直于横轴。

进行竖直角观测时,竖盘指标应处于正确位置。如图 3-19 所示。

经纬仪在使用和搬运过程中,轴线之间的几何关系,可能会发生变化。因此,在测量作业前,应对仪器进行检验和校正。检验和校正的步骤是以后一步的

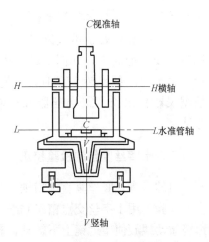

图 3-19 经纬仪的主要轴线

操作不会破坏前面已满足条件为原则的。

一、照准部水准管轴的检验校正

目的 满足条件 $LL \perp VV$。仪器整平后，竖轴铅直，水平度盘处于水平位置。

检验 将仪器大致整平，转动照准部使水准管与两个脚螺旋连线平行，调整脚螺旋使水准管气泡居中。然后旋转照准部180°，若水准管气泡仍然居中，则此条件满足。否则，水准管轴不垂直于仪器竖轴，设其交角与90°之差为 a，应进行校正。如图 3-20 (a)，水准管气泡居中时，水准管轴处于水平位置，由于水准管轴与仪器竖轴不垂直的差角为 a，则竖轴倾斜 a 角。当仪器绕竖轴旋转180°时，竖轴方向不变，如图 3-20 (b) 所示，此时水准管轴与水平线的夹角为 $2a$，它的大小可由气泡偏离零点的格数反映出来。

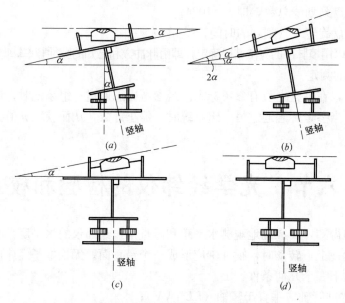

图 3-20 照准部水准管轴的检验校正

校正 转动与水准管平行的两个脚螺旋上使气泡向零点移动偏离值的一半，如图 3-20 (c)，则竖轴处于铅直位置，而水准管轴仍倾斜 a 角。然后用校正针拨动水准管校正螺旋，使气泡居中，如图 3-20 (d)，此时满足条件 $LL \perp VV$。此项检验校正，需反复进行，直至照准部旋转180°时，气泡偏离零点达到规范要求为止。对于电子经纬仪，要根据仪器有无长、圆水准器和单轴或双轴补偿器，采取不完全相同的检定和校正的方法。

二、十字丝竖丝的检验校正

目的 满足竖丝垂直于横轴，<u>竖丝竖直</u>。在水平角测量中，便于精确瞄准目标。

检验 用十字丝交点精确瞄准一目标点。然后固定照准部和望远镜的制动螺旋，用望远镜微动螺旋使望远镜上下转动，若该点不偏离竖丝，表示条件满足。否则需进行校正。

校正 卸下目镜处的十字丝护盖，如图 3-21 所示，松开四个压环螺钉，轻微转动十字丝环，使竖丝与瞄准点重合，反复调整直至望远镜上下微动时，该点始终在竖丝上为止，然后拧紧四个压环螺钉，装上十字丝护盖。

三、视准轴的检验校正

目的 满足条件 $CC \perp HH$，望远镜绕横轴旋转时，其视准面为一个与横轴正交的平面。如果视准轴不垂直于横轴，当望远镜绕横轴旋转时，视准轴的轨迹则是一个圆锥面。若用该仪器观测同一铅垂面内不同高度的目标时，水平度盘上的读数就不相同，从而产生测角误差。

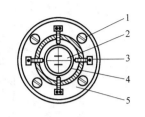

1—压环螺钉；2—十字丝分划板；
3—十字丝校正螺钉；
4—分划板座；5—压环

图 3-21 十字丝竖丝的校正

检验 在平坦地区，选择相距约 30m 的 A、B 两点，在中点 O 安置经纬仪，A 点设一标志，在 B 点上与仪器大致同高处，水平地横置一支有毫米刻划的直尺。先用盘左照准 A 点，再纵转望远镜，在直尺上读取读数为 m，如图 3-22（a）。然后转动照准部，用盘右照准 A 点，再纵转望远镜在直尺上读数为 n，如图 3-22（b）。若 m，n 两点重合，表示该条件满足。否则，此条件不满足需进行校正。当视准轴不垂直于横轴，则相差一个 C 角，称为视准轴误差。这时 mB 反映了盘左的 $2C$ 误差，nB 反映了盘右的 $2C$ 误差，则 mn 为 $4C$ 误差的影响。

校正 如图 3-22（b），由 n 点向 m 点方向量取 $mn/4$ 的长度定出 n' 点。用校正针拨动图 3-21 中左右两个十字丝校正螺钉，使十字丝交点与 n' 点重合，消除此项误差。此项检验校正需反复进行，直到满足规范要求为止。

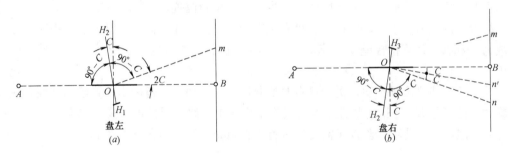

图 3-22 视准轴的检验校正

四、横轴的检验校正

目的 满足条件 $HH \perp VV$，使望远镜绕横轴旋转的视准面为一铅垂面。否则，视准轴绕横轴旋转的轨迹为一倾斜面，因此，在瞄准同一铅垂面内不同高度的目标时，水平度盘读数也不相同，影响测角精度。

检验 如图 3-23 所示，在距墙 20～30m 处安置仪器，盘左照准墙上高处一点 P（仰角大于 $30°$），然后将望远镜大致放置水平，在墙上标出十字丝交点所对的位置 P_1；再用盘右照准 P 点，将望远镜放平，在墙上标出十字丝交点所对的位置 P_2，若 P_1、P_2 重合，表示条件满足。否则，此条件不满足，需进行校正。其主要原因是横轴两端支架不等高，引起横轴倾斜误差（简称横轴误差）影响的结果。

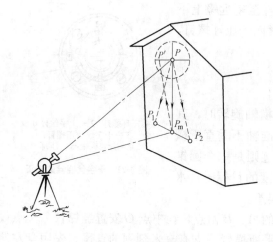 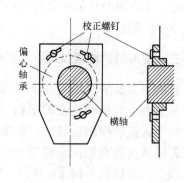

图 3-23 横轴的检验　　　　　　　图 3-24 横轴的校正

校正　取 P_1、P_2 直线的中点 P_m，用望远镜照准 P_m，然后抬高望远镜至 P 点附近。此时，十字丝交点不在 P 点而在 P' 点。如图 3-24 所示，放松支架内的校正螺钉，转动偏心轴承，使横轴一端升高或降低，将十字丝交点对准 P 点。此项检验校正亦应反复进行，直至横轴不垂直于竖轴的横轴误差满足规范要求为止。光学经纬仪的横轴是密封的，测量人员只进行检验，校正由仪器检修人员在室内进行。

五、竖盘指标差的检验校正

目的　当竖盘水准管气泡居中时，使指标处于正确位置。

检验　将经纬仪整平，用盘左、盘右照准同一目标，在竖盘水准管气泡居中时，分别读数为 L 和 R。计算指标差 x，若 x 接近于零，表示条件满足。当 x 较大时，需要进行校正。

校正　经纬仪位置不动，仍用盘右照准原目标。转动竖盘指标水准管微动螺旋，使竖盘读数为正确值 $R-x$，这时竖盘水准管气泡不再居中。然后用校正针拨动水准管气泡校正螺钉使气泡居中。此项检验校正需反复进行，直至 x 在限差范围之内为止。

六、光学对中器的检验校正

目的　使光学对中器的光学垂线与仪器竖轴重合。

检验　经纬仪整平后，在脚架中心的地面上固定一张白纸。将光学对中器的十字丝交点（或刻划圈中心）投影到白纸上，标定为 A 点。然后将照准部旋转 180°，如果地面点 A 的影像仍与十字交点重合，表示条件满足。如果偏离十字交点，如图 3-25（a），则需进行校正。

校正　校正工作是在两支架间光学对中器的转向棱镜座上进行。如图 3-26 所示，先松开校正螺钉 3，拧紧校正螺钉 2，使 A 点影像向横丝方向移动一半距离至 A' 位置，如图 3-25（b）所示。再松开校正螺钉 1，同时等量拧紧校正螺钉 2、3，使 A' 点向竖丝方向再移动一半距离至 A''。此项检验校正需反复进行，直至照准部旋转 180°，地面点影像不离开十字交点满足规范要求时为止。

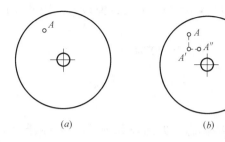
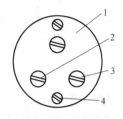

图 3-25 光学对中器的检验　　　　图 3-26 光学对中器的校正

第七节　角度测量误差及注意事项

一、仪器误差

仪器误差，主要包括仪器检验校正后的残余误差和仪器零部件加工不完善所引起的误差。

视准轴不垂直于横轴，横轴不垂直于竖轴的残存误差，可采用盘左、盘右观测取平均值的方法消除它们对测角的影响。

度盘偏心差和度盘刻划误差属仪器制造的误差。水平度盘偏心差是指照准部旋转中心与水平度盘分划中心不重合，指标在度盘上读数时所产生的误差。此种误差也可取盘左、盘右读数的平均值消除其影响。度盘刻划误差，就现代光学经纬仪来说，一般都很小，可在水平角观测中，采用测回之间变换度盘位置的方法减小其影响。竖盘偏心差是指竖盘圆心与仪器横轴不重合带来的误差，此种误差可采用对向观测的方法消除其影响。

二、观测误差

1. 对中误差

在测站上安置仪器时，若仪器中心不在所设测站点的铅垂线上，称为对中误差。它对水平角的影响与测站偏心距 e，边长 S 及观测方向与偏心方向的夹角 θ 有关。如图 3-27 所示，O 为测站，O' 为仪器中心。观测角值 β' 和正确角值 β 间的关系为

$$\beta = \beta' + (\delta_1 + \delta_2) = \beta' + \Delta\beta$$

由于 δ_1、δ_2 很小

$$\delta_1 = \frac{e}{S_1}\rho'' \cdot \sin\theta$$

$$\delta_2 = \frac{e}{S_2}\rho'' \cdot \sin(\beta' - \theta)$$

因此，仪器对中误差对水平角的影响为

$$\Delta\beta = \delta_1 + \delta_2 = \rho'' \cdot e\left(\frac{\sin\theta}{S_1} + \frac{\sin(\beta' - \theta)}{S_2}\right) \quad (3\text{-}13)$$

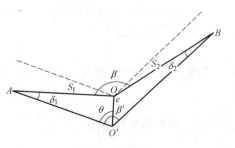

图 3-27 对中误差

由上式可知，$\Delta\beta$ 与 e 成正比，与 S 成反比，$\beta=180°$，$\theta=90°$ 时，$\Delta\beta$ 值最大。因此，在测角时，对于钝角，短边要特别注意对中。

【例 3-1】 当 $S_1=S_2=100\text{m}$，$e=3\text{mm}$，$\beta'=180°$，$\theta=90°$ 时，

$$\Delta\beta=206265''\times\frac{3\times 2}{100\times 10^3}=12.4''$$

2. 标杆倾斜误差

在观测中，通常在目标点上竖立标杆作为照准标志。如图 3-28 所示，当标杆倾斜而又照准标杆上部时，将使照准点偏离地面目标而产生目标偏心差。

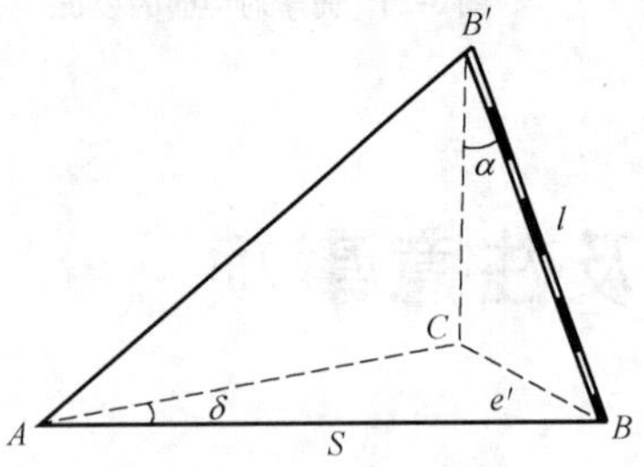

设 A 为测站，B 为目标，照准点 B' 至杆底端长为 l，标杆与铅垂线的夹角为 α，则目标偏心差 $e'=l\cdot\sin\alpha$，它对观测方向的影响为

$$\delta=\frac{l\cdot\sin\alpha}{S}\rho'' \tag{3-14}$$

图 3-28 标杆倾斜误差

由式（3-14）可知，δ 与 e' 成正比，与边长 S 成反比。为了减小目标偏心差对水平角观测的影响，应尽量照准标杆的底部，标杆尽量竖直。边长较短时，可采用垂球对点，照准垂球线代替标杆。

【例 3-2】 设 $e'=0.01\text{m}$，$S=100\text{m}$，则

$$\delta=\frac{0.01}{100}\times 206265=20''$$

3. 照准误差

视准轴偏离目标与理想照准线的夹角，称为照准误差。影响照准精度的因素很多，如望远镜的放大率、十字丝的粗细、目标的形状和大小、目标影像的亮度和清晰度以及人眼的判别能力等。如果只考虑望远镜的放大率 V 这一因素，则通过望远镜的照准误差应为

$$m_V=\pm 60''/V \tag{3-15}$$

【例 3-3】 设望远镜的放大率 $V=30$，则该仪器的照准误差为

$$m_V=\pm\frac{60''}{30}=\pm 2''$$

4. 读数误差

读数误差与读数设备，照明情况和观测者的技术熟练程度有关。一般来讲，读数误差主要取决于仪器的读数设备。

对于用分微尺测微器读数的仪器，一般认为可估读的极限误差为测微尺格值 t 的 $1/10$，故读数中误差应为

$$m_0=\pm 0.1t \tag{3-16}$$

【例 3-4】 设 DJ_6 级经纬仪 $t=1'$，其读数中误差为

$$m_0=0.1\times 60''=\pm 6''$$

三、外界条件的影响

外界条件的影响很多，也比较复杂，如大风会影响仪器和标杆的稳定，温度变化可改

变视准轴位置，大气折光可导致光线改变方向，雾气会使目标成像模糊，烈日暴晒会使仪器变形，地面土质松软会影响仪器稳定，地面辐射热又会加剧大气折光的影响，如此等等，都会对测量带来误差。为了削弱误差的影响，应选择有利的观测时间和设法避开不利的因素，可减少外界条件的影响。例如，选择在雨后多云的微风天气下观测最为适宜。在晴天观测时，要打伞遮住阳光，防止曝晒仪器等。

思考题与习题

1. 什么是水平角？水平角测量的原理是什么？
2. 什么是竖直角？竖直角测量的原理是什么？
3. 水平角、竖直角的取值范围各是什么？
4. 经纬仪的安置包括哪两项内容？各自的目的是什么？
5. 简述复测经纬仪和方向经纬仪配置起始方向读数的方法。
6. 电子经纬仪有哪几种读数方法？
7. DJ_6 经纬仪有哪些主要的轴线？各轴线之间要满足的几何关系是什么？为什么？
8. 试述 1/4 法的检校步骤。
9. 下表为测回法水平角观测记录，请完成计算。

测站	盘位	目标	水平盘读数 (° ′ ″)	半测回水平角 (° ′ ″)	一测回水平角 (° ′ ″)	备 注
O	左	1	0 00 54			
		2	57 25 24			
	右	1	180 01 24			
		2	237 25 36			
	左	1	90 00 42			
		2	147 24 48			
	右	1	270 00 54			
		2	327 25 24			

10. 完成竖直角记录和计算。

测站	目标	盘位	竖盘读数 (° ′ ″)	半测回竖直角 (° ′ ″)	指标差 (″)	一测回竖直角 (° ′ ″)	备 注
O	A	左	74 00 12				
		右	286 00 12				
	B	左	114 03 42				
		右	245 56 54				

11. 在角度测量中，盘左盘右取平均值的方法可以消除或减弱哪些误差的影响？
12. 某水平角需要观测 n 个测回时，各测回起始方向应安置在什么度数附近？

第四章　距离测量与直线定向

为了确定地面点的平面位置，除了要测量两地面点间水平距离外，还需确定该直线的方向，因而距离测量和直线定向也是测量的基本工作之一。根据所使用的测量仪器和方法的不同，距离测量分为：钢尺（皮尺）量距、视距测量、电磁波测距等。

第一节　钢　尺　量　距

钢尺量距是利用经检定的钢尺直接量测地面两点间的距离，又称为距离丈量。其基本步骤有定线、尺段丈量和成果计算。

一、量距工具

钢尺量距的工具主要有钢尺、标杆、测钎和垂球。精密量距时，还需要有弹簧秤、温度计。钢尺是钢制的带尺，宽 10～15mm，厚 0.2～0.4mm，长度有 20m、30m、50m 等几种，卷放在圆形盒内或金属架上。钢尺的基本分划为厘米，最小分划为毫米，在米和分米处有数字注记，如图 4-1 所示。

由于钢尺的零点位置不同，有端点尺和刻线尺的区别。端点尺是以尺的最外端作为尺的零点如图 4-2 (a) 所示；刻线尺是以尺前端的一刻线（通常有指向箭头）作为尺的零点，如图 4-2 (b) 所示。当从建筑物墙边开始丈量时，使用端点尺比较方便。

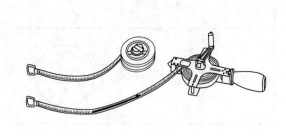

图 4-1　钢尺

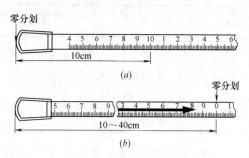

图 4-2　钢尺的分划
(a) 端点尺；(b) 刻线尺

测钎用于标定尺段［图 4-3 (a)］，标杆用于直线定线［图 4-3 (b)］，垂球用于在不平坦地面丈量时将钢尺的端点垂直投影到地面，弹簧秤用于对钢尺施加规定的拉力［图 4-3 (c)］，温度计用于测定钢尺量距时的温度［图 4-3 (d)］，以便对钢尺丈量的距离施加温度改正。

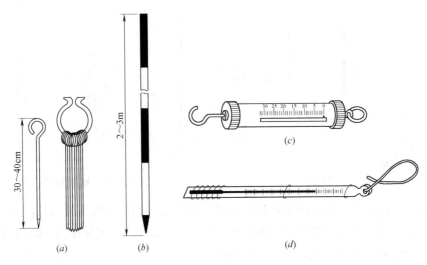

图 4-3 钢尺量距的辅助工具
(a) 测钎；(b) 标杆；(c) 弹簧秤；(d) 温度计

二、直线定线

如果地面两点之间的距离较长或地形起伏较大，需要分段进行测量。为了使所量各尺段在同一条直线上，需要将每一尺段首尾的标杆标定在待测直线上，这种在直线方向上标定若干点位的工作称为直线定线。其方法有两种：

1. 目测标杆定线

目测标杆定线适用于一般钢尺量距。如图 4-4 所示，设 A、B 两点互相通视，要在 A、B 两点的直线上标出分段点 1、2 点。先在 A、B 点上竖立标杆，甲站在 A 点标杆后约 1m 处，指挥乙左右移动标杆，直到甲从在 A 点沿标杆的同一侧看到 A、1、B 三支标杆成一条线为止。同法可以定出直线上的其他点。两点间定线，一般应由远到近，即先定 1 点，再定 2 点。定线时，乙所持标杆应竖直，此外，为了不挡住甲的视线，乙应持标杆站立在直线方向的一侧。

2. 经纬仪定线

经纬仪定线适用于钢尺量距的精密方法。设 A、B 两点互相通视，将经纬仪安置在 A 点，用望远镜纵丝瞄准 B 点，制动照准部，上下转动望远镜，指挥在两点间某一点上的助手，左右移动标杆，直至标杆像为纵丝所平分。

三、钢尺量距的一般方法

1. 平坦地面的距离丈量

如图 4-5 所示，丈量工作一般由两人进行。清除待量直线上的障碍物后，在直线两端点 A、B 竖立标杆，后尺手持钢尺的零端位于 A 点，前尺手持钢尺的末端和测钎沿 AB 方向前进，行至一个尺段处停下。后尺手用手势指挥前尺手将钢尺拉在 AB 直线上，后尺手将钢尺的零点对准 A 点，当两人同时把钢尺拉紧拉平后，前尺手在钢尺末端的整尺段分划处竖直插下一根测钎得到 1 点，即量完一个尺段。前、后尺手抬尺前进，用同样的方法

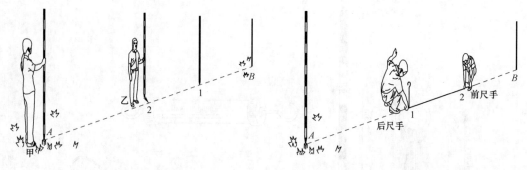

图 4-4 目测标杆定线 　　　　　图 4-5 平坦地面的距离丈量

量第二尺段。后尺手拔起地上的测钎依次前进,直到量完 AB 直线的最后一段为止。最后一段距离一般为不足整尺段的长度,称为余长。丈量余长时,前尺手在钢尺上读取读数(读至 mm),则最后 A、B 两点间的水平距离为:

$$D_{AB}=nl+q \tag{4-1}$$

式中　n——整尺段数;
　　　l——钢尺尺长;
　　　q——不足整尺段的余长。

在平坦地面,钢尺沿地面丈量的结果就是水平距离。为了防止丈量错误和提高量距的精度,需往、返丈量。返测时钢尺要调头。往、返丈量距离的相对误差 K 为:

$$K=\frac{|D_{往}-D_{返}|}{D_{平均}} \tag{4-2}$$

相对误差为分子为 1 的分数,相对误差的分母越大,说明量距的精度越高。对图根钢尺量距导线,钢尺量距往返丈量的相对误差不应大于 1/3000,当量距的相对误差没有超过规定时,取往、返丈量的平均值作为两点间的水平距离。

例如,A、B 两点间用钢尺量距,往测距离为 189.386m,返测距离为 189.325m,则其相对误差为:
$$K=\frac{|189.386-189.325|}{189.356}=\frac{1}{3100}<\frac{1}{3000}$$

2. 倾斜地面的距离丈量

1) 平量法

沿倾斜地面丈量距离,当地势起伏不大时,可将钢尺拉平分段丈量,各段平距的总和即为要量的直线距离,如图 4-6(a)所示。

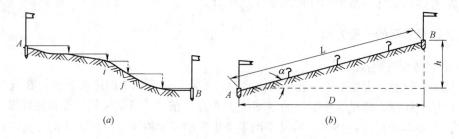

图 4-6 倾斜地面的距离丈量
(a) 平量法;(b) 斜量法

2）斜量法

当倾斜地面的坡度比较均匀时，如图 4-6（b）所示，可以沿着斜坡丈量出 AB 的斜距 L，再测出 AB 的倾斜角 α 或高差 h，然后按下式计算 A、B 两点间的水平距离 D：

$$D = L\cos\alpha = \sqrt{L^2 - h^2} \tag{4-3}$$

四、钢尺量距的精密方法

用一般方法量距，其相对误差只能达到 1/1000～1/5000，当要求量距的相对误差达到 1/10000 以上时，需采用精密方法丈量。精密方法量距的主要工具为钢尺、弹簧秤、温度计等。其中，钢尺应经过检定，并得到其检定的尺长方程式。由于电磁波测距仪的普及，现在，人们已经很少使用钢尺精密方法丈量距离，需要了解这方面内容的读者请参考有关的资料。

五、钢尺量距的误差分析及注意事项

通常对于同一距离，进行几次丈量，其结果一般不会相同，这说明丈量中不可避免地存在着误差，钢尺量距的误差主要有以下几种：

（1）尺长误差

如果钢尺的名义长度和实际长度不符，则产生尺长误差。尺长误差对量距的影响是累积的，丈量的距离越长，误差就越大。因此新购置的钢尺必须经过检定，测出其尺长改正值。

（2）温度误差

钢尺的长度会随温度而变化，当丈量时的温度和标准温度不一致时，将产生温度误差。按照钢的膨胀系数计算，温度每变化 1℃，丈量距离为 30m 时对距离的影响为 0.4mm。

（3）钢尺倾斜和垂曲误差

在高低不平的地面上采用钢尺水平法量距时，钢尺不水平或中间下垂而成曲线时，都会使量得的长度比实际要大。因此丈量时必须注意钢尺水平。

（4）定线误差

丈量时钢尺没有准确地放在所量距离的直线方向上，使所量距离不是直线而是折线长度，使丈量结果偏大，这种误差称为定线误差。丈量 30m 长的距离，当偏差为 0.25m 时，所量距离偏大 1mm。

（5）拉力误差

钢尺在丈量时所受到的拉力应与检定时拉力相同。若拉力变化 ±2.6kg，尺长将改变 ±1mm。

（6）丈量误差

丈量时在地面上标志尺端点位置处插测钎不准，前、后尺手配合不好，余长读数不准等都会引起丈量误差，这种误差对丈量结果的影响符号、大小不定。在丈量中要尽力做到对点读数准确，配合协调。

为了削弱上述误差的影响，钢尺量距时应注意以下事项：

① 新购置的钢尺必须经过严格检定，以获得其尺长方程式。还要注意将钢尺放置在

干燥的地方以防生锈,使用的过程中要做到防折、防碾压和不在地面上拖拉。

② 量距宜选择在阴天、无风或微风的天气条件下进行,测量温度时,要尽可能直接测定钢尺本身的温度。

③ 进行精密量距时应使用检定过的弹簧秤以控制拉力。

④ 在丈量中采用垂球投点、对点、读数、插测钎尽量做到配合协调。

⑤ 采用悬空方式测量时,应采用悬空情况下的尺长改正式或进行垂曲改正。

⑥ 一般量距时,尺子要拉到尽量水平;精密量距时,应限制每一尺段的高差或直接按式(4-3)计算水平距离。

第二节 视 距 测 量

视距测量是一种间接测距方法,它是利用望远镜内十字丝分划板上的视距丝(上、下丝)及标尺(水准尺),根据光学原理同时测定两地面点间水平距离和高差的一种简易方法。其测距的相对误差约为1/300,低于钢尺量距;测定高差的精度低于水准测量。视距测量主要用于模拟法地形测量的碎部测量中。

一、视线水平时的视距测量计算公式

如图4-7所示,A、B为待测距离的两地面点,在A点安置经纬仪,调望远镜视线水平瞄准B点竖立的水准尺,此时,视线与水准尺垂直。

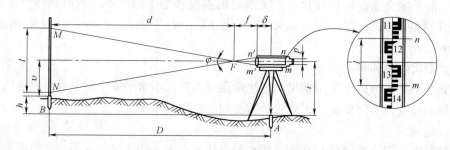

图4-7 视线水平时的视距测量原理图

在图4-7中,p为望远镜十字丝分划板上、下视距丝的间距,l为标尺上视距间隔,f为望远镜物镜的焦距,δ为物镜中心到仪器中心的距离。

由于望远镜上、下视距丝的间距p固定,因此从这两根丝引出去的视线在竖直面内的夹角也是固定的。设上、下视距丝n、m的视线在标尺上的交点分别为N、M,则望远镜视场内可以通过读取交点的读数N、M,求出视距间隔$l=M-N$。

由$\triangle n'm'F \sim \triangle NMF$,得 $$\frac{d}{f}=\frac{l}{p}$$

则 $$d=\frac{f}{p}l \tag{4-4}$$

A、B间水平距离为: $$D=d+f+\delta=\frac{f}{p}l+(f+\delta) \tag{4-5}$$

令
$$\frac{f}{p}=k,\quad f+\delta=c$$
则
$$D=kl+c \tag{4-6}$$

式中，k、c 分别为视距乘常数和视距加常数。在设计望远镜时，通常使 $k=100$，内调焦望远镜的 c 接近于零。因此，视线水平时的视距计算公式为

$$D=kl=100l \tag{4-7}$$

如果再在望远镜中读出中丝读数 v（或者取上、下丝读数的平均值），用小钢尺量出仪器高 i，则 A，B 两点的高差为

$$h_{AB}=i-v \tag{4-8}$$

二、视线倾斜时的视距测量计算公式

如图 4-8 所示，当视线倾斜时，设视线与水平面间的竖直角为 α，由于视线不垂直于水准尺，所以不能直接应用式（4-7）计算视距。假想将水准尺绕与望远镜视线的交点 O' 旋转图示的 α 角后就能与视线垂直，由于 φ 角很小（约为 $34'$），$\angle MM'O'$ 与 $\angle NN'O'$ 均可视为直角，所以有

$$l'=l\cos\alpha \tag{4-9}$$

则望远镜旋转中心 O 与视距尺旋转中心 O' 之间的视距为

$$S=kl'=kl\cos\alpha \tag{4-10}$$

A、B 间的水平距离为

$$D=S\cos\alpha=kl\cos^2\alpha \tag{4-11}$$

由图 4-8 可得：
$$h+v=h'+i$$

式中 $h'=S\sin\alpha=kl\cos\alpha\sin\alpha=\frac{1}{2}kl\sin2\alpha$，或 $h'=D\tan\alpha$

则 A、B 间的高差为： $h=h'+i-v=\frac{1}{2}kl\sin2\alpha+i-v$

或
$$h=D\tan\alpha+i-v \tag{4-12}$$

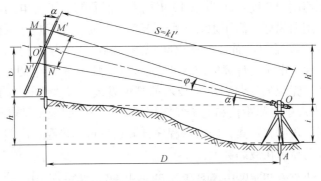

图 4-8　视线倾斜时的视距测量原理图

三、视距测量的观测与计算

（1）在测站点 A 上安置经纬仪，对中、整平后，量取仪器高 i，在待测点 B 上竖立水准尺。

（2）转动仪器照准部，照准 B 点上竖立的水准尺，先将中丝照准尺上 i 处附近，并将上丝对准附近一整分米数，由上、下丝读数直接读取视距。

（3）用中丝对仪器高（以使 $i-v=0$），调竖盘指标水准管气泡居中（有竖盘指标自动补偿器的经纬仪，无需此项操作），读取竖盘读数，再计算竖直角。

（4）将有关数据代入式（4-11）、式（4-12），即可计算得到相应的水平距离和高差。

将观测数据记入观测手簿（表 4-1），并在表中完成所有计算。

视距测量记录计算表 表 4-1

仪器型号:	西北厂 DJ_6		$i=$ 1.45m		测站点:	A		观测日期:	2003.4.25		观测者:	任珍
仪器编号:	No860243		$x=$ 0″		测站高:	36.428m		天气:	晴		记录者:	龚震

目标点号	下丝读数 (m)	上丝读数 (m)	尺间隔 l(m)	中丝读数 v(m)	竖盘读数 °′	竖直角 α °′	初算高差 h′(m)	改正数 $i-v$	改正后高差 h(m)	水平距离 D(m)	高程 (m)	备注
1	1.426	0.995	0.431	1.211	92 42	−2 42	−2.028	0.239	−1.79	43.00	34.64	
2	1.812	1.298	0.514	1.555	88 12	1 48	1.614	−0.105	1.51	51.35	37.94	
3	1.763	1.137	0.626	1.45	93 42	−3 42	−4.031	0.000	−4.03	62.34	32.40	
4	1.528	1.000	0.528	1.714	89 44	0 16	0.246	−0.264	−0.02	52.80	36.41	
5	1.702	1.200	0.502	1.45	94 36	−4 36	−4.013	0.000	−4.01	49.88	32.42	
6	2.805	2.100	0.705	2.45	76 24	3 36	4.418	−1.000	3.418	70.22	39.85	

第三节 电磁波测距

钢尺量距劳动强度大、效率低，在复杂地形的山区、沼泽区等甚至无法工作。以普通的视距测量方法测距，虽然迅速、简便，但其精度较低。因此在很长一个时期，测距成为制约测量工作的一个重要因素。

为了提高测距速度和精度，20世纪40年代末人们研制成了光电测距仪。但当时的光电测距仪，主要采用白炽灯、高压汞灯等普通光源，再加上受到电子元件的限制，仪器较重，操作和计算也比较复杂，而且需在夜间观测，难以在测量中得到应用。60 年代初，随着激光技术的出现及电子与计算机技术的发展，各种类型的光电测距仪相继出现。激光技术的出现，提高了光源的质量；电子技术的高度发展，又大大提高了仪器的自动化水平。而 90 年代又出现了将测距仪和电子经纬仪组合为一体的全站型电子速测仪，即全站仪。它可以同时测量角度和距离，经内部程序计算还可得到平距、高差、高程、坐标增量及坐标等，并能自动显示在液晶屏上。

电磁波测距（electro-magnetic distance measuring，简称 EDM）是用电磁波（光波或微波）作为载波传输测距信号，以测量两点间距离的一种方法。用无线电微波作载波的测距仪称为微波测距仪，用光波作载波的称为光电测距仪。无线电波和光波都属于电磁波，所以统称为电磁波测距仪。

光电测距仪按其光源不同分为普通光测距仪、激光测距仪和红外测距仪。按测定载波传播时间的方式不同分为脉冲式测距仪和相位式测距仪。按测程不同又可分为短程、中程和远程测距仪（表 4-2）。按其精度不同分为Ⅰ、Ⅱ、Ⅲ三个级别。红外测距仪主要用于中、短程测距，在工程测量中应用较广。

光电测距仪测程分类　　　　　　　　　　　　　　　　　　　　表 4-2

测程分类	仪器种类	短程光电测距仪	中程光电测距仪	远程光电测距仪
	测程(km)	<3	3～15	>15
	精度	±(5mm+5×10⁻⁶D)	±(5mm+2×10⁻⁶D)	±(5mm+1×10⁻⁶D)
	光源	红外光源 (GaAs 发光二极管)	红外光源(GaAs 发光二极管) 激光光源(激光管)	He-Ne 激光器

一、光电测距仪的测距原理

光电测距是通过测量光波在待测距离上往返一次所经历的时间，来计算两点之间的距离的。如图 4-9 所示，在 A 点安置测距仪，在 B 点安置反射棱镜，测距仪发射的调制光波到达反射棱镜后又返回到测距仪。设光速 c 为已知，如果调制光波在待测距离 D 上的往返传播时间为 t_{2D}，则距离 D 的计算式为

$$D=\frac{1}{2}ct_{2D} \tag{4-13}$$

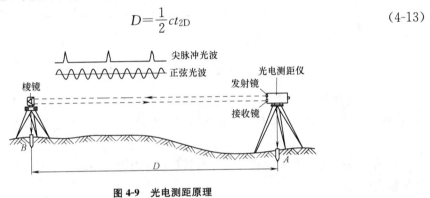

图 4-9　光电测距原理

式中，$c=\dfrac{c_0}{n}$，其中 c 为光在大气中的传播速度，c_0 为光在真空中的传播速度，$c_0=299792458\mathrm{m/s}\pm1.2\mathrm{m/s}$，$n$ 为大气折射率（$n\geqslant1$），它是光波波长、测线上的大气温度、气压和湿度的函数。因此，测距时还需测定气象元素，以对所测距离进行气象改正。

由距离 D 的计算式（4-13）可知，测距精度主要取决于时间 t 的测定精度，由于 $dD=\dfrac{1}{2}cdt$，当要求测距误差 $dD<1\mathrm{cm}$ 时，时间测定精度 dt 要求准确到 $6.7\times10^{-11}\mathrm{s}$，现今直接测量时间难以达到这样高的精度。因此，时间的测定一般采用间接测量的方式来实现。间接测定时间的方法有脉冲法和相位法。

1. 脉冲法测距

脉冲法测距是指由测距仪的发射系统发出光脉冲，经反射棱镜反射后，又回到测距仪而被其接收系统接收，测出这一光脉冲往返所需时间间隔，进而求得距离。由于钟脉冲计数器的频率所限，所以测距精度只能达到 0.5～1m。此法常用在激光雷达、微波雷达等远距离测距上。

20 世纪 80 年代，出现了将测线上往返的时间延迟 Δt 变成电信号，对一个精密电容

进行充电,同时记录充电次数,然后用电容放电来测定 Δt 的方法,这种方法的测量精度可达到毫米级。1985 年,徕卡公司推出了测程为 14km、标称测距精度为 $(3\sim 5\mathrm{mm}+1\times 10^{-6}\mathrm{D})$ 的 DI3000 红外测距仪,它是目前世界上测距精度最高的脉冲式光电测距仪。该仪器采用了一个特殊的电容器做充、放电用,它的放电时间是充电时间的数千倍。

2. 相位法测距

相位法测距是将发射光波的光强调制成正弦波的形式,通过测量正弦光波在待测距离上往返传播的相位移来解算距离。红外测距仪就是典型的相位式测距仪。

如图 4-10 所示,测距仪在 A 点发射的调制光在待测距离上传播,被 B 点反射棱镜反射后又回到 A 点而被接收机接收,然后由相位计将发射信号与接收信号进行相位比较,得到调制光在待测距离上往返传播所产生的相位移 φ,其相应的往返传播时间为 t_{2D}。图 4-10 是将调制好的正弦波的往程和返程沿测线方向展开图。

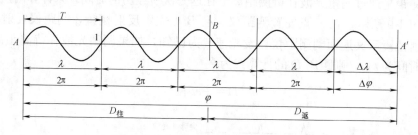

图 4-10 相位法测距原理图

正弦光波振荡一个周期的相位移是 2π,设发射的正弦光波经过 $2D$ 距离后的相位移为 φ,由图可知 φ 可以分解为 N 个 2π 整周期和不足一个整周期相位移 $\Delta\varphi$,即

$$\varphi = 2\pi N + \Delta\varphi \tag{4-14}$$

正弦光波振荡频率 f 的意义是一秒钟振荡的次数,则正弦光波经过 t_{2D} 秒钟后振荡的相位移为

$$\varphi = 2\pi f t_{2D} \tag{4-15}$$

由式 (4-14)、式 (4-15) 得

$$t_{2D} = \frac{2\pi N + \Delta\varphi}{2\pi f} = \frac{1}{f}\left(N + \frac{\Delta\varphi}{2\pi}\right) = \frac{1}{f}(N + \Delta N) \tag{4-16}$$

式中

$$\Delta N = \frac{\Delta\varphi}{2\pi},\ 0 < \Delta N < 1$$

将式 (4-16) 代入式 (4-13) 得

$$D = \frac{c}{2f}(N + \Delta N) = \frac{\lambda}{2}(N + \Delta N) \tag{4-17}$$

式中,$\lambda = \frac{c}{f}$ 为正弦波波长,把 $\frac{\lambda}{2}$ 称为测距仪的测尺。将式 (4-17) 与钢尺量距公式相比,测距仪就是用这把长为 $\frac{\lambda}{2}$ 的"光尺"去测量距离,N 为整尺段数,ΔN 为不足一整尺段之余数。

测距仪的测相装置(相位计)只能分辨出 $0\sim 2\pi$ 的相位变化,故只能测出不足整周 (2π) 的尾数相位值 $\Delta\varphi$,而不能测定整周数 N,这样相位法测距公式 (4-17) 将产生多值解。只有当待测距离小于测尺长度时才有确定的距离值。又由于仪器测相装置的测相精度一般小于$\frac{1}{1000}$，故测尺越长测距误差越大，其关系见表4-3。人们通过在相位式光电测距仪中设置多个测尺，用各测尺分别测距，然后将测距结果组合起来的方法来解决距离的多值解问题。在仪器的多个测尺中，称长度最短的测尺为精测尺，其余为粗测尺。用精测尺测定距离的尾数，以保证测距的精度，用粗测尺测定距离的大数，以满足测程的需要。

测尺长度、测尺频率与测距精度　　　　　表 4-3

测尺长度($\lambda/2$)	10m	20km	100m	1km	2km	10km
测尺频率(f)	15MHz	7.5MHz	1.5MHz	150KHz	75KHz	15KHz
测距精度	1cm	2cm	10cm	1m	2m	10m

例如：某测程为1km的光电测距仪设置了10m和1000m两把测尺，以10m作精尺，显示米及米以下的距离值，以1000m作粗尺，显示百米位、十米位距离值。如实测距离为386.118m，则粗测尺测距结果：380，精测尺测距结果：6.118，显示距离值：386.118m。

二、ND3000 红外测距仪简介

ND3000 红外测距仪是南方测绘公司生产的，其外形如图4-11所示。它的望远镜视准轴、发射光轴和接收光轴同轴，可以安装在光学经纬仪或电子经纬仪上（图4-12）。图4-13为测距时瞄准用的反射棱镜与觇牌，测距时，测距仪望远镜瞄准棱镜中心测距，经纬仪望远镜瞄准棱镜下面的觇牌测量视线方向的天顶距，通过操作测距仪面板上的键盘，将经纬仪测量出的天顶距输入到测距仪中，可以计算出水平距离和高差。

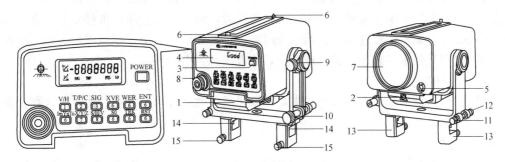

图 4-11　ND3000 红外测距仪

1—电池；2—外接电源插口；3—电源开关；4—显示屏；5—RS-232C 数据接口；6—粗瞄器；7—望远镜物镜；8—望远镜物镜调焦螺旋；9—垂直制动螺旋；10—垂直微动螺旋；11,12—水平调整螺钉；13—宽度可调连接支架；14—支架宽度调整螺钉；15—连接固定螺钉

三、光电测距仪的使用

1. 安置、开机

将经纬仪安置于测站上，对中整平；将电池组插入测距仪主机的电池槽或连接上外接电池组，把测距仪主机通过连接部件与经纬仪连接，并锁紧固定。在目标点上安置反射棱镜三脚架并对中、整平，镜面朝向测站。按一下测距仪上的电源开关键（POWER）开

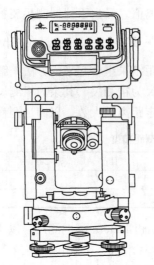 

图 4-12 ND3000 红外测距仪与经纬仪连接　　　图 4-13 棱镜与觇牌

机，仪器自检，显示屏在数秒内依次显示全屏符号、加常数、乘常数、电量、回光信号等，自检合格发出蜂鸣或显示相应符号信息，表示仪器正常，可以进行测量。

2. 参数设置

如棱镜常数、加常数、乘常数等若经检测发生变化，需用键盘输入到机内以便仪器自动改正其影响。将测定的气压、气温输入机内，可自动进行气象改正。

3. 瞄准

用经纬仪望远镜十字丝瞄准反射棱镜觇牌中心，此时测距仪的十字丝基本瞄准棱镜中心，调节测距仪水平与竖直微动螺旋，使十字丝交点对准棱镜中心。若仪器有回光信号警示装置，蜂鸣器发出响亮蜂鸣，若为光强信号设置，则回光信号强度符号显示出来。蜂鸣越响或强度符号显示格数越多，说明瞄准越准确。若无信号显示，则应重新瞄准。在远距离测量时常用光强信号来表示瞄准准确度，该方法称为电瞄准。

4. 竖直角测量

调经纬仪竖盘指标水准管气泡居中，读取竖盘读数并计算竖直角。将竖盘读数或竖直角输入测距仪。

5. 距离测量

按测距键（MEAS 或 DIST），在数秒内，显示屏显示所测定的距离（斜距）。再次按测距键，进行第二次测距和第二次读数。一般进行 4 次，称为一个测回。各次距离读数最大、最小相差不超过 5mm 时取其平均值，作为一测回的观测值。

测距仪种类型号较多，不同仪器操作键名称、符号也不同，测距时应依其功能选择测距模式（如单次测量、平均测量、跟踪测量等）；如果具有倾斜改正功能，可先测竖直角并将其输入，仪器自动完成倾斜改正，同时测定斜距、平距、初算高差（用 S/H/V 转换键）；若输入测站高和棱镜高、竖直角，仪器能进行高程计算。

四、光电测距的误差分析

将 $c=\dfrac{c_0}{n}$ 代入式（4-17），得

$$D=\frac{c_0}{2fn}(N+\Delta N)+K \tag{4-18}$$

式中，K 是测距仪的加常数，它是通过将测距仪安置在标准基线长度上进行比测，经回归统计计算求得。由式（4-18）可知，待测距离 D 的误差与 c_0，f，n，ΔN 和 K 的测定误差有关。利用误差传播定律可求得 D 的方差 m_D^2 为

$$m_D^2=\left(\frac{m_{C_0}^2}{C_0^2}+\frac{m_n^2}{n^2}+\frac{m_f^2}{f^2}\right)D^2+\frac{\lambda_{精}^2}{4}m_{\Delta N}^2+m_K^2 \tag{4-19}$$

式（4-19）中，因 c_0、f、n 的误差与距离成正比，故合称为比例误差，因 ΔN 和 K 的误差与距离无关，故合称为固定误差。将式（4-19）缩写成

$$m_D^2=A^2+B^2D^2 \tag{4-20}$$

或可写成常用的经验公式：

$$m_D=\pm(a+bD) \tag{4-21}$$

如南方 ND3000 红外测距仪的标称精度可按式（4-21）表示为 $\pm(5mm+3ppm)$。其中 $1ppm=1mm/1km=1\times10^{-6}$，即每测量 1km 的距离将产生 1mm 的比例误差。

下面对光电测距的误差进行简要分析。

(1) 真空光速测定误差 m_{c_0}

真空光速测定误差 $m_{c_0}=\pm1.2m/s$，其相对误差为

$$\frac{m_{c_0}}{c_0}=\frac{1.2}{299792458}=4.03\times10^{-9}=0.004ppm$$

也就是说，真空光速测定误差对测距的影响是 1km 产生 0.004mm 的比例误差，可以忽略不计。

(2) 精测尺调制频率误差 m_f

目前，国内外厂商生产的红外测距仪的精测尺调制频率的相对误差一般为 $\frac{m_f}{f}=(1\sim5)\times10^{-6}=(1\sim5)$ ppm，其对测距的影响是 1km 产生 $1\sim5$mm 的比例误差，误差大小与距离长度成正比。因此，需要通过对测距仪进行检定，以求出比例改正数对所测距离进行改正。

(3) 气象参数误差 m_n

大气折射率主要是大气温度 t 和大气压力 p 的函数。一般：大气温度测量误差为 1℃ 或者大气压力测量误差为 3mmHg 时，都会产生 1ppm 的比例误差。严格地说，计算大气折射率 n 所用的气象参数 t、p 应该是测距光波沿线的积分平均值，由于在实践中难以测到，所以一般是在测距的同时测定测站和镜站的 t、p 并取其平均值来代替其积分值。由此引起的折射率误差称为气象代表性误差。实验表明，选择阴天、有微风的天气测距时，气象代表性误差较小。

(4) 测相误差 $m_{\Delta N}$

测相误差包括自动数字测相系统的误差、测距信号在大气传输中的信噪比误差等，信噪比为接收到的测距信号强度与大气中杂散光的强度之比。前者决定于测距仪的性能与精度，后者与测距时的自然环境有关，例如空气的透明度、干扰因素的多少、视线离地面及障碍物的远近等。

(5) 仪器对中误差

光电测距是测定测距仪中心至反射棱镜中心的距离，因此仪器对中误差包括测距仪的对中误差和反射棱镜的对中误差。用经过校准的光学对中器对中，此项误差一般不大于 2mm。

第四节 直线定向

确定地面直线与标准方向间的水平夹角称为直线定向。

一、标准方向

由于我国位于北半球，所以取以下三个方向的北方向作为直线定向用的标准方向，即真北方向、磁北方向、坐标北方向（统称三北方向）。

(1) 真北方向

地表任一点 P 与地球旋转轴所组成的平面与地球表面的交线称为 P 点的真子午线，过 P 点的真子午线切线方向的指北向称为 P 点的真北方向，如图 4-14 所示。可以应用天文测量方法或陀螺经纬仪来测定地表任一点的真北方向。

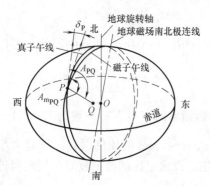

图 4-14 真子午线、磁子午线及磁偏角

(2) 磁北方向

过地球上某点及地球磁场南北极所组成的平面与地球表面的交线称为该点的磁子午线，如图 4-14 所示。磁子午线方向可用罗盘仪来确定。自由旋转的磁针静止下来所指的方向，就是磁子午线方向。其北端所示方向，称为磁北方向。

(3) 坐标北方向

过不同点的真北方向或磁北方向都是不平行的，这使直线方向的计算很不方便。如果采用平面直角系的坐标纵轴方向作为标准方向，那么过各点的标准方向都是平行的，这也就使方向的计算比较方便。坐标纵轴正向所示方向，称为坐标北方向，也称轴北方向。

二、三种标准方向之间的关系

(1) 真北和磁北之间的关系

由于地磁的两极与地球的两极并不一致，北磁极约位于西经 100.0°、北纬 76.1°；南磁极约位于东经 139.4°、南纬 65.8°。所以过地面上同一点 P 的磁北方向与真北方向并不重合，其间夹角称为磁偏角，用符号 δ_P 表示。如图 4-14 所示。当磁北方向在真北方向东侧时称东偏，δ_P 为正；磁北方向在真北方向西侧时称西偏 δ_P 为负。磁偏角的大小因地点、时间的不同而异，在我国磁偏角的变化约在 +6°（西北地区）到 -10°（东北地区）之间。由于地球磁极的位置不断地在变动，以及磁针受局部吸引等影响，所以磁子午线方向不宜作为精确定向的基本方向。但由于用磁子午线定向方法简便，所以在精度要求不高的独立小区域测量工作中仍可采用。

(2) 真北与坐标北之间的关系

在高斯平面直角坐标系，中央子午线在高斯平面上是一条直线，作为该坐标系的坐标纵轴，而其他子午线投影后为收敛于两极的曲线，如图4-15所示。这样过某点 P 的真北方向与坐标北方向之间就存在一个夹角，这个夹角就称为子午线收敛角，以 γ_P 表示。当坐标北方向在真北方向东侧时称东偏，γ_P 为正；坐标北方向在真北方向西侧时称西偏，γ_P 为负。

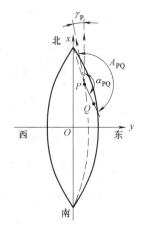

图 4-15　子午线收敛角

三、直线方向的表示方法

1. 方位角

测量中常用方位角来表示直线的方向。由标准方向的北端起，顺时针量至某直线的水平夹角，称为该直线的方位角。方位角的取值范围是 $0\sim360°$。根据标准方向的不同，方位角又可分为真方位角、磁方位角和坐标方位角三种。

(1) 真方位角

由真北方向起，顺时针量到某直线的水平夹角，称为该直线的真方位角，用 A 表示。如图4-15中的 A_{PQ}。

(2) 磁方位角

由磁北方向起，顺时针量到某直线的水平夹角，称为该直线的磁方位角，用 A_m 表示。

(3) 坐标方位角

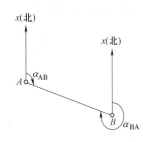

图 4-16　正反坐标方位角

由坐标北方向起，顺时针量到某直线的水平夹角，称为该直线的坐标方位角，用 α 表示，如图4-15中的 α_{PQ} 及图4-16中的 α_{AB} 和 α_{BA}。顺便指出，图4-16中的 α_{AB} 和 α_{BA} 互为正反坐标方位角，且相差180°，即有

$$\alpha_{AB}=\alpha_{BA}\pm180° \tag{4-22}$$

真方位角、磁方位角和坐标方位角之间的关系也就是三北之间的关系。根据图4-14可以得出：

$$A_{PQ}=A_{m_{PQ}}+\delta_P \tag{4-23}$$

根据图4-15可以得出：

$$A_{PQ}=\alpha_{PQ}+\gamma_P \tag{4-24}$$

2. 象限角

在测量工作中，有时用象限角来表示直线的方向。从标准方向的北端或南端起算，逆时针或顺时针量至直线的水平角，称为象限角，用 R 表示，其取值范围是 $0\sim90°$，如图4-17所示，直线 OA、OB、OC、OD 的象限角分别为 R_{OA}、R_{OB}、R_{OC}、R_{OD}。

用象限角表示直线方向时，还需在角度前注明该直线所在的象限。Ⅰ～Ⅳ象限分别用北东、南东、南西和北西表示。如 $R_{OA}=$ 北东（NE）$55°26'38''$，$R_{OC}=$ 南西（SW）$34°33'22''$。

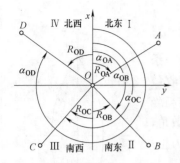

图 4-17 象限角及其与方位角的关系

在测量计算中,常需要将直线的象限角与坐标方位角进行相互转换。象限角与坐标方位角之间的关系如下:Ⅰ象限:$\alpha=R$,Ⅱ象限:$\alpha=180°-R$,Ⅲ象限:$\alpha=180°+R$,Ⅳ象限:$\alpha=360°-R$。

四、坐标方位角的推算

在实际测量工作中绝大多数直线的坐标方位角并不是直接测定的,而是通过与已知点(已知坐标和方位角)的连测,观测相关的水平角,推算出各边的坐标方位角。

如图 4-18 所示,已知 α_{12},观测了 2、3、4 点转折角 $\beta_{2左}$、$\beta_{3左}$、$\beta_{4左}$(左角)或 $\beta_{2右}$、$\beta_{3右}$、$\beta_{4右}$(右角),左角为位于方位角推算前进方向左侧的转折角,右角为位于方位角推算前进方向右侧的转折角。利用正、反坐标方位角的关系以及测定的转折角,可以推算出各线段的坐标方位角。

图中利用左角计算则有:
$$\alpha_{23}=\alpha_{12}+\beta_{2左}-180°$$
$$\alpha_{34}=\alpha_{23}+\beta_{3左}-180°$$
$$\alpha_{45}=\alpha_{34}+\beta_{4左}-180°$$

图中利用右角计算则有:
$$\alpha_{23}=\alpha_{12}-\beta_{2右}+180°$$
$$\alpha_{34}=\alpha_{23}-\beta_{3右}+180°$$
$$\alpha_{45}=\alpha_{34}-\beta_{4右}+180°$$

根据上面推算结果可以得出坐标方位角推算的通用公式为:

$$\alpha_{前边}=\alpha_{后边}\pm\beta_{右}^{左}\pm180° \tag{4-25}$$

推算坐标方位角的规律用文字可概括为:前一边的坐标方位角等于后一边的坐标方位角加左角(或减右角),再±180°。若计算结果大于 360°,应减去 360°;若计算结果为负值,则应加 360°。

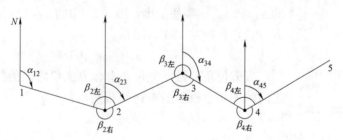

图 4-18 坐标方位角推算示意图

思考题与习题

1. 简述距离测量的方法,各适用于什么情况?

2. 用钢尺丈量倾斜地面距离有哪些方法?各适用于什么情况?

3. 如何衡量距离测量精度?用钢尺丈量了 AB、CD 两段水平距离。AB 往测为 126.780m,返测为 126.735m;CD 往测为 357.235m,返测为 357.190m。问哪一段丈量精度高?为什么?两段距离的丈量结果各为多少?

4. 简述钢尺量距的误差来源及注意事项。
5. 何谓视距测量？其有哪些特点和用途？
6. 推导在普通视距测量中视线水平和视线倾斜两种情况下计算水平距离和高差的公式。
7. 下表所列为视距测量成果，计算各点所测水平距离和高差。

测站高程 $H_0=50.00$m，仪器高 $i=1.56$m，$\alpha_{左}=90°-L$

点号	上丝读数 下丝读数	中丝读数	竖盘读数	竖直角	高差	水平距离	高程	备注
1	1.845 0.960	1.40	86°28′					
2	2.165 0.635	1.40	97°24′					
3	1.880 1.242	1.56	87°18′					
4	2.875 1.120	2.00	93°18′					

8. 简述相位法测距原理。
9. 写出光电测距仪的标称精度公式，并举例说明其含义。
10. 简述光电测距仪测距误差来源及注意事项。
11. 何谓直线定向？测量中用于直线定向的基本方向有哪几种？它们之间有何关系？
12. 何谓坐标方位角？同一直线的正、反坐标方位角有何关系？
13. 用罗盘仪测得某直线的磁方位角为 $2°30′$，该地区的磁偏角为西偏 $3°$，试求该直线的真方位角和坐标方位角，并换算为象限角。
14. 根据下图所示的起始边坐标方位角 α_{BA} 以及各水平角值，计算其余各边坐标方位角。

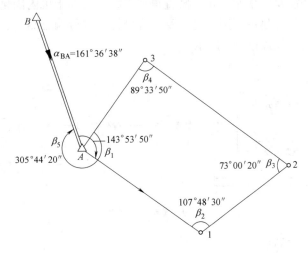

第五章 直接得到点位坐标的仪器和方法

前面三章主要介绍了通过测量高差、角度、距离这三个基本要素，间接得到地面点的三维坐标。随着科学技术的向前发展，测量的新技术、新仪器不断涌现，直接得到点位的三维坐标变得越来越简单了。本章主要介绍能够直接得到点位三维坐标的三种仪器及相应技术方法：全站仪、三维激光扫描仪和全球卫星导航定位系统。

第一节 全站仪及其使用

一、全站仪概述

全站仪是由电子测角、光电测距、微型机及其软件组合而成的智能型光电测量仪器。世界上第一台商品化的全站仪是1971年联邦德国OPTON公司生产的Reg Elda14。

全站仪的基本功能是测量水平角、竖直角和斜距，借助于机内固化的软件，具有多种测量功能，如可以计算并显示平距、高差及三维坐标，进行偏心测量、悬高测量、对边测量、面积测算等。其结构如图5-1所示。

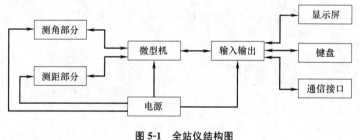

图 5-1 全站仪结构图

全站仪具有以下特点：

1. 三同轴望远镜

在全站仪的望远镜中，照准目标的视准轴、光电测距的红外光发射光轴和接收光轴三者是同轴的，其光路如图5-2所示。因此，测量时只要用望远镜照准目标棱镜中心，就能同时测定水平角、垂直角和斜距。

2. 键盘操作

全站仪都是通过操作面板键盘输入指令进行测量的，键盘上的键分为硬键和软键两种，每个硬键一个固定功能，或兼有第二、第三功能；软键（一般为 F1 、 F2 、 F3 、

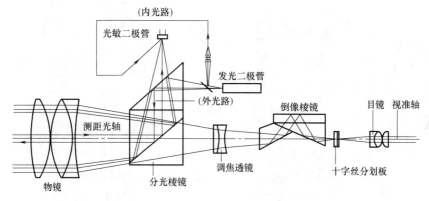

图 5-2　全站仪望远镜的光路

(F4)的功能通过屏幕最下一行相应位置显示的文字来实现，在不同的菜单下，软键具有不同的功能。现在的国产全站仪和大部分进口全站仪一般都实现了全中文显示，操作界面非常直观和友好，极大地方便了全站仪的操作。

3. 数据存储与通信

全站仪机内一般都带有可以存储 2000 个以上点观测数据的内存，有些配有 CF 卡来增加存储容量，仪器设有一个标准的 RS-232C 通信接口，使用专用电缆与计算机连接可以实现全站仪与计算机的双向数据传输。

4. 电子倾斜传感器

为了消除仪器竖轴倾斜误差对角度测量的影响，全站仪上一般设有电子倾斜传感器，当它处于打开状态时，仪器能自动测出竖轴倾斜的角度，据此计算出对角度观测的影响，并自动对角度观测值进行改正。单轴补偿的电子传感器只能修正竖直角，双轴补偿的电子传感器可以修正水平角。

二、NTS-300R 系列全站仪及其基本操作

（一）NTS-300R 系列全站仪简介

NTS-300R 系列全站仪是南方测绘仪器公司生产的，其外形和结构如图 5-3 所示。

主要技术参数：①角度测量精度（一测回方向观测中误差）：NTS—302B 为 $\pm 2''$，NTS—305B 为 $\pm 5''$，NTS—305S 为 $\pm 5''$；②竖盘指标自动归零补偿采用液体电子传感补偿器，补偿范围为 $\pm 3'$；③测程：在良好大气条件下使用三块棱镜时为 3.0km，采用反射片时为 800m，无合作目标时为 120m；④距离测量精度：使用棱镜时为 3mm＋2ppm，采用反射片或无合作目标时为 5mm＋2ppm；⑤带有内存的程序模块可以储存 3456 个点的测量数据和坐标数据；⑥仪器采用 6V 镍氢可充电电池供电，一块充满电的电池可供连续测量 6 个小时。

NTS-300R 系列全站仪的操作面板如图 5-4 所示，仪器有角度测量、距离测量、坐标测量、放样和菜单共五种模式。功能选择通过 (F1)、(F2)、(F3)、(F4) 四个软健来实现。NTS-355 全站仪操作面板上各键功能见表 5-1。

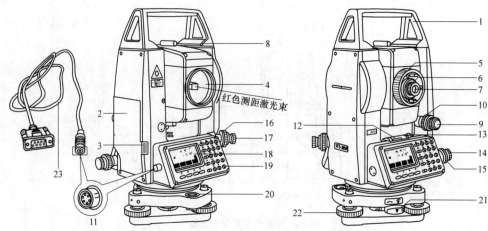

图 5-3 NTS-300R 系列全站仪外形和结构图

1—手柄；2—电池盒；3—电池盒按钮；4—物镜；5—物镜调焦螺旋；6—目镜调焦螺旋；7—目镜；8—光学粗瞄器；9—望远镜制动螺旋；10—望远镜微动螺旋；11—RS232C 通信接口；12—管水准器；13—管水准器校正螺栓；14—水平制动螺旋；15—水平微动螺旋；16—光学对中器物镜调焦螺旋；17—光学对中器目镜调焦螺旋；18—显示窗；19—电源开关键；20—圆水准器；21—轴套锁定钮；22—脚螺旋；23—CE-203 数据线

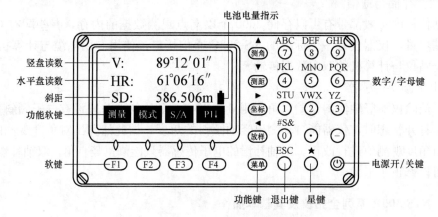

图 5-4 NTS-300R 系列全站仪的操作面板

NTS-300R 系列全站仪各键功能表 表 5-1

按键	名 称	功 能
测角	角度测量键	进入角度测量模式（▲上移键）
测距	距离测量键	进入距离测量模式（▼下移键）
坐标	坐标测量键	进入坐标测量模式（▶右移键）
放样	坐标放样键	进入坐标放样模式（◀左移键）
菜单	菜单键	进入菜单模式
ESC	退出键	返回上一级状态或返回测量模式
POWER	电源开关键	电源开关
F1 - F4	软键（功能键）	对应于显示的软键信息
0 - 9	数字字母键盘	输入数字和字母、小数点、负号
★	星键	进入星键模式或直接开启背景光
·	点号键	开启或关闭激光指向功能

（二）NTS-300R 系列全站仪的设置

1. 基本设置

按住［F4］键开机，可做表 5-2 所列设置。

NTS-300R 系列全站仪的基本设置　　　　表 5-2

菜单	项目	选 择 项	内　　容
单位设置	角度	度(360°) 哥恩(400G) 密位(6400M)	选择测角单位 DEG/GON/MIL(度/哥恩/密位)
	温度气压	温度:℃/°F 气压:hPa/mmHg/inHg	选择温度单位:℃/°F 选择气压单位:hPa/mmHg/inHg
模式设置	开机模式	测角/测距	选择开机后进入测角模式或测距模式
	精测/跟踪	精测/跟踪	选择开机后的测距模式,精测/跟踪
	HD&VD/SD	HD&VD/SD	说明开机后的数据项显示顺序,平距和高差或斜距
	垂直零/水平零	垂直零/水平零	选择垂直角读数从天顶方向为零基准或水平方向为零基准计数
	单次测量/复测	单次测量/连续测量	选择开机后测距模式,单次测量/连续测量
其他设置	格网因子①	使用/不使用	使用或不使用格网因子
	两差改正	0.14/0.20/关	大气折光和曲率改正的设置
	恢复出厂设置②	是/否	是否恢复到出厂设置
	测程选择③	0～2km/0～5km	选择测量距离,F1:测程最远 2km F2:测程最远 5km

注：① 使用或不使用格网因子时，相应菜单界面有所不同。
②出厂设置项目表。
③仅 NTS-300R 全站仪才有此选项。

项目	出厂值	项目	出厂值
温度	20	温度单位	℃
气压	1013	气压单位	hPa
棱镜常数	−30	角度单位	度
大气改正值	0	最小角度度数	1″
测站坐标	N=0,E=0,Z=0	倾斜传感器开关	关闭
棱镜高	0	自动关机开关	开
仪器高	0	两差改正	0.14
开机模式	测角测量	仪器常数 K	0
测量次数	连续测量	是否自动存储坐标	是
测量模式	精测	对比度	30
距离显示界面	SD	波特率	1200b/s
垂直零/水平零	垂直零	字符校验	8 位无校验
格网因子	不使用	通信协议	无应答
高程	0	测程	0～2km
比例因子	1.000000		

2. 星键

按下星键后出现如图 5-5（a）所示界面：

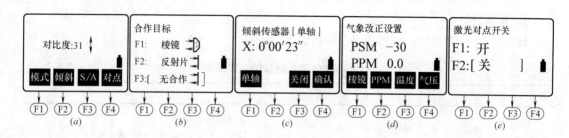

图 5-5 星键菜单

图中显示的数字为屏幕对比度，按↑提高对比度，按↓降低对比度。

（1）模式：按 F1 键进入如图 5-5（b）所示界面，有三种测量模式可选：按 F1 选择合作目标是棱镜，按 F2 选择合作目标是反射片，按 F3 选择无合作目标。选择一种模式后按 ESC 键即回到上一界面。

（2）倾斜：按 F2 键进入如图 5-5（c）所示界面，按 F1 或 F3 选择开关倾斜改正，然后按 F4 确认。

（3）S/A：按 F3 键进入如图 5-5（d）所示界面，可以设置棱镜常数和温度气压。

（4）对点：按 F4 键进入如图 5-5（e）所示界面，可以开关激光对点器。

（三）NTS-300R 系列全站仪的五种模式操作

1. 角度测量模式

仪器出厂设置是开机自动进入角度测量模式，当仪器在其他模式状态时，按【测角】键进入角度测量模式。角度测量模式下有 P1、P2、P3 三页菜单（图 5-6）。

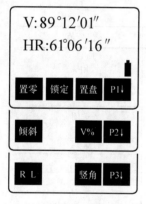

图 5-6 角度测量界面

（1）P1 页菜单有"置零"、"锁定"、"置盘"三个选项。

1)"置零"：将当前视线方向的水平度盘读数设置为 0°00′00″。

2)"锁定"：将当前水平度盘读数锁定，该选项用于将某个照准方向的水平度盘读数配置为指定的角度值。

3)"置盘"：将当前视线方向的水平度盘读数设置为输入值。

（2）P2 页菜单

1)"倾斜"：当仪器竖轴发生微小的倾斜时，打开倾斜补偿器可以自动改正垂直角。

2)"V%"：使竖盘读数在以角度制显示或以斜率百分比（也称坡度）显示间切换。

（3）P3 页菜单

1)"R/L"：使水平盘读数在右旋和左旋水平角之间切换。右旋等价于水平度盘为顺时针注记，左旋等价于水平度盘为逆时针注记。

2)"竖角"：使竖盘读数在天顶距（竖盘 0 位于天顶方向）和高度角（竖盘 0 位于水平方向）之间切换（表 5-3）。

水平角和竖直角的测量程序　　　　　　　表 5-3

操作过程	操作	显示
①照准第一个目标 A	照准 A	V： 82°09′30″ HR： 90°09′30″ 置零　锁定　置盘　P1↓
②设置目标 A 的水平角为 0°00′00″按 F1 （置零）键和 F3 （确认）键	F1	水平角置零 >OK? 确认　退出
	F3	V： 82°09′30″ HR： 0°00′00″ 置零　锁定　置盘　P1↓
③照准第二个目标 B，显示目标 B 的 V/H	照准目标 B	V： 92°09′30″ HR： 67°09′30″ 置零　锁定　置盘　P1↓

2．距离测量模式

仪器照准棱镜中心，按【测距】键，进入距离测量模式。距离测量模式下有 P1、P2 两页菜单（图 5-7）。

(1) P1 页菜单

1)"测量"：按设置的测距模式与合作目标进行距离测量。

2)"模式"：距离测量有"精测"和"跟踪"两种模式。"精测"测量模式距离显示到"mm"，"跟踪"测量模式距离显示到"cm"。

3)"S/A"：设置棱镜常数和气象改正比例系数。按 F3 键后的子菜单如图 5-5（d）所示。菜单中有"棱镜"、"PPM"、"温度"和"气压"四个选项，分

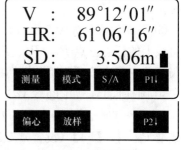

图 5-7　距离测量界面

别用于设置棱镜常数、比例改正值、温度和气压。南方测绘仪器公司的棱镜常数出厂设置为 −30mm，若使用其他厂家的棱镜，可通过检测确定其棱镜常数。

NTS-300R 系列全站仪气象改正比例系数计算公式为：

$$\Delta S = 273.8 - \frac{0.29P}{1+0.00366T} \text{（ppm）}$$

可用现场测得的温度和气压代入以上公式计算，也可直接输入温度和气压由仪器自动计算并对所测距离施加改正。

(2) P2 页菜单

1)"偏心"：偏心测量模式有"角度偏心"、"距离偏心"、"平面偏心"和"圆柱偏心"四种。

① 角度偏心。如图 5-8（a）所示，当目标点 P 不便安置棱镜时，可以在 P 点附近的

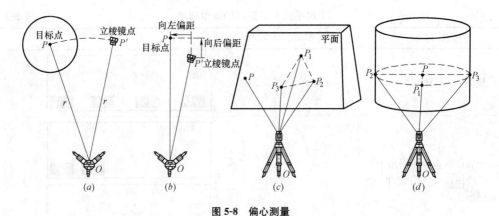

图 5-8 偏心测量

(a) 角度偏心；(b) 距离偏心；(c) 平面偏心；(d) 圆柱偏心

P' 点安置棱镜，要求水平距离 $OP=OP'$，执行角度偏心测量命令测量 P' 点的距离，然后照准 P 点方向，多次按【测距】键切换，屏幕依次显示测站 O 点至 P 点的平距、高差与斜距；按【坐标】键显示 P 点的坐标。

② 距离偏心，如图 5-8（b）所示，当待测点 P 不便于安置棱镜时，可以在 P 点附近的 P' 点安置棱镜，执行距离偏心测量命令，输入 P 点相对于 P' 点的左右与前后偏距（右偏为正，左偏为负；后偏为正，前偏为负），然后照准 P' 点棱镜测量，多次按【测距】键切换，屏幕依次显示测站 O 点至 P 点的平距、高差与斜距；按【坐标】键显示 P 点的坐标。

③ 平面偏心，如图 5-8（c）所示，执行平面偏心测量命令，依次瞄准平面上不在一条直线上的任意三点 P_1、P_2、P_3 测量。然后瞄准 P 点，屏幕显示测站 O 点至 P 点的平距与高差。多次按【测距】键切换显示内容；按【坐标】键显示 P 点的坐标。

④ 圆柱偏心，如图 5-8（d）所示，设 P 点为圆柱的圆心，P_1 点为直线 OP 与圆的交点，P_2、P_3 点分别为圆直径的左、右端点。执行圆柱偏心测量命令，瞄准 P_1 点测量，再瞄准 P_2，按【F4】（设置），最后瞄准 P_3，按【F4】（设置），屏幕显示测站 O 至圆心 P 的水平方向值与平距，多次按【测距】键切换显示内容；按【坐标】键显示 P 点的坐标。

2)"放样"：放样平距、高差与斜距。执行放样命令的界面如图 5-9（a）所示，按【F1】键进入图 5-9（b）所示的界面，按【F1】键输入待放样的平距值，瞄准棱镜，按【F4】键测距，进入图 5-9（c）所示的界面，图中显示的 dHD 值为实测平距与设计平距之差，根据显示的数据在视线方向上前后移动棱镜（正值前移负值后移）。多次按【测距】键切换显示内容；按【坐标】键显示棱镜点的坐标。

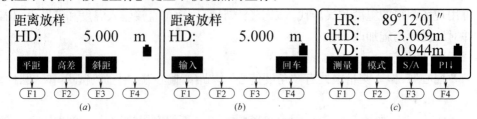

图 5-9 平距放样界面

3. 坐标测量模式

按【坐标】键进入坐标测量模式,它有三页菜单,如图 5-10 所示。

(1) P1 页菜单

1)"测量":瞄准棱镜测量并显示镜站点的三维坐标。

2)"模式":设置测距模式。

3)"S/A":设置棱镜常数与气象改正。

(2) P2 页菜单

1)"镜高":输入棱镜高。

2)"仪高":输入仪器高。

3)"测站":输入测站点的三维坐标。

(3) P3 页菜单

"偏心":与测距模式下的偏心命令相同。

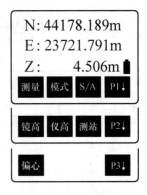

图 5-10　坐标测量界面

坐标测量前应先在测角模式下,将后视方向的水平度盘读数设置为该方向的方位角,然后再在坐标测量模式下执行"测站"命令键入测站点的三维坐标后,才可以开始坐标测量。

4. 放样模式

按【放样】键进入放样模式,界面如图 5-11 (a) 所示,它要求用户选择一个文件作为当前文件,可以按【F1】键输入坐标文件名,若键入的文件名是内存中的已有文件,则将该文件作为当前文件;应事先在内存中创建一个包括放样控制点和放样点的坐标数据文件。

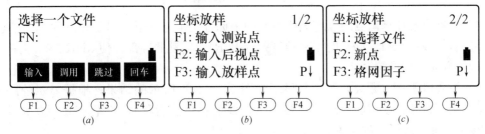

图 5-11　坐标放样界面

当不知道坐标文件名时,可按【F2】键从内存坐标文件列表中调用。也可按【F3】键选择跳过,直接进入图 5-11 (b) 的坐标放样界面,当需要调用点的坐标数据时,在如图 5-11 (c) 所示的"坐标放样 2/2"菜单中执行"选择文件"命令选择一个文件作为当前文件。仪器允许在不同的坐标文件中选择所需点的坐标。

下面以图 5-12 简述坐标放样操作过程:

1) 进入图 5-12 (a) 所示的"坐标放样"菜单后,应先按【F1】键依提示依次输入测站点点号、测站点坐标和仪器高,如图 5-12 (a)~(e) 所示。

2) 按【F2】键依提示依次输入后视点点号、后视点坐标。仪器自动计算出测站至后视点的方位角,校核无误后瞄准后视点,如图 5-12 (f)~(j) 所示。

3) 按【F3】键依提示依次输入放样点点号、坐标和镜高。当只需放样点的平面位置时,可以不输入仪器高与镜高,如图 5-12 (k)~(o) 所示。

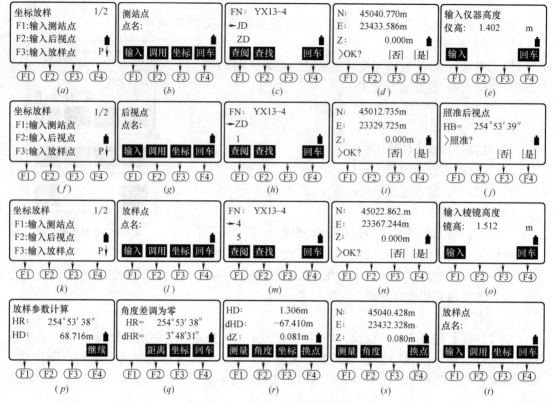

图 5-12 坐标放样操作程序

4）仪器自动计算出测站点与放样点间的坐标方位角与平距 [图 5-12（p）]，按【F4】键（继续）显示图 5-12（q）的水平角度差（dHR），转动照准部，使 dHR=0；指挥棱镜位于视线方向，照准棱镜。

5）按【F2】键（距离）测距并显示如图 5-12（r）所示的结果；根据显示的距离差（dHD）沿望远镜视线方向前后移动棱镜（正值前移负值后移），直至 dHD=0 为止，此时，棱镜点即为放样点的位置。

6）按【F3】键（坐标）可测量镜站点的三维坐标图 [5-12（s）]。

7）按【F4】键（换点）进入图 5-12（t）的界面，选择下一个放样点进行放样。

5. 菜单模式

NTS-300R 系列全站仪的菜单模式下的菜单总图如图 5-13 所示。它最多有四级菜单，首级菜单有两页共 6 个命令，下面只介绍常用命令的操作方法。

（1）数据采集

用于碎部测量中测量并存储碎部点的测量数据与坐标数据。数据采集菜单操作流程如图 5-14 所示。

数据采集操作程序：

1）按【菜单】键进入菜单模式首级菜单的 1/2 页。

2）按【F1】键进入建立数据文件名菜单，可输入新建文件名或从文件列表中调用一个文件为当前文件。

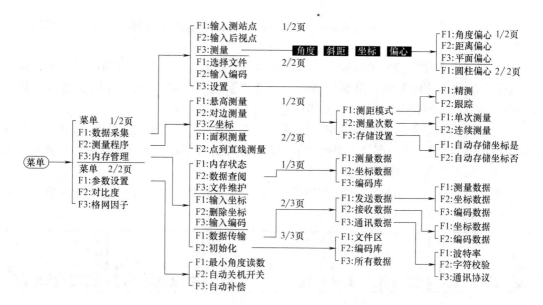

图 5-13 NTS-300R 系列全站仪的菜单总图

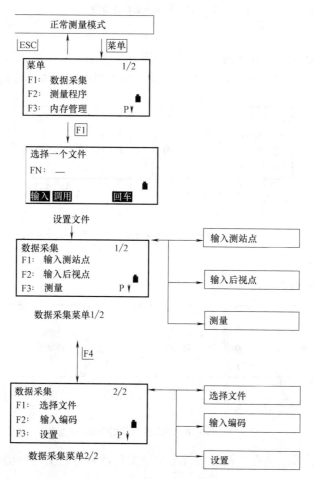

图 5-14 数据采集菜单操作流程

3）进入数据采集的 1/2 页菜单，按【F1】键依提示依次输入测站点点号、测站点坐标和仪器高。

4）按【F2】键依提示依次输入后视点点号、后视点坐标，仪器自动计算出测站至后视点的方位角，校核无误后瞄准后视点，按【F3】键（测量），再按【F3】键（坐标）。将测得的后视点坐标与已知的后视点坐标进行比较。

5）回到数据采集的 1/2 页菜单，按【F3：测量】进入碎部测量菜单，如图 5-15 所示。依提示依次输入碎部点点号、编码（采用无码作业时可不输入编码）和镜高，进入如图 5-15（d）所示界面。瞄准碎部点所立棱镜中心。

6）按【F3】键（测量），进入如图 5-15（e）所示界面，根据需要选择测量角度、斜距、坐标或进行偏心测量。

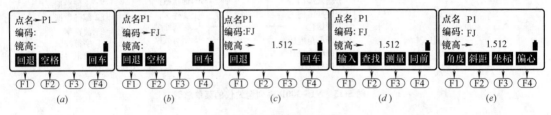

图 5-15 碎部测量操作步骤

（2）测量程序

"测量程序"菜单下有五种测量功能，如图 5-16 所示。它们分别是悬高测量、对边测量、Z 坐标测量、面积测量和点到直线的测量。具体测量方法请参阅仪器说明书。

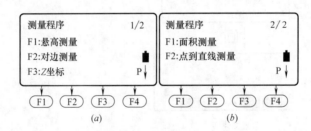

图 5-16 "测量程序"菜单

（3）内存管理

"内存管理"菜单下有八个命令，如图 5-17 所示。

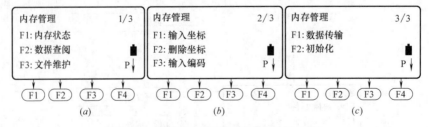

图 5-17 NTS-300R 系列全站仪的内存管理菜单

1）内存状态：显示内存中测量文件与坐标文件的数量、文件中保存的记录数据个数，空闲内存率。

2) 数据查阅：查阅指定测量文件或坐标文件中保存的数据、编码库中的编码。

3) 文件维护：对指定测量文件或坐标文件进行改文件名或删除操作，也可查阅文件中的数据。

4) 输入坐标：在指定坐标文件的末尾添加新点的坐标。

5) 删除坐标：删除指定坐标文件中某个点的坐标数据。

6) 输入编码：在编码库的指定位置添加编码值，编码库有01～50个位置，可以存储50个编码值，每个编码最多允许7位字符。

7) 数据传输：指仪器与PC机的双向数据通信，包括"发送数据"、"接收数据"与"通信参数"三个命令，如图5-13所示。执行数据传输命令前，应先用CE-203数据线连接好全站仪的通信口与PC机的一个COM口，利用NTS-300R系列全站仪的通信软件或南方CASS数字成图软件的数据传输菜单进行数据传输。

① 通信参数的设置：执行数据传输命令前应先设置好仪器的通信参数，使其与通信软件NTS300R.exe的通信参数一致，仪器上的操作界面如图5-18所示。

② 接收数据：也称上传数据，是将通信软件NTS300R.exe中的坐标数据或编码数据发送到全站仪内存中。

③ 发送数据：也称下传数据，是将全站仪内存中的测量文件、坐标文件或编码库中的数据发送到通信软件NTS300R中。

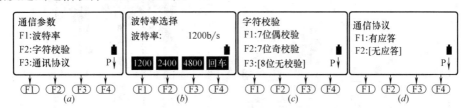

图5-18 NTS-300R系列全站仪的设置通信参数菜单

将全站仪内存数据传输到微机的操作步骤：

在PC机上双击通信软件NTS300R.exe的桌面图标，执行下拉菜单"通信/通信参数"命令，在弹出的如图5-19所示的"通信参数设置"对话框中输入与仪器一致的通信参数。执行下拉菜单"通讯/全站仪—微机"命令，如图5-20（a）所示；在全站仪的"菜单"模式下执行"内存管理—数据传输—发送数据—坐标数据"命令，键入坐标文件名"*.dat"，按提示操作完成坐标数据的传输。将全站仪内存数据发送到微机的结果，还需将该数据转换为CASS坐标数据，执行下拉菜单"转换/CASS坐标（ENZ）"，如图5-20（b）所示。

图5-19 设置通信软件的通信参数

三、高端全站仪简介

高端全站仪是在普通全站仪的基础上，新增了一些更先进与实用的功能。本节介绍几种不同厂家的高端全站仪供读者参考。

图 5-20 用通信软件 NTS300R.exe 传输数据的界面

1. TPS1200 全站仪

图 5-21 为徕卡 TPS1200 系列全站仪及其棱镜和控制器的图片。徕卡 TPS1200 系列全站仪有 1201，1202，1203，1205 四种型号，测角精度分别为±1″、±2″、±3″、±5″；测距精度为 2mm+2ppm（有棱镜）、3mm+2ppm（无棱镜<500m）；测程为 3km（单圆棱镜）、1.5km（360°棱镜）、1.2km（微型棱镜）、500m（反射片）。

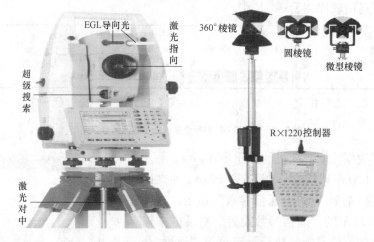

图 5-21 徕卡 TPS1200 系列全站仪及其棱镜和控制器

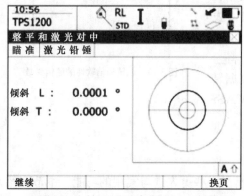

图 5-22 徕卡 TPS1200 全站仪的电子气泡

采用与普通数码相机通用的 CF 闪存卡记录数据，标配 32MB，最高可使用 256MB 闪存卡，可以将 CF 卡插入读卡器中与计算机进行文件操作。仪器的主要特点如下：

1) 采用 1/4VGA（320×240 像素）图形 LCD 触摸屏，屏幕与键盘均带照明功能；

2) 照准部上有一个格值为 6′/2mm 圆水准器，无管水准器，使用电子气泡精确整平，仪器双轴补偿的范围为±4′，当仪器竖轴偏离铅垂线大于 4′时仪器自动停止测量并在屏幕上给出提示，按键 (SHIFT)(✉)，屏幕显示电子气泡（图 5-22），同时自动打开激光对中器。

3）仪器自带电子罗盘仪（图 5-23），测定望远镜视线磁方位角的精度为±1°。

4）无棱镜测距采用徕卡最新专利技术 PinPointR100/R300，其中 R100 使用 1 级可见红色激光测距，测程为 170m；R300 使用 3 级可见红色激光测距，测程为 500m；照射到被测物体表面的激光光斑尺寸为 12mm×40mm（100m 处）。除可见红色激光指向外，司镜员通过观察两个 EGL 导向光发射镜交替发射的闪烁光也可以概略确定仪器视线方向。

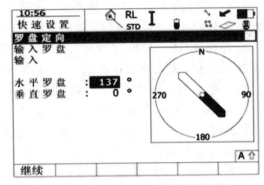

图 5-23　徕卡 TPS1200 全站仪的电子罗盘

5）在自动目标识别模式下，只需要粗略照准棱镜，仪器内置的 CCD 相机立即对返回信号加以分析，通过伺服马达驱动照准部与望远镜旋转，自动照准棱镜中心进行测量，并自动进行正、倒镜观测。该观测模式对于需要进行多次重复观测的点非常有用。

6）在自动跟踪模式下，仪器能自动锁定目标棱镜并对移动的 360°棱镜进行自动跟踪测量，其中径向跟踪速度为 4m/s，切向跟踪速度为 25m/s（100m 处）；仪器内设的智能化软件能利用 CCD 相机对返回信号进行分析处理，排除外界其他反射物体成像的干扰，保证在锁定目标暂时失锁时，也能立即恢复跟踪。

7）镜站遥控测量，司镜员单人可以进行整个测量工作。镜站可以通过操作 RX1220 控制器遥控测站的全站仪进行放样测量（图 5-24），放样数据及测得的镜站当前坐标值同时显示在 RX1220 控制器中。

8）TPS1200 系列全站仪与徕卡 GPS1200 使用相同的数据格式和数据管理，两者测量的结果可以通过 CF 卡从一种设备传送到另一种设备。

9）测量获取的点位直接展绘在屏幕上，可以为点、线、面附加编码和属性信息，生成的图形文件可以用 AutoCAD 打开（图 5-24）。

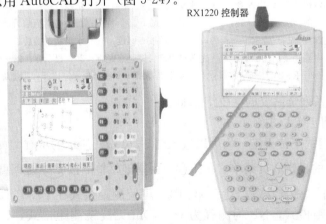

图 5-24　徕卡 TPS1200 全站仪的镜站遥控测量

10）采用数据库管理数据和进行质量检查，可以查看、编辑、删除或根据条件搜索数据。

11）提供大量机载程序，如测量、设站、放样、坐标几何等。其他可选机载程序有参考线、多测回测角、道路测设、监测、DTM 放样等。

2. 拓扑康 GPT-3000L 长测程（1200m）免棱镜全站仪

2005 年初，拓扑康公司在原 GPT-3000 系列脉冲无棱镜测距全站仪的基础上推出了 GPT-3000L 系列，与 GPT-3000 系列比较，GPT-3000L 系列全站仪新增加了长无棱镜测距（Long No Prism，简称 LNP）模式，在 LNP 模式下，无棱镜测距的测程为 1200m。GPT-3000L 是迄今为止世界上最长测程的无棱镜测距全站仪。

GPT-3000L 系列脉冲全站仪有 GPT-3002L 和 GPT-3005L 两种型号，其测角精度分别为 ±2″和 ±5″；测距精度均为 3mm+2ppm（有棱镜）和 5mm+2ppm（无棱镜），测程为 3km（单棱镜）、250m（无棱镜 No Prism，简称 NP）和 1200m（LNP）；内存可以同时存储 2.4 万个坐标数据与 2.4 万个测量数据。图 5-25 为 GPT-3005LN（N 表示带数字键）全站仪的外形及各部件的名称。

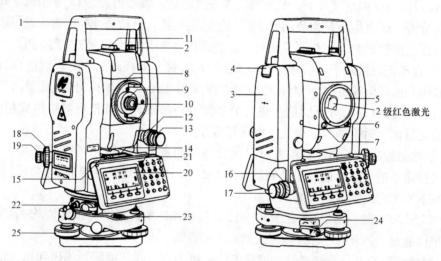

图 5-25 GPT-3005LN 全站仪的外形及各部件名称

1—手柄；2—手柄固定螺旋；3—电池盒；4—电池盒按钮；5—物镜；6—定线点指示器闪烁光发射镜；7—定线点指示器固定光发射镜；8—物镜调焦螺旋；9—目镜调焦螺旋；10—目镜；11—光学粗瞄器；12—望远镜制动螺旋；13—望远镜微动螺旋；14—管水准器；15—管水准器校正螺旋；16—水平制动螺旋；17—水平微动螺旋；18—光学对中器物镜调焦螺旋；19—光学对中器目镜调焦螺旋；20—显示窗；21—电源开关键；22—RS-232C 通信接口；23—圆水准器；24—轴套锁定钮；25—脚螺旋

GPT-3000L 系列全站仪的主要特点如下：

1）便利的测距模式切换

在任意测量模式下按★键，均可以进入图 5-26（a）所示的星键 1 页菜单，再按★键，进入图 5-26（b）的星键 2 页菜单。在任意一页星键菜单下按 ESC 键都可以退出星键菜单。在星键 1 页菜单中，多次按 F2 键（NP/P），可使测距模式在 P/NP/LNP 之间切换，其中 P 为有棱镜测距模式，NP 为测程为 1～250m 无棱镜测距模式，LNP 为测程为 1～1200m 无棱镜测距模式。为便于用户切换测距模式，凡有测距命令的菜单中都设置了

"NP/P"选项。仪器开机时，测距模式自动设置为P模式。

2) 双光学系统实现精密测距

在有棱镜测距模式下，仪器自动使用宽测量光束，宽测量光束可以在热闪烁条件下，保证长距离测量时测距光束的稳定，达到精密测距的要求；在无棱镜测距模式下，仪器自动使用窄测量光束，窄测量光束可以保证从细密的铁丝网间隙穿过时能准确地测量出仪器至铁丝网后墙面的距离。

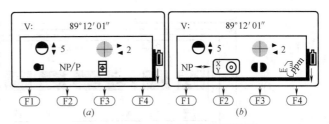

图 5-26　GPT-3005LN全站仪的星键菜单

3) 激光指示器

仪器每次开机时，激光指示器均处于关闭状态。在星键1页菜单下按 F3 键为打开激光指示器，此时，从望远镜物镜沿视准线方向发射一束直径约为5mm的红色激光，可以在短距离的照准点上指示视准线的位置；再次按 F3 键为将激光指示器切换为闪烁模式，此时，从望远镜物镜沿视准线方向发射红色闪烁激光，再次按 F3 健为关闭激光指示器，依次循环。激光指示器的有效作用距离与气候及用户的视力有关，打开激光指示器时，将消耗更多的电量。

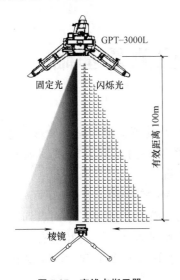

图 5-27　定线点指示器

4) 定线点指示器

在星键2页菜单下按 F3 健打开定线点指示器，再次按 F3 键可关闭定线点指示器。在望远镜的物镜上端设置有两个LED光源发射镜，一个发射固定光，另一个发射闪烁光。其作用是引导司镜员准确地走到仪器视准线方向。放样时，司镜员在待测设点位附近观察测站仪器的两个发光管，若固定发光管更亮一些，就向右移动棱镜；若闪烁发光管更亮一些，则向左移动棱镜，直至观察到的两个发光管亮度相同为止（图 5-27）。

该功能定线精度，在100m处为±5cm。用于放样可以减少镜站寻点时间，提高放样的效率。

5) 路线中/边桩坐标计算与放样程序

执行"程序→道路"下的命令，输入路线有关设计参数后，可以实时计算并放样连续多个交点的圆曲线、非对称基本型曲线的中/边桩坐标。

3. 南方NTS-660系列全站仪（图 5-28）

南方NTS-660系列全站仪有NTS-662、NTS-663和NTS-665三种型号；测角精度分别为±2″、±3″和±5″；测距精度均为2mm+2ppm，测程为2km左右；内存16MB，可保存4万个点的观测数据；通讯口为RS-232C串口。

仪器的特点是双轴补偿、图标菜单、32位CPU。

仪器除具有普通全站仪的全部功能外还新增了横断面放样、公路曲线设计与放样、导线平差、解析坐标计算、龙门板标定和钢尺联测等施工测量中的常用功能。

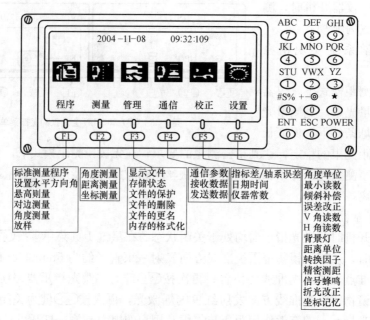

图 5-28 南方测绘 NTS-662 全站仪操作面板与菜单功能

第二节 全球卫星导航定位测量基础

一、全球卫星导航定位系统的发展与特点

全球导航卫星系统（Global Navigation Satellite System）的英文缩写是 GNSS，它是所有卫星导航定位系统的统称，目前包括美国的 GPS 系统、前苏联（现俄罗斯）的 GLONASS 系统、欧盟的 Galileo 系统和我国的 Compass 系统。

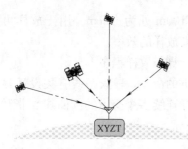

图 5-29 GNSS 定位原理

GNSS 定位的原理为：空间距离交会如图 5-29 所示。高空中卫星的瞬时位置是已知值，地面点到卫星的距离是观测值，地面点是未知点，未知量有三个 $P(X_P, Y_P, Z_P)$，为了求解这三个未知量，需要观测三颗卫星 (X_i, Y_i, Z_i) $(i=1, 2, 3)$，联立三个方程求解。即：

$$\rho_i = [(X_P - X_i)^2 + (Y_P - Y_i)^2 + (Z_P - Z_i)^2]^{1/2}$$

由于 GNSS 采用了单程测距原理，所以，要准确地测定卫星至观测站的距离，就必须使卫星钟与用户接收机钟保持严格同步。但在实践中这是难以实现的。因此，实际上，所确定的卫星至观测站的距离 ρ_i，都不可避免地会含有卫星钟和接收机钟非同步误差的影响。为了准确得到这个距离，就要准确测量时间，为此实际应用上把时间也看作是一个未知数，在解算位置未知数的同时把精确时间也求出来，这就有了四个未知数 $P(X_P, Y_P, Z_P, T)$，所以 GNSS 测量，一般同时需要至少观测四颗卫星。这种含有钟差影响的距离 ρ_i，通常称为"伪距"，并把它视为 GNSS 定位的基本观测量。由于观测量不同，我们一般将由码相位观测所确定的伪距简称为测码伪距，而由载波相位观测确定的伪距，简称为测相伪距。在上述联立方程中加入时间未知数，并考虑到电离层和对流层延迟对无线电信号的影响，卫星至观测站的准确距离 ρ 可以表达为：

$$\rho=\rho_i+\delta\rho_1+\delta\rho_2+C\delta t_k+C\delta t_j$$

式中 $\delta\rho_1$ 为电离层延迟改正，$\delta\rho_2$ 为对流层延迟改正，C 为信号传播速度，δt_k 为卫星钟差改正，δt_j 为接收机钟差改正。

二、GNSS 的发展

1957 年 10 月前苏联成功发射了世界上第一颗人造地球卫星。由它发现了多普勒定位原理。

1958 年 12 月美国建立"子午卫星系统"——Transit，即第一代的卫星导航系统。

1965 年前苏联建立了"卫星导航系统"——CICADA。

1967 年美国宣布解密子午卫星系统的部分导航电文供民间使用。

1973 年 12 月美国开始建立新一代的卫星导航系统——GPS 全球定位系统（Global Positioning System），1995 年投入使用。目前第四代 GPS 工作卫星—GPSⅢ正在启动，预计 2014 年完成。

1982 年-1995 年前苏联在总结 CICADA 的基础上，建立并基本完成了第二代的卫星导航系统——GLONASS。目前正在逐步恢复阶段，2017 年将实现与 GPS/Galileo 的兼容与互用。

2000～2003 年中国建立由三颗"北斗-1"同步卫星组成的试验型"北斗-1"导航系统。2007 年 2 月中国发射了第四颗北斗试验卫星。2008 年中国再发射两颗"北斗-2"同步卫星，目前已达到覆盖整个中国（包括台湾地区）和临近国家。今后将逐步扩展为全球卫星导航系统，从而建立起我们国家自己的北斗卫星导航系统（Compass 系统），预计建成期为 2020 年。

2002 年欧盟启动了"伽利略计划"，2003 年中国与欧盟签署了有关伽利略计划的合作协议。Galileo 系统已于 2007 年底建立完成，2008 年投入使用。GalileoⅡ也正在筹划之中。

至此在 GNSS 研究领域，形成了美、俄、欧、中"四强争霸"的格局。但在目前来看，美国的 GPS 还占据着主导地位，四强也各有优劣：美国的 GPS 胜在成熟，伽利略胜在精准，那么 GLONASS 的最大价值就在于抗干扰能力强，而中国的北斗卫星的优势则在于互动性和开放性。

三、GNSS 定位技术相对于经典测量技术的特点

GNSS 定位技术的高度自动化和所达到的定位精度及其潜力，使广大测量工作者产生了极大的兴趣，使其在应用基础的研究、应用领域的开拓、硬件和软件的开发等方面，都得到蓬勃发展。广泛的实验活动，为 GNSS 精密定位技术在测量工作中的应用，展现了广阔的应用前景。

相对于经典的测量技术来说，这一新技术的主要特点如下：

1) 观测站之间无需通视。既要保持良好的通视条件，又要保障测量控制网的良好结构，这一直是经典测量技术在实践方面的困难问题之一。GNSS 测量不要求观测站之间相互通视，因而不再需要建造觇标。使得 GNSS 布点灵活，测量成本下降。

不过也应指出，GNSS 测量虽不要求观测站之间相互通视，但必须保持观测站的上空开阔（净空），以使接收 GNSS 卫星的信号不受干扰。

2) 定位精度高。现已完成的大量实验表明，相对定位精度达到或优于 10^{-8}。

3) 观测时间短。目前，利用经典的静态定位方法，短基线（例如不超过 20km）快速相对定位，其观测时间仅需数分钟。

4) 提供三维坐标。GNSS 测量，在精确测定观测站平面位置的同时，可以精确测定观测站的大地高程。

5) 操作简便。GNSS 测量的自动化程度很高，在观测中测量员的主要任务只是安装并开关仪器、量取仪器高、监视仪器的工作状态和采集环境的气象数据，而其他观测工作，如卫星的捕获、跟踪观测和记录等均由仪器自动完成。

6) 全天候作业。GNSS 观测工作，可以在任何地点，任何时间连续地进行，一般也不受天气状况的影响。

所以，GNSS 定位技术的发展，对于经典的测量技术是一次重大的突破。一方面，它使经典的测量理论与方法产生了深刻的变革；另一方面，也进一步加强了测绘学科与其他学科之间的相互渗透，从而促进了测绘科学技术的现代化发展。

下面就以美国的 GPS 为例简单介绍一下 GNSS 的有关知识，其他三个系统也具有类似的体系。

四、美国的 GPS 组成

美国的 GPS 主要有三大组成部分，即空间星座部分、地面监控部分和用户设备部分（图 5-30）。

1. 空间星座部分

（1）GPS 卫星星座的构成

GPS 的空间卫星星座，由 24 颗卫星组成，其中包括 3 颗备用卫星。卫星分布在 6 个轨道面内，每个轨道面上分布有 4 颗卫星。卫星轨道面相对地球赤道面的倾角约为 55°，各轨道平面升交点的赤经相差 60°，在相邻轨道上，卫星的升交距角相差 30°。轨道平均高度约为 20200km，卫星运行周期为 11 时 58 分。因此，同一观测站上，每天出现的卫星分布图形相同，只是每天提前约 4min。每颗卫星每天约有 5 个小时在地平线以上。

目前，GPS 的工作卫星，在空间的分布情况如图 5-31 所示。

空间部分的 3 颗备用卫星，可在必要时根据指令代替发生故障的卫星，这对于保障 GPS 空间部分正常而高效地工作是极其重要的。

（2）GPS 卫星及其功能

GPS 卫星的主体呈圆柱形，直径约为 1.5m，重约 774kg（包括 310kg 燃料），两侧设有两块双叶太阳能板，能自动对日定向，以保证卫星正常工作用电（图 5-32）。

每颗卫星装有 4 台高精度原子钟（2 台铷钟和 2 台铯钟），这是卫星的核心设备。它将发射标准频率信号，为 GPS 定位提供高精度的时间标准。

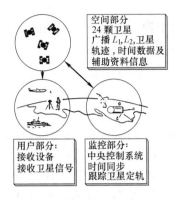

图 5-30　GPS 组成

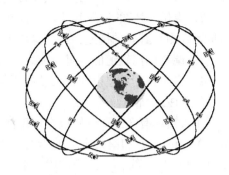

图 5-31　GPS 卫星空间分布

GPS 卫星的基本功能是：

1）接收和储存由地面监控站发来的导航信息，接收并执行监控站的控制指令；

2）卫星上设有微处理机，进行部分必要的数据处理工作；

3）通过星载的高精度铯钟和铷钟提供精密的时间标准；

4）向用户发送定位信息；

5）在地面监控站的指令下，通过推进器调整卫星的姿态和启用备用卫星。

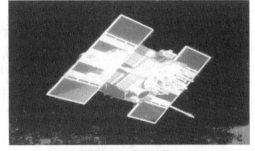

图 5-32　空间卫星

2. 地面监控部分

GPS 的地面监控部分，目前主要由分布在全球的五个地面站所组成，其中包括卫星监测站、主控站和信息注入站。其分布如图 5-33 所示。

图 5-33　地面监控部分

（1）监测站

现有 5 个地面站均具有监测站的功能。

监测站，是在主控站直接控制下的数据自动采集中心。站内设有双频 GPS 接收机、高精度原子钟、计算机各一台和若干台环境数据传感器。接收机对 GPS 卫星进行连续观测，以采集数据和监测卫星的工作状况。原子钟提供时间标准，而环境传感器收集有关当地的气象数据，所有观测资料由计算机进行初步处理，并存储和传送到主控站，用以确定卫星的轨道。

（2）主控站

主控站一个，设在科罗拉多（Colorado Springs）。主控站除协调和管理所有地面监控系统的工作外，其主要任务是：

1）根据本站和其他监测站的所有观测资料，推算编制各卫星的星历、卫星钟差和大气层的修正参数等,并把这些数据传送到注入站。

2) 提供 GPS 的时间基准。各监测站和 GPS 卫星的原子钟,均应与主控站的原子钟同步,或测出其间的钟差,并把这些钟差信息编入导航电文,送到注入站。

3) 调整偏离轨道的卫星,使之沿预定的轨道运行。

4) 启用备用卫星以代替失效的工作卫星。

(3) 注入站

注入站现有 3 个,分别设在印度洋的狄哥加西亚(Diego Garcia)、南大西洋的阿松森岛(Ascension)和南太平洋的卡瓦加兰(Kwajalein)。注入站的主要设备,包括一台直径为 3.6m 的天线、一台 C 波段发射机和一台计算机。其主要任务是在主控站的控制下,将主控站推算和编制的卫星星历、钟差、导航电文和其他控制指令等,注入到相应卫星的存储系统,并监测注入信息的正确性。

整个 GPS 的地面监控部分,除主控站外均无人值守。各站间用现代化的通信网络联系起来,在原子钟和计算机的驱动和精确控制下,各项工作实现了高度的自动化和标准化。

图 5-34 用户设备

3. 用户设备部分

GPS 的空间部分和地面监控部分,是用户应用该系统进行定位的基础,而用户只有通过用户设备,才能实现应用 GPS 定位的目的,见图 5-34。

用户设备的主要任务是,接收 GPS 卫星发射的无线电信号,以获得必要的定位信息及观测量,并经过数据处理而完成定位工作。

用户设备,主要由 GPS 接收机硬件和数据处理软件,以及微处理机及其终端设备组成,而 GPS 接收机的硬件,一般包括主机、天线和电源。

目前,国际上适于测量工作的 GPS 接收机,已有众多产品问世,且产品的更新很快,日新月异。特别是在当前 GNSS 时代,可以同时接受双星,以至于更多星系统的用户接收机已经被研制出来,投入了使用。这为摆脱某星系统的限制,更加精准定位,提供了广阔的应用空间。

五、GPS 卫星的测距码信号

1. GPS 卫星信号

GPS 卫星所发播的信号,包括载波信号、P 码(或 Y 码)、C/A 码和数据码(或称 D 码)等多种信号分量,而其中的 P 码和 C/A 码,统称为测距码。为了满足 GPS 用户的需要,GPS 卫星信号的产生与构成,主要考虑了以下几方面的要求:①适应多用户系统的要求;②满足实时定位的要求;③满足高精度定位的需要;④满足军事保密的要求。

为了满足上述多方面的要求,所以 GPS 卫星信号的产生和结构均比较复杂。

在现代数字化通信中,广泛使用二进制数("0"和"1")及其组合,来表示各种信息。这些表达不同信息的二进制数及其组合,便称为码。按某种预定的规则,表示为二进制数的组合形式,则这一过程称为编码。这是信息数字化的重要方法之一。

由上述可知，码是用以表达某种信息的二进制数的组合，是一组二进制的数码序列。随机码具有良好的自相关特性，但由于它是一种非周期性的序列，不服从任何编码规则，所以实际上无法复制和利用。因此，为了实际的应用，GPS 采用了一种伪随机噪声码 (Pseudo Random Novice—PRN)，简称伪随机码或伪码。这种码序列的主要特点是，不仅具有类似随机码的良好自相关特性，而且具有某种确定的编码规则。它是周期性的，可以容易地复制。

2. GPS 的测距码

GPS 卫星采用的两种测距码，即 C/A 码和 P 码（或 Y 码），均属伪随机码。

(1) C/A 码

C/A 码是由两个 10 级反馈移位寄存器相组合而产生的，其构成见图 5-35。两个移位寄存器，于每星期日子夜零时，在置"1"脉冲作用下全处于 1 状态，同时在频率为 $f_1 = f_0/10 = 1.023\mathrm{MHZ}$ 钟脉冲驱动下，两个移位寄存器，分别产生码长为 $N_u = 2^{10} - 1 = 1023$，周期为 $N_u \times t_u = 1\mathrm{ms}$ 的 m 序列 $G_1(t)$ 和 $G_2(t)$。这时 $G_2(t)$ 序列的输出，不是在该移位寄存器的最后一个存储单元，而是选择其中两存储单元，进行二进制相加后输出，由此得到一个与 $G_2(t)$ 平移等价

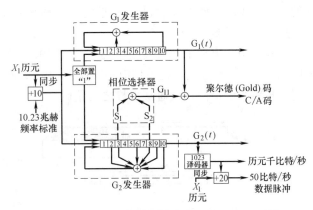

图 5-35 C/A 码

的 m 序列 G_2'。再将其与 $G_1(t)$ 进行模二相加，便得到 C/A 码。由于 $G_2(t)$ 可能有 1023 种平移序列，所以，其分别与 $G_1(t)$ 相加后，将可产生 1023 种不同结构的 C/A 码。这些相异的 C/A 码，其码长、周期和数码率均相同，即

码长 $N_u = 2^{10} - 1 = 1023$ 比特；

码元宽为 $t_u = 1/f \approx 0.97752\mu s$；（相应距离为 293.1m）；

周期 $T_u = N_u t_u = 1\mathrm{ms}$；数码率 $= 1.023\mathrm{Mbit/s}$。

这样，就可能使不同的 GPS 卫星，采用结构相异的 C/A 码。

C/A 码的码长很短，易于捕获。在 GPS 定位中，为了捕获 C/A 码，以测定卫星信号传播的时延，通常需要对 C/A 码逐个进行搜索。因为 C/A 码总共只有 1023 个码元，所以若以每秒 50 码元的速度搜索，只需要约 20.5s 便可达到目的。

由于 C/A 码易于捕获，而且通过捕获的 C/A 码所提供的信息，又可以方便地捕获 GPS 的 P 码。所以，通常 C/A 码也称为捕获码。

C/A 码的码元宽度较大。假设两个序列的码元对齐误差，为码元宽度的 1/100，则这时相应的测距误差可达 2.9m。由于其精度较低，C/A 码也称为粗码。

(2) P 码

GPS 卫星发射的 P 码，其产生的基本原理与 C/A 码相似，但其发生电路，是采用两组各由两个 12 级反馈移位寄存器构成的，更为复杂，P 码的特征为：

码长 $Nu \approx 2.35 \times 10^{14}$ 比特；

码元宽度 $tu \approx 0.097752\mu s$；（相应距离为 29.3m）

周期 $Tu = Nutu \approx 267$ 天；

数码率 $= 10.23$ Mbit/s。

P 码周期如此之长，以至约 267 天才重复一次。因此，实用上 P 码周期被分为 38 部分（每一部分周期为 7 天，码长约为 6.19×10^{12} 比特），其中有 1 部分闲置，5 部分给地面监控站使用，32 部分分配给不同的卫星。这样，每颗卫星所使用的 P 码不同部分，便都具有相同的码长和周期，但结构不同。

因为 P 码的码长，约为 6.19×10^{12} 比特，所以，如果仍采用搜索 C/A 码的办法，来捕获 P 码，即逐个码元依次进行搜索，当搜索的速度仍为每秒 50 码元时，那将是无法实现的（约需 14×10^5 天）。因此，一般都是先捕获 C/A 码，然后根据导航电文中给出的有关信息，捕获 P 码。

另外，由于 P 码的码元宽度，为 C/A 码的 1/10，这时若取码元的对齐精度仍为码元宽度的 1/100，则由此引起的相应距离误差约为 0.29m，仅为 C/A 码的 1/10。所以 P 码可用于较精密的定位，故通常也称之为精码。

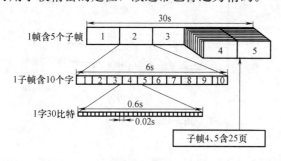

图 5-36 导航电文

3. 导航电文及其格式

所谓导航电文，就是包含有关卫星的星历、卫星工作状态、时间系统、卫星钟运行状态、轨道摄动改正、大气折射改正和由 C/A 码捕获 P 码等导航信息的数据码（或 D 码）。导航电文是利用 GPS 进行定位的数据基础（图5-36）。

导航电文也是二进制码，依规定格式组成，按帧向外播送。每帧电文含有 1500 比特，播送速度为每秒 50 比特。所以播送一帧电文的时间需要 30s。

第 1, 2, 3 子帧播放该卫星的广播星历及卫星钟修正参数，其内容每小时更新一次，第 4, 5 子帧播放所有空中 GPS 卫星的历书（卫星的概略坐标），完整的历书占 25 帧，所以需经 12.5min 才播完，其内容仅在地面注入站，注入新的导航数据才更新。

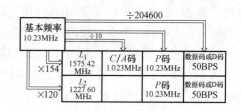

图 5-37 卫星信号的构成

每帧导航电文含有 5 个子帧（图 5-36），而每个子帧分别含有 10 个字，每个字 30 比特，故每一子帧共含 300 比特，其持续播发的时间为 6s。为了记载多达 25 颗卫星的星历，所以子帧 4、5 各含有 25 页。子帧 1、2、3 与子帧 4、5 的每一页，均构成一个主帧。在每一主帧的帧与帧之间，1、2、3 子帧的内容，每小时更新一次，而子帧 4、5 的内容，仅在给卫星注入新的导航数据后才得以更新。

4. GPS 卫星信号的构成

前已指出，GPS 卫星信号包含有三种信号分量，即载波、测距码和数据码。而所有这些信号分量，都是在同一个基本频率 $f_0=10.23\text{MHz}$ 的控制下产生，见图 5-37。

GPS 卫星取 L 波段的两种不同频率的电磁波为载波，即

L_1 载波，其频率 $f_1=154\times f_0=1575.42\text{MHz}$，波长 $\lambda_1=19.03\text{cm}$。

L_2 载波，其频率 $f_2=120\times f_0=1227.60\text{MHz}$，波长 $\lambda_2=24.42\text{cm}$。

在载波 L_1 上，调制有 C/A 码、P 码（或 Y 码）和数据码，而在载波 L_2 上，只调制有 P 码（或 Y 码）和数据码。

六、载波相位实时差分定位技术

1. GPS 实时动态定位方法概述

实时动态（Real Time Kinematic——RTK）测量系统，是 GPS 测量技术与数据传输技术相结合，而构成的组合系统，它是 GPS 测量技术发展中的一个新的突破。

RTK 测量技术，是以载波相位观测量为根据的实时差分 GPS（RTD GPS）测量技术。大家知道，GPS 测量工作的模式已有多种，如静态、快速静态、准动态和动态相对定位等。但是，利用这些测量模式，如果不与数据传输系统相结合，其定位结果均需通过观测数据的测后处理而获得。由于观测数据需在测后处理，所以上述各种测量模式，不仅无法实时地给出观测站的定位结果，而且也无法对基准站和用户站观测数据的质量，进行实时地检核，因而难以避免在数据后处理中发现不合格的测量成果，需要进行返工重测的情况。

过去解决这一问题的措施，主要是延长观测时间，以获取大量的多余观测量，来保障测量结果的可靠性。但是，这样一来。便显著地降低了 GPS 测量工作的效率。

实时动态测量的基本思想（图 5-38）是：在基准站上安置一台 GPS 接收机，对所有可见 GPS 卫星进行连续地观测，并将其观测数据，通过无线电传输设备，实时地发送给用户观测站。在用户站上，GPS 接收机在接收 GPS 卫星信号的同时，通过无线电接收设备，接收基准站传输的观测数据，然后根据相对定位的原理，实时地计算并显示用户站的三维坐标及其精度。

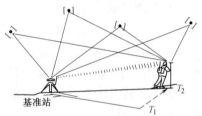

图 5-38　RTK 测量原理

这样，通过实时计算的定位结果，便可监测基准站与用户站观测成果的质量和解算结果的收敛情况，从而可实时地判定解算结果是否成功，以减少冗余观测，缩短观测时间。

RTK 测量系统的开发成功，为 GPS 测量工作的可靠性和高效率提供了保障，这对 GPS 测量技术的发展和普及，具有重要的现实意义。

2. 实时动态（RTK）测量系统的设备配置

RTK 测量系统的构成，主要包括三部分：

1）基准站：接收所有 GPS 卫星信号，并实时向流动站提供差分修正信号；见图 5-39

2）流动站：接受所有 GPS 卫星信号和基准站发送的差分修正信号，对 GPS 卫星信号进行修正，并进行实时定位；见图 5-40。

3）无线电通信链：利用数据传输软件系统将基准站差分信息传送到流动站。

(1) GPS 接收设备

图 5-39 基准站　　　　　　　　　图 5-40 流动站

RTK 测量系统中，至少包含两台接收机，分别安置在基准站和流动站上。基站应配备电台。基准站应设在测区内地势较高，视野开阔的点上。在城区可考虑设在楼顶平台上。作业期间，基准站的接收机应连续跟踪全部可见 GPS 卫星，并将观测数据通过数据传输系统，实时地发送给流动站。

当基准站为多用户服务时，应采用动态 GPS 接收机，其采样率应与流动站接收机采样率最高的相一致。

(2) 数据传输系统

数据传输系统（或简称数据链），由基准站的发射台与流动站的接收台组成，它是实现实时动态测量的关键设备。

数据传输设备，要充分保证传输数据的可靠性，其频率和功率的选择主要决定于用户站与基准站间的距离，环境质量，数据的传输速度。

(3) 支持实时动态测量的软件系统

在此，软件系统的质量与功能，对于保障实时动态测量的可行性、测量结果的精确性与可靠性，具有决定性的意义。

以测相伪距为观测量的实时动态测量，其主要问题仍在于，载波相位初始整周未知数的精密确定，流动观测中对卫星的连续跟踪，以及失锁后的重新初始化问题。

目前，由于快速解算和动态解算整周未知数的发展，为实时动态测量的实施奠定了基础。

实时动态测量的软件系统，应具有的基本功能是：

1) 快速解算，或动态快速解算整周未知数；

2) 根据相对定位原理，采用适当的数据处理方法（例如序贯平差法），实时解算用户站在 WGS—84 中的三维坐标；

3) 根据已知转换参数，进行坐标系统的转换；

4) 解算结果质量的分析与评价；

5) 作业模式（例如，静态，快速静态，准动态和动态等工作模式）的选择与转换；

6) 测量结果的显示与绘图。

3. 实时动态（RTK）测量的作业模式与应用

根据用户的要求，目前实时动态测量采用的作业模式，主要有

(1) 快速静态测量

采用这种测量模式，要求 GPS 接收机在每一流动站上，静止地进行观测。在观测过程中，连同接收到的基准站的同步观测数据，实时地解算整周未知数和用户站的三维坐标。如果解算结果的变化趋于稳定，且其精度已满足设计的要求，便可适时的结束观测工作。

(2) 准动态测量

同一般的准动态测量一样，这种测量模式，通常要求流动的接收机，在观测工作开始之前，首先在某一起始点上静止地进行观测，以便采用快速解算整周未知数的方法实时地进行初始化工作。初始化后，流动的接收机在每一观测站上，只需静止观测数历元，并连同基准站的同步观测数据，实时地解算流动站的三维坐标。

(3) 动态测量

动态测量模式，一般需首先在某一起始点上，静止地观测数分钟，以便进行初始化工作。之后，运动的接收机按预定的采样时间间隔自动地进行观测，并连同基准站的同步观测数据，实时地确定采样点的空间位置、目前，其定位的精度可达厘米级。

这种测量模式，仍要求在观测过程中，保持对观测卫星的连续跟踪。一旦发生失锁，则需重新进行初始化。这时，对陆上的运动目标来说，可以在卫星失锁的观测点上，静止地观测数分钟，以便重新初始化，或者利用动态初始化（AROF）技术，重新初始化，而对海上和空中的运动目标来说，则只有应用 AROF 技术，重新完成初始化的工作。

目前，实时动态测量系统，已在约 20km 的范围内，得到了成功的应用。相信，随着数据传输设备性能和可靠性的不断完善和提高，数据处理软件功能的增强，它的应用范围将会不断地扩大。

4. 区域 CORS 系统

依据 RTK 的测量原理，利用多基站网络 RTK 技术取代 RTK 单独设站，20 世纪 80 年代，加拿大首先提出了建立连续运行参考站系统（Continuous Operational Reference System 简称 CORS 系统），并于 1995 年建成了第一个 CORS 台站网。

CORS 系统是卫星定位技术、计算机网络技术、数字通讯技术等高新科技多方位、深度结晶的产物。它由基准站网、数据处理中心、数据传输系统、定位导航数据播发系统、用户应用系统五个部分组成，各基准站与监控分析中心间通过数据传输系统连接成一体，形成专用网络。

CORS 系统主要优势体现在：1) 改进了初始化时间、扩大了有效工作的范围；2) 采用连续基站，用户随时可以观测，使用方便，提高了工作效率；3) 拥有完善的数据监控系统，可以有效地消除系统误差和周跳，增强差分作业的可靠性；4) 用户不需架设参考站，真正实现单机作业，减少了费用；5) 使用固定可靠的数据链通讯方式，减少了噪声干扰；6) 提供远程 INTERNET 服务，实现了数据的共享；7) 扩大了 GPS 在动态领域的应用范围，更有利于车辆、飞机和船舶的精密导航；8) 为建设数字化城市提供了新的契机。

随着国家信息化程度的提高及计算机网络和通信技术的飞速发展，电子政务、电子商务、数字城市、数字省区和数字地球的工程化和现实化，都需要采集多种实时地理空间数

据，因此建立一个区域化的CORS系统对于我国城市建设是非常必要的。2000年5月深圳市建立了第一个连续运行参考站系统（SZCORS），2001年9月建成并投入试验和试运行。CORS系统在城市信息化、现代化建设中的优势也逐渐突显出来。近几年来，我国也陆续建立了一些省、市级CORS系统，如：广东、江苏、安徽、湖北、福建、山东、黑龙江、浙江、四川、陕西、北京、天津、上海、广州、东莞、成都、昆明、重庆、香港等。

图 5-41 为北京 CORS 系统的简单网络结构图。

北京 CORS 系统由北京市及河北省境内的 28 个连续运行基准站组成的基准站系统、管理系统、监测系统、服务系统及用户系统五部分组成，涉及各种硬件、管理控制软件、通信传输、网络系统、数据库、数据处理等众多领域，是集设计、开发、集成为一体的综合应用服务系统。

（1）基准站系统是由天线墩、气象仪、GPS 接收机、工控机、数字电台、交换机、数据转换器等组成，负责基准站数据的提取、远程存储、实时差分数据的转发。对于实时的载波相位的差分信号（RTK，RTD），系统将信号一分为二，一路

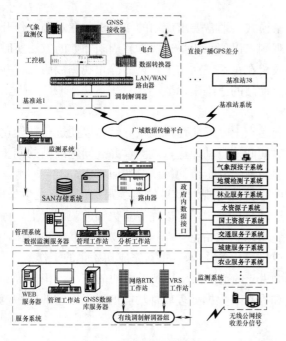

图 5-41 CORS 系统的网络结构

在基准站实时通过数字电台发布，另一路由转换器转换后，通过 TCP/IP 网络，传回服务系统的网络 RTK 工作站，供流动站用户使用。除此以外基准站能自动处理死机、自动连接网络和数据库、自动备份数据、接受管理中心远程控制、视频监控等诸多功能，自动化程度相对较高，提高了系统运行和服务的可靠性。

（2）管理系统主要由数据库服务器、管理工作站、分析工作站和存储区域网络（SAN）等组成。管理系统对各基准站上传的观测数据进行分类，以表的形式将数据存储到主数据库中；定期对主数据库上的历史数据进行压缩处理，并转存到中心的 SAN 上；提供客户端所需要的各种数据，包括从本地数据库和从 SAN 中检索到的历史数据；对原始数据进行后处理，提供用户所需的个性化服务。

（3）监测系统主要由若干工作站和 GPS 接收机组成，主要进行实时扫描、监控管理系统数据库中的观测数据和导航数据，剔除和标定有问题的数据，使提供给用户的数据均有质量保证。

（4）服务系统由 Web 服务器、服务管理工作站、GNSS 数据库服务器、网络 RTK 工作站、VRS 工作站等组成。其主要功能是发布后处理数据和实时差分信号，通过无线公网和 FM 为移动用户提供 RTK/RTD 服务，根据专网用户的要求，向专网用户发布各类

原始数据。为了使管理系统的数据库服务器安全、高效，GNSS 数据库服务器与之进行了网络隔离。

(5) 用户系统主要由政府各个单位组成，目前有气象预报子系统、地震监测子系统、林业服务子系统、水利子系统、国土资源子系统、交通服务子系统、城建服务子系统和农业子系统、园林子系统等，为十几个单位提供服务。数据服务主要经过北京市的政府内网，所有数据具有一定的保密性和安全性。

作为一个平台，系统提供的服务和应用分为两部分，其中基本的服务有：

(1) 提供原始观测数据给授权用户。对于授权用户，可获取本系统各 GNSS 基准站 RINEX 格式原始观测数据、星历数据和原始气象数据。

(2) 提供差分信号。对于授权用户，可获得 GPS 差分数据。RTK 差分数据（精度 1～5cm）可通过数字电台、GSM 无线公网等发布。GPS 伪距差分信号（差分精度 1～3m）利用调频副载波，实时发布，为车辆导航用户提供定位服务和一般的资源普查服务。

在满足基础应用的同时，系统利用原始观测的精确位置信息和气象信息，与各单位的业务处理系统紧密结合，初步建成 5 种信息服务网。

(1) 北京 GNSS 气象服务网。通过 28 个 GNSS 卫星连续跟踪站提供的准实时信息，产生覆盖全北京地区的高精度、高时空分辨率、全天候、近实时的水汽变化参数和温度、湿度变化资料，与北京气象局的业务系统结合，进行初步的天气状况分析，生成北京市垂直大气水气含量分布日变化图等图表，在此基础上，逐步形成一个新的实时的北京地区灾害性天气预报系统。

(2) 北京 GNSS 城市基准控制网。本系统 28 个 GNSS 基准站点将组成北京市 GNSS 城市基准控制网。在该网基础上再与北京市原有 59 个 GPS 控制网点联测构成北京市首级控制网，与规划委测绘院一起合作，建成北京地区高精度三维大地测量控制网，该网将为北京市城市建设、工程建设、房地产管理、地籍管理等提供技术支持和定位数据基础，为北京市的数字化城市建设提供数据依靠。

(3) 北京地区 GNSS 地壳形变监测网。利用建在基岩上的 GNSS 基准站的长期观测数据，配合市地震局的业务系统，处理北京地区地壳形变资料，生成北京市地壳形变年变化趋势图，为北京地区地震预报提供实测数据。该网将成为首都圈地震及地质灾害预报的重要组成部分，将为北京地区地壳形变监测、滑坡监测、地面沉降监测提供测量基准。

(4) 北京地区 GNSS 地面沉降监测网。为更好的观测北京地区地面的沉降变化状况，配合北京国土资源管理局，在北京市东北郊沉降量大的地区布设 20 个地面沉降监测网点，进行定期监测，生成北京市东郊和东北郊地面下沉年变化趋势图，通过积累地面沉降数据，建立北京地区地面沉降模型，为决策研究提供科学依据。

(5) 北京 GNSS 高精度水准网。利用 1984 年北京平原地区水准复测一二等水准点为基础，在条件允许的情况下，与业务单位一起，按 5km×5km 选择 GPS 水准点（共 400个）；利用北京市 1∶10000，1∶2000，1∶500 地形图资料，加测相对重力测量点。精化大地水准面，使 GNSS 水准精度平原地区达到 3～5cm，以满足各项建设工程对高程精度的需要。

定位方式上，用户有网络 RTK 和虚拟参考站系统（VRS）可以选择。网络 RTK 是根据流动站用户的位置，选取离自己最近的基准站的差分信号进行作业，特点是灵活方便。而 VRS 系统是通过各个参考站数据的联网运算，实时计算出流动站附近的一个虚拟参考站的差分信号，提高了精度和作业距离。导航数据则有广播星历、预报星历、快速星历和精密星历等。原始数据由于每秒采用一次和使用了数据库的存储方式，用户根据需要，通过互联网得到任何时段、任何采样频率的一个标准 RINEX 文件。

第三节　三维激光扫描测量技术

一、基本原理

三维激光扫描测量技术利用激光作为光源，对空间实体按照一定的分辨率进行扫描，采用某种与物体表面发生相互作用的物理现象来获取其表面三维信息。其原理是（图 5-42）：利用激光探测技术获取被测目标至扫描中心的距离 S，利用精密时钟控制编码器同步测量每束激光波的横向扫描角度值 α 和纵向扫描角度值 θ，由空间三维几何关系通过一个线元素 S 和两个角元素 (α, θ) 计算测点的 X、Y、Z 坐标，空间点位的计算公式为式 (5-1)。三维激光扫描测量系统在采集数据时，内部伺服马达系统精密控制多面反射棱镜的转动，使激光束沿 X、Y 两个方向快速扫描，实现高精度的小角度扫描间隔、大范围扫描幅度。

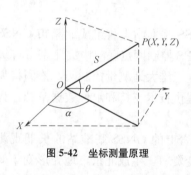

图 5-42　坐标测量原理

$$\begin{cases} X = S\cos\theta\cos\alpha \\ Y = S\cos\theta\sin\alpha \\ Z = S\sin\theta \end{cases} \quad (5\text{-}1)$$

测点空间三维坐标一般基于三维激光扫描测量系统自定义的坐标系：X 轴在横向扫描面内，Y 轴在横向扫描面内与 X 轴垂直，Z 轴与横向扫描面垂直（图 5-42）。被测目标至扫描中心的距离 S，可由基于脉冲法测距的原理、基于相位法测距的原理和基于激光三角法测距的原理获取，下面对它们分别做一个介绍。

(1) 基于脉冲法测距的原理

如图 5-43 所示。此类三维激光扫描仪利用激光脉冲发射器周期地驱动一激光二极管向物体发射近红外波长的激光束，然后由接收器接收目标表面的反射信号，利用一稳定的石英时钟对发射与接收时间差作计数，确定发射的激光光波从扫描中心至被测目标往返传播一次需要的时间 t，又光在大气中的传播速度为 c，所以可由式 (5-2) 计算被测目标至扫描中心的距离 S。

$$S = \frac{1}{2}ct \quad (5\text{-}2)$$

由于采用的是脉冲式激光源，通过一些技术可以很容易得到高峰值功率的脉冲，所以脉冲法适用于超长距离测量。其测量精度主要受到脉冲计数器的工作频率与激光源脉冲宽度的限制，精度可以达到"mm"数量级。目前激光测距主要采用计算光脉冲传输时间差的方式进行。在高精度的测距时，只采用时间差计算距离难以保证精度。需要采用更为复

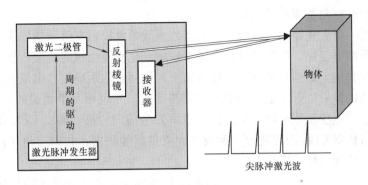

图 5-43 基于脉冲法测距的原理示意图

杂的技术，如干涉激光测量等。

(2) 基于相位法测距的原理。

如图 5-44 所示。此类系统将发射光波的光强调制成正弦波的形式，通过检测调幅光波发射和接收的相位移来获取距离信息。正弦光波振荡一个周期的相位移是 2π，发射的正弦光波经过从扫描中心至被测目标再返回的相位移为 φ，则 φ 可分解为 2π 的整数周期 N 和不足一个整数周期相位移 $\Delta\varphi$，即有

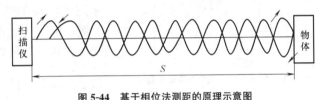

图 5-44 基于相位法测距的原理示意图

$$\varphi = 2\pi N + \Delta\varphi \quad (5\text{-}3)$$

正弦光波振荡频率 f 的意义是一秒钟振荡的次数，则正弦光波经过 t 秒钟后振荡的相位移为

$$\varphi = 2\pi f t \quad (5\text{-}4)$$

由式 (5-3) 和式 (5-4) 可解出 t 为

$$t = \frac{2\pi N + \Delta\varphi}{2\pi f} \quad (5\text{-}5)$$

将式 (5-5) 代入式 (5-2)，得到从扫描中心至被测目标的距离 S 为

$$S = \frac{c}{2f}\left(N + \frac{\Delta\varphi}{2\pi}\right) = \frac{\lambda_s}{2}\left(N + \frac{\Delta\varphi}{2\pi}\right) \quad (5\text{-}6)$$

式中，λ_s 为正弦波的波长。由于相位差检测只能测量 $0\sim2\pi$ 的相位差 $\Delta\varphi$，当测量距离超过整数倍时，测量出的相位差是不变的，即检测不出整周数 N，因此测量的距离具有多义性。消除多义性的方法有两种，一是事先知道待测距离的大致范围；二是设置多个不同调制频率的激光正弦波分别进行测距然后将测距结果组合起来。

由于相位以 2π 为周期，所以相位测距法会有测量距离上的限制，测量范围约数 10m，为提高信噪比有必要多测几次，无法做到瞬间即时测距。目前这种方法多应用在短距离上，如室内装潢扫描等用途。由于采用连续光源，功率一般较低，测量范围也较小，其测量精度主要受相位比较器的精度和调制信号的频率限制，增大调制信号的频率可以提高精度，但测量范围也随之变小，所以为了在不影响测量范围的前提下提高测量精度，一般设置多个调频频率。通常的测量精度达到"mm"数量级。

(3) 基于激光三角法测量的原理

基本原理是一束激光经光学系统将一亮点或直线条纹投射在待测物体表面，由于物体表面形状起伏及曲率变化，投射条纹也会随着轮廓变化而发生扭曲变形，被测表面漫反射的光线通过成像物镜汇聚到光电探测器接收面上，被测点的距离信息由该激光点在探测器接收面上所形成的像点位置决定，当被测物面移动时，光斑相对于物镜的位置发生改变，相应的其像点在光电探测器接收面上的位置也将发生横向位移，借助 CCD 摄像机撷取激光光束影像，可依据 CCD 内成像位置及激光光束角度等数据，利用三角几何关系计算出待测点的距离或位置坐标等资料。

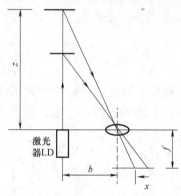

图 5-45 基于激光三角法测距的原理示意图

如图 5-45 所示，b 为激光器光轴与接收镜头光轴之间的距离；f 为接收镜头的焦距；x 为接收像点到镜头光轴的距离，由三角形相似几何关系得到被测距离为 $z=bf/x$。其中，b 和 f 已知，则只要测出 x 的值就可以求出距离 z。利用高分辨率线阵 CCD 测出的 x 值具有很高的精确度。

采用该原理的三维激光扫描仪的精度可以达到"μm"级，但对于远距离测量，必须要伸长发射器与接收机间的距离，所以不适于远距离测距。

二、三维激光扫描测量系统

1. 三维激光扫描测量系统的构成

三维激光扫描测量系统的构成如表 5-4 所示。

三维激光扫描测量系统的构成　　　　　　表 5-4

项 目	备 注
1. 承载平台	三脚架、汽车、飞机、卫星等
2. 硬件	
激光扫描器、计算机、其他传感器（POS/INS/IMU/GNSS 等）、控制器	完成系统的控制、原始数据的采集、存储、显示、传输等
3. 软件	含数据采集、数据通信、数据后处理、立体重建等

三维激光扫描测量系统根据承载平台分为固定站式三维激光扫描系统、车载三维激光扫描系统、机载三维激光扫描系统等。平台不同，三维激光扫描测量系统的结构也存在差异。

固定站式的三维激光扫描测量系统的激光扫描仪姿态参数可一次性测定，所以不用 INS 或 POS 等系统测定数据采集时的姿态参数，而车载激光扫描测量系统和机载激光扫描测量系统在扫描过程中平台处于运动状态，需要集成多源传感器，确定激光雷达扫描时的瞬时位置和姿态。车载激光扫描测量系统一般由数据获取设备 CCD、三维激光扫描仪和定位设备 DGPS/INS/Odometer 组成。机载激光扫描测量系统测量距离比较远，一般基于脉冲法测距原理，由多源传感器集成，一般包括：

1) CCD

2）GPS（全球定位系统）

3）INS/IMU/POS

4）Laser Scanner（激光扫描仪）

CCD 和 Laser Scanner 为数据获取设备，用于获取纹理信息和空间三维信息，GPS（全球定位系统）和 INS/IMU/POS 用于定位。根据激光扫描瞬间的瞬时位置、姿态信息及基于脉冲飞行时间差测出的距离信息，利用三维坐标转换关系得出地面点的三维空间坐标。

2. 主要仪器及类型介绍

目前，生产三维激光扫描仪的公司有很多，典型的有瑞士的 Leica 公司、美国的 3D DIGITAL 公司、Polhemus 公司等，奥地利的 RIGEL 公司、加拿大的 OpTech 公司、瑞典的 TopEye 公司、法国的 MENSI 公司、日本的 Minolta 公司、澳大利亚的 I-SITE 公司、中国的北京容创兴业科技发展公司等。他们各自的产品在测距精度、测距范围、数据采样率、最小点间距、点位精度、模型化点定位精度、激光点大小、扫描视场、激光等级、激光波长等指标有所不同。

如徕卡 HDS2500（图 5-46）在最佳测量距离 50～60m 测量时，其点位精度可小于 6mm，视场角为 40°×40°，适用于对测量视角要求不高的地方；徕卡 HDS3000（图 5-46）其视场角为 360°×270°，50m 距离点位精度可达±6mm，测距精度为±4mm，形成模型表面的精度可达±2mm，测距范围为 300m（90％反射率）和 134m（18％反射率），由于其功能强大、操作灵活高效，可广泛应用于土木工程、工厂改建、建筑测量、文物保护等项目；徕卡超高速短距离三维激光扫描仪 HDS4500（图 5-46），基于相位测量原理，每秒钟测量 10 万～

图 5-46　目前市场上几种三维激光扫描系统产品图

50万个点，其视场角为360°×310°，其测距最佳范围是1~25m，特别适合那些要求在短时间内获取大量高清晰测量数据的工程项目，在一些难以进入、内部工作环境比较复杂的工作现场，如汽车厂、机械制造车间、核工业、电厂、隧道、工业设备制造、文物古建和修复还原工程等，徕卡HDS4500相位式激光扫描仪能够充分发挥其优势。

Rigel公司根据不同的应用领域和技术需要，生产的三维激光扫描仪有地面三维激光扫描仪（如LMS—Z420i等）、机载激光扫描仪（如LMS—Q560等）和工业激光扫描仪（如LMS—Q120等）等，如图5-46所示，每种产品之间在测距范围、扫描视角、测量速率、点位精度、应用领域等方面也有差别。

Optech公司除提供机载激光ALTM和SHOALS、地面激光ILRIS-3D（图5-46）之外，还提供CMS和大气探测设备，其中高端设备ALTM在全球拥有多家用户，ILRIS-3D用户就更多了，ILRIS-3D是一台完整、完全便携式的激光影像与数字化的测图系统，在性能的扩展方面主要是高数据采样率和从3~1500m的大范围动态测距，可用于商业、工程、采矿和工业市场。

Konica Minolta公司目前有两种型号的三维扫描仪：VIVID910和VIVID9i，其中VIVID9i为最新型号，它功能更精确、更可靠、更灵活，它们专为逆向工程、设计确认、质量检验等工业应用而设计。

MENSI公司的产品着重于短距离高精度的3D测量应用，由于可以达到0.25mm的精度，为工业设计，设备加工，质量监测领域提供了全新的测量手段。

三、三维激光扫描数据

1. 数据采集

在数据采集之前，需先对扫描对象的结构、形状、大小、周围环境等进行现场勘察，对数据采集工作进行整体的方案分析、设计，然后综合考虑扫描距离、扫描速度、模型的精度要求、现场环境、工程成本等因素选用合适的三维激光扫描仪产品，明确扫描步骤等。

由于受三维激光扫描仪性能及空间实体本身结构等因素的影响，不能一次性获取完整的点云数据，需要从不同的角度和位置对目标对象进行扫描。为将不同测站获取的点云数据配准到一起，需要在场景中布设标靶点。在两个不同测站上，应至少三个公共标靶点，且不应位于一条直线上；如果四个标靶点，则它们不应位于同一平面上。设置测站时根据扫描对象、精度要求和现场环境等因素确定站点位置和数量，测站数过多过少都不合理，一般原则是在保证扫描精度的前提下，用尽可能少的视点覆盖整个所有需要扫描的场景。

站点和标靶点布设好之后，对它们编号，并尽可能按照站点编号顺序进行数据采集。

2. 数据存储信息

三维激光扫描数据记录每个采样点的空间三维坐标信息和反射强度或彩色信息等。每个采样点的空间三维信息的描述有两种形式：一种是用每个采样点到扫描中心距离和此点在横向扫描角和纵向扫描角表示；另一种是用每个采样点在相应空间三维坐标系下的X、Y、Z坐标值表示。利用这些信息可将数据进行显示，图5-47为一距离影像实例，图5-48为一测站三维点云显示实例。

图 5-47 距离影像实例

图 5-48 点云显示实例

3. 数据存储方式

数据在内存中一般以数据库或文件的形式存储、管理。不同的软件在数据共享时，一般采用通用数据的格式得以实现。下面对 XYZ，PTX 格式的数据作一个简单的介绍：

1) XYZ（TXT）

它以文本的方式存储，每行顺序存储单点的 X，Y，Z 坐标值，有多少个点就有多少行数据。它的特点是存储格式一致，数据量大。

数据内容如图 5-49 所示。

2) PTX

图 5-50 所示为一 ptx 文件，它是由 Leica 公司扫描仪扫描处理而得到的数据。它的各

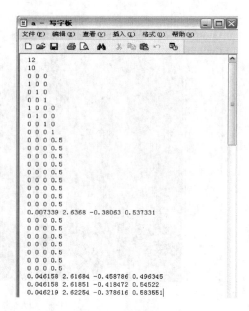

图 5-49 XYZ（TXT）数据内容　　　　图 5-50 PTX 数据内容

行的具体含义是：

第一行表示扫描的列数，第二行表示扫描的行数，即这个文件中共有 12×10 个点；第三行是点的平移分量；第四行到第六行是点的旋转矩阵（3×3）；第七行到第十行是点的全局变换矩阵（4×4），它实际上是平移分量决定的平移变换和旋转矩阵决定的旋转变换这两个变换的乘积的变换矩阵；从第十一行开始是点的 XYZ 坐标和反射率 4 个数值，有时也会有 7 个数值，后 3 个分别表示反射点对应像素的 RGB 值，此时的扫描仪具备获取数码照片的能力。由于激光扫描仪是利用激光雷达测距的原理，当一束扫描激光没有碰到物体而散射在空中或者遇到反射率极低的点时，在文件中会用 0　0　0　0.5 来补齐，这种点是无效的，各种扫描仪表示无效点的数值是不同的。

以上部分可以称作为一个数据块，整个 PTX 文件是由一个或几个这样的数据块组成的，即前 10 行和后 120 行过后又有一个同样格式的数据块连接，它是由于扫描仪扫描过程中分块扫描，分块存储数据造成的，这种方式便于软件管理和存储。

4. 数据处理流程

利用三维激光扫描仪获取的点云数据构建实体三维几何模型时，应用对象和点云数据的特性不同，三维激光扫描数据处理的过程和方法也不尽相同。概括的讲，整个数据处理过程包括：

数据采集→数据预处理→几何模型重建→模型可视化

数据采集是模型重建的前提，数据预处理为模型重建提供可靠精选的点云数据，降低模型重建的复杂度，提高模型重构的精确度和速度。总结现有相关文献，数据预处理阶段涉及的内容有点云数据的滤波、点云数据的平滑、点云数据的缩减、点云数据的分割、不同站点扫描数据的配准及融合等；模型重建阶段涉及的内容有三维模型的重建、模型重建后的平滑、残缺数据的处理、模型简化和纹理映射等。实际应用中，应根据三维激光扫描数据的特点及建模需求，选用相应的数据处理策略和方法。

随着三维激光扫描技术应用领域日益广泛，与之相对应的如何快速、有效的从点云数据到三维模型的数据处理问题逐渐成为研究的热点。

四、三维激光扫描测量技术的应用

随着三维激光扫描技术在测量精度、空间解析度等方面的进步和价格的降低，以及计算机三维数据处理技术、计算机图形学、空间三维可视化等相关技术的发展和对空间三维场景模型的迫切需求，三维激光扫描仪越来越多地用于获取被测物体表面的空间三维信息，其应用领域日益广泛，逐步从科学研究发展到进入了人们日常生活的领域。

1. 在测绘行业中的应用

地球空间信息技术是当今世界各国研究的热点之一，信息的获取、处理及应用是其研究的三大主题。空间信息的快速获取与自动处理技术也是"数字地球"、"数字城市"急需解决的关键技术。如何快速、准确、有效地获取空间三维信息是许多学者深入研究的课题。

近年来，随着三维激光扫描测量技术性能的提高及价格的降低，其在测绘领域逐渐成为研究的焦点，与其他空间数据获取手段相辅相成，服务于人类，成为空间三维数据采集的主要手段之一。

传统的测距测角工程测量方法，在理论、设备和应用等诸多方面都已相当的成熟，但它们多用于稀疏目标点的高精度测量。新型的全站仪可以完成工业目标的高精度测量，但要获取点的三维坐标需利用已知控制点坐标和所测数据进行计算后得出；GNSS虽然可以全天候、一天24小时精确定位全球任何位置的三维坐标，但多用于控制测量或单点的快速定位，对于目标点密集的物体及水下目标、目标点众多且处于运动状态的物体等，它们则显得无能为力了。

随着传感器、电子、光学、计算机等技术的发展，基于计算机视觉理论获取物体表面三维信息的摄影测量与遥感技术成为主流。目前采用的数字摄影测量技术，在自动提取地表的高程等几何信息方面取得了较大的进展。但在由三维世界转换为二维影像的过程中，不可避免地会丧失部分几何信息。因此从二维影像出发理解三维客观世界，存在自身的局限性，如对于大量的人文景观（如建筑物、道路、桥梁等），由于其结构的复杂性和数据量太大，还没有一个较好的解决方案。从航空遥感影像自动提取人工地物不仅是摄影测量与遥感领域的难题，也是计算机视觉与图像理解研究的重点之一。

三维激光扫描测量技术的出现和发展为空间三维信息的获取提供了全新的技术手段，它克服了传统测量技术的局限性，采用非接触主动测量方式直接获取高精度三维数据，能够对任意物体进行扫描，且没有白天和黑夜的限制，快速将现实世界的信息转换成计算机可以处理的数据。它具有扫描速度快、实时性强、精度高、主动性强、全数字特征等特点，可以极大地降低成本，节约时间，而且使用方便，其输出格式可直接与CAD、三维动画等工具软件接口。

在机载系统中，三维激光扫描测量系统与DGPS系统、INS系统以及CCD数字相机集成在一起，激光扫描系统获得地面三维信息，DGPS系统实现动态定位，INS系统实现姿态参数的测定，CCD相机获得地面影像。机载激光扫描系统主要用于快速获取大面积三维地形数据，实时、准确、快速获取数字高程模型（DTM）。现在在工程、环境检测和城市建设方面等均有成功的应用实例，如断面三维测绘、绘制大比例地形图、灾害评估、建立 3D 城市模型等。荷兰测量部门自 1988 年就开始从事使用激光扫描测量技术提取地形信息的研究；加拿大卡尔加里大学 1998 年进行了机载激光扫描系统的集成与实验，通过对所购得的激光扫描器与 GNSS 和数据通讯设备的集成实现了一个机载激光扫描三维数据获取系统，并进行了一定规模的实验，取得了理想效果。

在地面测量系统中，将激光扫描测量系统搭载到固定平台上，在空间目标三维重建中可发挥重要作用，主要用于城市三维重建和局部区域地理信息获取。H. Zhao、R. Shibasaki 提出根据激光测距仪（LRF）数据进行城市 3D 目标的走动重构方法；H. Zhao 提出的根据激光测距和视频影像同时获取建筑物 3D 重构和影像处理的方法；日本东京大学 1999 年进行了地面固定激光扫描系统的集成与实验；国内也有很多方面的类似研究和应用，如山东科技大学研究的近景目标三维信息获取系统（图 5-51）。

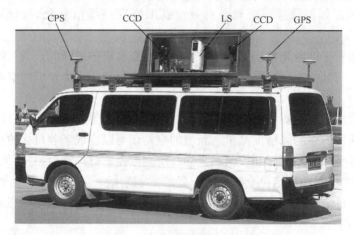

图 5-51　近景目标三维信息获取系统

三维激光扫描技术在空间信息领域正如火如荼地进行着，并随着计算机图形学、光学、电学等相关技术的发展，以及从点云数据重建三维模型数据处理方法的日益完善，更好地服务于人类，满足人们的要求，提高人民的生活水平。

2. 在其他行业中的应用

1）文物保护。三维激光扫描测量技术在文物保护领域具有非常广阔的应用前景和研究价值。就文化遗产保护来说，人类有着珍贵而丰富的自然、文化遗产，但由于年代久远，很多文物难以保存或者易被腐蚀，再加上现代社会人类活动的影响，这些遗产遭受破坏的程度与日俱增。因此，很难满足人们研究和参观欣赏的需求。利用先进的科学技术来保护这些宝贵的遗产成为迫在眉睫的全球性问题。利用三维激光扫描技术，将珍贵文物的几何、颜色、纹理信息记录下来，构建虚拟的三维模型，不仅可以使人们通过虚拟场景漫游仿佛置身于真实的环境中，可以从各个角度去观察欣赏这些历史瑰宝，而且还可以为这些历史遗迹保存一份完整、真实的数据记录，一旦遭受意外破坏，还也可以根据这些真实的数据进行修复和完善。

2）制造业。基于三维激光扫描仪数据的快速原型法为产品模型设计开发提供了另一种思路，缩短了设计和制造周期、降低开发费用，极大地满足了工业生产的需求，它与虚拟制造技术（Virtual Manufacturing）一起，被称为未来制造业的两大支柱技术，目前已成为各国制造科学研究的前沿学科和研究焦点。

3) 电影特技制作。演员、道具等由扫描实物建立计算机三维模型后,许多危险的镜头只需要在计算机前操作鼠标就可以完成,而且制作速度快、效果好。最近几年,三维建模技术运用于电影制作取得了令人惊异的进展。三维激光扫描技术的介入促进了应用领域的发展,同时应用领域的大量需求成为研究的动力。

4) 电脑游戏业。制作者尽量追求游戏的真实和画面的华丽,于是三维游戏应运而生,从人物到场景,利用三维激光扫描仪获取数据构建三维场景,不但具有很好的视觉效果和冲击力,而且人物设计及豪华的3D场景刻画极为精致细腻,对比以前比较呆板的2D游戏,其在真实性和吸引力上的优势是显而易见的。

5) 工程项目应用。如在进行某项工程设计中,如果建立计算机仿真平台,通过这个平台的仿真来验证设计方案的可行性及对此操作的成功率指标进行评估,这样通过仿真还可以对设计方案和有关参数进行验证和修正,不仅可以提高设计计划的成功率,而且可以节省设计的时间和资金。又如厂矿竣工测量、精密变形监测等方面均有应用。

6) 建筑领域。在建筑领域,一个建筑物如果用普通二维图片(比如照片)表示,对于普通人来说,这样表现出来的建筑物很不直观,对某些细节部位或内部构造的观察也很不方便。建造时使用的图纸虽然包含了大量的信息,对于非专业人士来说却不容易看懂而且很不直观。如果使用三维建模的方法重建出这个建筑的三维模型,那么就可以直接观察这个建筑的各个侧面,整体构造,甚至内部的构造,这无论对于建筑师观看设计效果,还是对于客户观看都是很方便的。

7) 医学领域。在牙齿矫正和颅骨修复等医疗领域利用三维激光扫描技术进行三维数据重构和造型。

8) 虚拟现实。利用获取的三维数据建立相应的虚拟环境模型,从而展现一个逼真的三维空间世界。而且,场景的三维信息可以帮助人们更加安全、有效的管理。准确地掌握场景的构造,可以有效地避免安全隐患。如果一旦发生地震、火灾等突发事件,也能及时找出逃生和施救的方案。

9) 城市设计规划与管理。在城市设计规划与管理中,如果当我们打算新建一幢高楼、新开一条道路或者对城市进行其他方面的规划时,我们可以通过对城市的场景建模,模拟新建筑对周围环境的影响,决定如何规划用地。

10) 网络应用。随着网上购物越来越走入人们的生活,我们可以将某些商品建成可视化的模型,人们在选购的时候可以用鼠标和键盘对模型进行各种操作,从而用更直观、更便捷的方法来了解商品的性能,而不是对着大篇幅的数字指标发呆。

11) 政府部门。基于三维激光扫描仪重建的三维模型,可直接应用到国防单位、法律执行机关及政府机构等安全辨认上。

思考题与习题

1. 何谓全站仪?它有哪些功能?
2. 简述用南方 NTS-300R 系列全站仪测量角度的程序。
3. 简述用南方 NTS-300R 系列全站仪测量距离的程序。
4. 简述用南方 NTS-300R 系列全站仪进行数据采集的程序。
5. 简述用南方 NTS-300R 系列全站仪进行坐标放样的程序。

6. 简述南方 NTS-300R 系列全站仪通讯参数的设置方法。
7. 简述徕卡 TPS1200 系列全站仪的功能。
8. GNSS 的定位原理是什么？
9. 简述 GPS 的三大组成，以及各自的主要功能。
10. GNSS 技术相对于经典测量有什么特点？
11. C/A 码和 P 码的特征值。
12. 简述导航电文的内容。
13. 简述 RTK 技术。
14. 简述 RTK 与城市 CORS 系统的异同点。
15. 简述基于三维激光扫描仪获取空间三维数据的原理？写出计算每个采样点的 X、Y、Z 坐标的数学模型？
16. 利用三维激光扫描数据进行三维几何模型重建时，要经过哪几个主要的数据处理过程？涉及哪些相关的数据处理操作？
17. 列举当前比较常见的生产三维激光扫描仪器的公司及其他们的产品名称？说明这些仪器在哪些性能指标中存在不同？并列举三维激光扫描测量技术当前一些成功的应用领域？
18. 简述三维激光扫描测量技术在测绘领域的应用情况和以后的发展趋势？

第六章 测量误差的基本知识

第一节 测量误差概述

一、测量误差

通过前几章的学习,我们不难发现,无论是测量距离还是测量角度或高程,无论测量仪器多么精密,观测进行得多么仔细,只要是进行多次测量,测量结果之间总是存在着差异。例如:同一组测量人员、用同样的测距工具,往、返测量某段距离若干次,或同一人用同一台经纬仪重复观测某一角度,观测结果都不会一致。又如,观测某一平面三角形的三个内角,其观测值之和常常不等于理论值180°。在测量工作中经常而又普遍发生的这种差异称为测量误差或观测误差。

若用 l_i 表示观测值,X 表示真值,则有:

$$\Delta_i = l_i - X \tag{6-1}$$

式中 Δ_i 就是测量误差(观测误差),通常称为真误差,简称误差。

二、测量误差的来源

由于任何一项测量工作都是由观测者使用测量仪器在一定的外界条件下进行的,因此,测量误差的来源概括起来有以下三个方面:

1. 仪器误差

由于任何一种仪器都只具有一定的准确度,由此观测所得的数据必然带有误差。例如,使用 DJ_6 级光学经纬仪进行角度测量,由于其分微尺的最小分划值为 $1'$,因此,很难保证在估读秒级读数时的正确性。此外,由于测量仪器本身的构造不可能十分完善,也会使观测结果受到一定的影响。例如:水准仪的视准轴不平行于水准管轴以及水准尺分划误差等,都会给水准测量的结果带来不可避免的误差。

2. 观测者

由于观测者在进行测量工作时是通过自己的感觉器官进行的,而观测者的感觉器官的鉴别能力具有一定的局限性,所以在进行仪器的操作、读数等工作时都会产生一定的误差。此外,观测者的技术水平和工作态度,也会对测量结果产生不同的影响。

3. 外界条件

由于测量工作通常都是在野外进行的,因此,测量时的自然环境,如地形、温度、湿度、风力、日照、大气折光等都会给测量成果带来种种影响。

由于测量误差主要来源于上述三个方面,所以,将上述三个方面的因素统称为"观测条件"。显然，观测条件的好坏与观测精度有密切的关系。当观测条件好一些时，观测成果的精度就会高一些。反之，当观测条件差一些时，观测成果的精度就会低一些。因此，把观测条件相同的各次观测，称为等精度观测，而观测条件不同的各次观测，称为非等精度观测。

但是，不管观测条件如何，在整个观测过程中，由于受到上述种种因素的影响，观测的结果总会产生各种误差，因此，测量误差是不可避免的。

三、测量误差的分类

测量误差按其对测量结果影响的性质，可分为如下两大类。

1. 系统误差

在相同的观测条件下，对某量进行一系列的观测，若误差在符号、大小上表现出系统性，即在观测过程中按一定的规律变化或保持为常数，这种误差称为系统误差。

例如，用名义长为30m的钢尺量距，若该尺的实际长度为30.003m，则每量一尺段，就会产生-0.003m的系统误差。又如，水准仪i角误差的影响将导致在水准尺读数时产生$D\dfrac{i''}{\rho}$的系统误差，它与水准仪至水准尺的水平距离D成正比。

系统误差具有累积性，对测量成果影响甚大。但由于它的符号与大小有一定的规律性，所以，系统误差可以用计算的方法加以改正或采用一定的观测方法来消除其影响。例如：在使用钢尺进行量距时，可利用尺长方程式对观测结果进行尺长改正。又如，在水准测量时，采用使前、后视距离相等的观测方法可以消除或减弱i角误差对水准测量的影响。

2. 偶然误差

在相同的观测条件下，对某量进行一系列的观测，若误差在符号和大小上表现出偶然性，即从单个误差看，该列误差的大小和符号没有规律性，但就大量误差的总体而言，具有一定的统计规律，这种误差称为偶然误差。

读数误差、照准误差、对中误差等均属于偶然误差。对于单个的偶然误差由于其出现的符号及大小无规律性，故无法像系统误差那样通过各种手段来消除或减弱其影响。但就大量的偶然误差总体而言，则具有一定的规律性。而且误差的个数越多，规律性越明显。

系统误差与偶然误差在观测过程中往往是同时产生的，当观测中有显著的系统误差时，偶然误差就处于次要地位，测量误差就呈现出系统的性质；反之，则呈现出偶然误差的性质。通常在各种测量工作中，人们总是根据系统误差的规律性采取前面所述的各种方法来消除或减弱其影响，使系统误差处于次要地位。而此时的观测结果可以认为是只带有偶然误差的观测值。因此，研究偶然误差的统计性质和研究如何对一系列偶然误差占主导地位的观测值进行数据处理，就成为测量数据处理的重要内容之一。

在测量中，除了不可避免的误差外，还可能产生错误。例如在观测时读错数、记录时记错数、照错目标等，错误一般都是由于观测者的疏忽大意造成的。在测量成果中是不允许存在错误的，因此，在观测时必须及时发现和更正错误。在实际工作中，为了提高测量成果的精度，检查和及时发现观测值中的错误，通常要进行多余观测，即使观测值的个数多于未知数的个数。例如：对距离进行往、返丈量，对一个平面三角形，观测其三个内角等。此外，观测者认真负责的工作态度也可以大大避免错误的发生。

第二节 偶然误差的统计规律性

前已述及，在测量工作中，错误是不允许存在的，系统误差是可以消除或减弱其影响的，因此，观测结果即为一系列偶然误差占主导地位的观测值。为了对这样的观测值进行数据处理，就必须进一步研究偶然误差的统计规律性，从而提高观测值的精度。

为了研究偶然误差的规律性，在相同的观测条件下，独立地观测了 358 个三角形的全部内角。由于在观测结果中存在着偶然误差，三角形的三个内角之和不一定正好等于其理论值 180°。由式 (6-1) 可以计算出各三角形内角和的真误差 Δ_i（$i=1, 2, \cdots\cdots, 358$），将 358 个误差按 0.2″为一个区间（即取 $d\Delta=0.2″$），并按其绝对值的大小排列，分别统计误差出现在各区间的个数 v_i（亦称频数），以及相对个数 $\dfrac{v_i}{358}$（亦称频率），其结果见表 6-1。

误差统计结果 表 6-1

误差的区间 ″	Δ 为负值			Δ 为正值		
	个数 v_i	频率 v_i/n	$\dfrac{v_i/n}{d\Delta}$	个数 v_i	频率 v_i/n	$\dfrac{v_i/n}{d\Delta}$
0.00～0.20	45	0.126	0.630	46	0.128	0.640
0.20～0.40	40	0.112	0.560	41	0.115	0.575
0.40～0.60	33	0.092	0.460	33	0.092	0.460
0.60～0.80	23	0.064	0.320	21	0.059	0.295
0.80～1.00	17	0.047	0.235	16	0.045	0.225
1.00～1.20	13	0.036	0.180	13	0.036	0.180
1.20～1.40	6	0.017	0.085	5	0.014	0.070
1.40～1.60	4	0.011	0.055	2	0.006	0.030
1.60 以上	0	0	0	0	0	0
Σ	181	0.505		177	0.495	

从表 6-1 中可以看出，误差的分布情况具有以下规律：绝对值小的误差比绝对值大的误差出现的频率高；绝对值相等的正、负误差出现的频率相同；最大的误差不超过 1.6″。统计大量的实验结果表明偶然误差具有如下特性：

(1) 在一定的观测条件下，偶然误差的绝对值不会超过一定的限值，即偶然误差的有限性；

(2) 绝对值较小的误差比绝对值较大的误差出现的概率大，即偶然误差的单峰性；

(3) 绝对值相等的正、负误差出现的概率相同，即偶然误差的对称性；

(4) 当观测次数无限增大时，偶然误差的算术平均值趋近于零。即偶然误差的抵偿性；

$$\lim_{n\to\infty}\frac{\Delta_1+\Delta_2+\cdots\cdots+\Delta_n}{n}=\lim_{n\to\infty}\frac{[\Delta]}{n}=0 \qquad (6-2)$$

式中，[ ] 表示取括号中数值的代数和。

上述第四个特性可以由第三个特性导出。测量工作的实践表明：对于在相同的观测条件下独立进行的一系列观测值而言，其观测误差必然具备上述四个特性，且当观测数 n 越大时，这种特性就表现得越明显。

表 6-1 的统计结果还可以用较直观的图形来表示。若用横坐标轴表示误差的大小，用纵坐标轴表示各区间内误差出现的频数除以区间的间隔，即 $\dfrac{v_i/n}{d\Delta}$，根据表 6-1 中数据即可绘制出图 6-1，这种图称为直方图。显然，图 6-1 中每一误差区间上的长方条面积就是误差出现在该区间的频率，且所有长方形总面积之和应为 1。

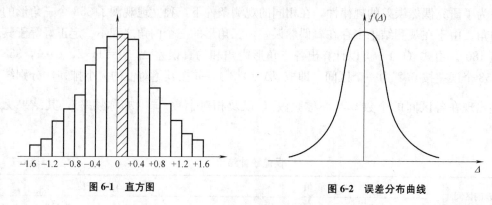

图 6-1　直方图　　　　　　　　图 6-2　误差分布曲线

可以想象，当误差个数 $n \to \infty$，并无限缩小误差区间 $d\Delta$ 时，图 6-1 中各矩形的顶边折线就成为一条光滑的曲线，见图 6-2。该曲线称为误差分布曲线。根据数理统计的理论可知，此曲线称为正态分布曲线，其概率密度函数为：

$$f(\Delta)=\frac{1}{\sigma\sqrt{2\pi}}e^{-\frac{\Delta^2}{2\sigma^2}} \qquad (6-3)$$

式（6-3）即为偶然误差 Δ 的概率密度函数，式中参数 σ 称为标准差。

第三节　衡量观测值精度的指标

一、精度的含义

由式（6-3）可知，偶然误差是服从正态分布的随机变量。因此在一定的观测条件下所进行的每一组观测，都对应着一种确定的误差分布。现分别取 $\sigma_1=1$、$\sigma_2=2$，即可绘出两条形态基本相似的误差分布曲线，如图 6-3 所示。对图 6-3 中的两条误差分布曲线进行比较可以看出，σ 较小的误差分布曲线（见图 6-3 中曲线Ⅰ）较陡峭，即该组误差更加密集地集中在竖轴（$\Delta=0$）附近，说明绝对值较小的误差出现的较多，表明该组观测值的精度较高；而 σ 较大的误差分布曲线（见图 6-3 中曲线Ⅱ）较平缓，即该组误差分布的离散度较大，说明绝对值较大的误差出现的较多，表明该组观测值的精度较低。不难理解，若误差分布较为密集，即离散度较小时，则表示该组观测精度较好，即该组观测值的精度较高；反之，若误差分布曲线较为离散，即离散度较大时，则表示该组观测精度较差，也就是说，该组观测值的精度较低。

可见，精度就是指误差分布的密集或离散程度，即离散度的大小。而离散度的大小可以用标准差 σ 表示。

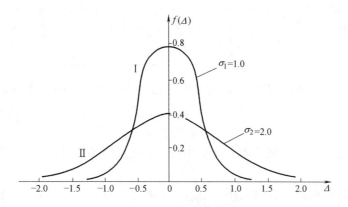

图 6-3 曲线 Ⅰ、Ⅱ 的误差分布曲线

二、几种常用的精度指标

为了衡量测量结果的精度，首先必须建立衡量精度的统一指标。在测量中所采用的衡量精度的指标有很多种，这里仅介绍常用的几种精度指标。

1. 中误差

由前面的讨论可知，公式（6-3）中定义的标准差就是衡量精度的一种标准。在概率论中，标准差的定义为

$$\sigma = \sqrt{E(\Delta^2)} = \lim_{n \to \infty} \sqrt{\frac{[\Delta\Delta]}{n}} \tag{6-4}$$

公式（6-4）是在 $n \to \infty$ 时的情况下，标准差的理论公式。由于在测量实际工作中观测次数 n 总是有限的，因此在实际应用中，取标准差的估值 m 作为衡量精度的标准，m 称为中误差，即

$$m = \hat{\sigma} = \pm\sqrt{\frac{\Delta_1^2 + \Delta_2^2 + \cdots\cdots + \Delta_n^2}{n}} = \pm\sqrt{\frac{[\Delta\Delta]}{n}} \tag{6-5}$$

式（6-5）是计算中误差的基本公式。式中 Δ 既可以是同一类观测值的真误差，也可以是不同类观测值的真误差，但必须均为等精度的同类量观测值的真误差，n 为观测值个数。

【例 6-1】 设某段距离用钢尺丈量了 6 次，观测值列入表 6-2 中，该段距离用高精度丈量工具测得的结果为 49.984m，可视为真值。试求用该 50m 钢尺丈量距离一次的观测中误差。全部计算见表 6-2。

计算过程　　　　　　　　　　　　　　　表 6-2

观测次序	观测值(m)	Δ(mm)	ΔΔ	计算
1	49.988	+4	16	
2	49.975	−9	81	$m=\pm\sqrt{\dfrac{[\Delta\Delta]}{n}}$
3	49.981	−3	9	$=\pm\sqrt{\dfrac{151}{6}}$
4	49.978	−6	36	$=\pm 5.0\text{mm}$
5	49.987	+3	9	
6	49.984	0	0	
Σ			151	

对公式（6-3）中的概率密度函数求二阶导数并令其为 0，即可求得误差分布曲线的拐点的横坐标为

$$\Delta_{拐}=\sigma\approx m \tag{6-6}$$

可见，中误差的几何意义是偶然误差分布曲线两个拐点的横坐标。

2. 相对误差

在衡量观测值精度时，有时只用中误差还不能完全表达精度的优劣。例如在距离测量中，分别测量了 100m 和 400m 两段距离，其中误差均为±0.02m。虽然这两段距离中误差是相同的，显然，它们的测量精度是不同的。当观测值的精度与其大小有关时，就必须使用相对误差来衡量观测值的精度。相对误差 K 是中误差 m 的绝对值与相应观测值 D 的比值。即

$$k=\frac{|m|}{D}=\frac{1}{D/|m|} \tag{6-7}$$

相对误差是一个无单位的数，一般以分子为 1 的分式来表示。上述两段距离的相对误差分别为

$$k_1=\frac{|m_1|}{D_1}=\frac{1}{5000};\qquad k_2=\frac{|m_2|}{D_2}=\frac{1}{20000}$$

显然后者比前者的精度高。

在角度测量中，不用相对误差来衡量角度测量的精度，因为测角误差与角度大小无关。

在距离测量中，常用往返测量结果的相对较差进行成果检核。即

$$\frac{|D_{往}-D_{返}|}{D_{平均}}=\frac{|\Delta D|}{D_{平均}}=\frac{1}{\dfrac{D_{平均}}{|\Delta D|}} \tag{6-8}$$

相对较差是真误差的相对误差，它只反映往返测量的符合程度。显然，相对较差愈小，观测结果愈可靠。

3. 极限误差与容许误差

由偶然误差的第一特性可知，在一定的观测条件下，偶然误差的绝对值不会超过一定的限值。这个限值就是极限误差。由概率论的理论可知：在等精度观测的一组误差中，偶然误差出现在 $[-\sigma+\sigma]$、$[-2\sigma+2\sigma]$、$[-3\sigma+3\sigma]$ 区间的概率分别为

$$P\{-\sigma\leqslant\Delta\leqslant\sigma\}=68.3\%$$
$$P\{-2\sigma\leqslant\Delta\leqslant 2\sigma\}=95.5\%$$

$$P\{-3\sigma \leqslant \Delta \leqslant 3\sigma\} = 99.7\%$$

上列三式表达的概率含义是：在一组同精度观测值中，真误差的绝对值大于一倍 σ 的个数约占误差总数的 32%；大于两倍 σ 的个数约占 4.5%；大于三倍 σ 的个数只占 0.3%。可见偶然误差大于三倍中误差应属于小概率事件，由概率论的理论可知，小概率事件在小样本中是不会发生的。因此，在测量工作中，通常规定以三倍中误差作为极限误差，即

$$\Delta_{极限} = 3\sigma \approx 3m \tag{6-9}$$

在测量规范中，要求观测值不容许存在较大的误差，并以两倍或三倍中误差作为偶然误差的容许值，称为容许误差，即

$$\Delta_{容} = 2\sigma \approx 2m \tag{6-10}$$

或

$$\Delta_{容} = 3\sigma \approx 3m \tag{6-11}$$

前者要求较严，后者要求较宽。当观测值中出现了大于容许误差的偶然误差时，则认为该观测值不可靠，应舍去不用。

与相对误差对应，真误差、中误差、极限误差等称为绝对误差。

第四节 误差传播定律

前面讨论了如何根据一组等精度独立观测值的真误差求观测值中误差的问题。但在实际工作中，有些量往往不是直接观测值，而是某些观测值的函数。现在的问题是如何根据观测值的中误差，求出观测值函数的中误差。反映观测值的中误差与观测值函数的中误差之间关系的公式称为误差传播定律。

按照由简及繁的顺序，可将各种形式的观测值函数式归纳成以下四种：

1. 倍数函数

设有函数：
$$Z = kx \tag{6-12}$$

式中，x 为变量，其中误差为 m，k 为任意常数，则函数 Z 称为倍数函数。

2. 和差函数

设有函数：
$$Z = x_1 \pm x_2 \tag{6-13}$$

式中，x_1、x_2 为独立变量，其中误差分别为 m_1、m_2，则函数 Z 称为和差函数。

3. 线性函数

设有函数：
$$Z = k_1 x_1 + k_2 x_2 \cdots\cdots + k_n x_n + k_0 \tag{6-14}$$

式中，k_1，k_2，$\cdots\cdots k_n$，k_0 为任意常数，x_1，x_2，$\cdots\cdots x_n$ 为独立变量，其中误差分别为 m_1、m_2、$\cdots\cdots m_n$，则函数 Z 称为线性函数。

4. 一般函数

设有函数
$$Z = f(x_1, x_2 \cdots\cdots x_n) \tag{6-15}$$

式中，x_1，x_2，$\cdots\cdots x_n$ 为独立观测值，其中误差分别为 m_1、m_2、$\cdots\cdots m_n$，则函数 Z 称为一般函数。

可见，倍数函数、和差函数是线性函数的特殊形式，而前三种函数又是一般函数的特

殊形式。因此，只要推导出一般函数的误差传播定律，即可很方便地导出上述其他函数的误差传播定律。

设
$$x_i = l_i - \Delta_i (i=1,2,\cdots\cdots,n) \tag{6-16}$$

式中，l_i 为各独立变量 x_i 相应的观测值；Δ_i 为 l_i 的偶然误差。

代入（6-15）式，得
$$Z = f(l_1-\Delta_1, l_2-\Delta_2, \cdots\cdots, l_n-\Delta_n) \tag{6-17}$$

按泰勒级数在（$l_1, l_2, \cdots\cdots, l_n$）处展开，有：
$$Z = f(l_1, l_2, \cdots\cdots, l_n) - \left(\frac{\partial f}{\partial X_1}\Delta_1 + \frac{\partial f}{\partial X_2}\Delta_2 + \cdots\cdots + \frac{\partial f}{\partial X_n}\Delta_n\right) \tag{6-18}$$

由式（6-1）知，$\Delta_z = f(l_1, l_2, \cdots\cdots, l_n) - Z$，上式为
$$\Delta_z = \frac{\partial f}{\partial X_1}\Delta_1 + \frac{\partial f}{\partial X_2}\Delta_2 + \cdots\cdots + \frac{\partial f}{\partial X_n}\Delta_n \tag{6-19}$$

又设各独立变量都观测了 k 次，则其误差 Δ_z 的平方和为：
$$\sum_{j=1}^{k}\Delta_{z_j}^2 = \left(\frac{\partial f}{\partial X_1}\right)^2 \sum_{j=1}^{k}\Delta_{1j}^2 + \left(\frac{\partial f}{\partial X_2}\right)^2 \Delta_{2j}^2 + \cdots\cdots + \left(\frac{\partial f}{\partial X_n}\right)^2 \Delta_{nj}^2 +$$
$$2\left(\frac{\partial f}{\partial X_1}\right)\left(\frac{\partial f}{\partial X_2}\right)\sum_{j=1}^{k}\Delta_{1j}\Delta_{2j} + 2\left(\frac{\partial f}{\partial X_1}\right)\left(\frac{\partial f}{\partial X_3}\right)\sum_{j=1}^{k}\Delta_{1j}\Delta_{3j} + \cdots\cdots \tag{6-20}$$

由偶然误差的特性 4 可知，当观测次数 $k \to \infty$ 时，上式中 $\Delta_i\Delta_j$ ($i \neq j$) 的总和趋近于 0，又根据式（6-5）有：

$$\frac{\sum_{j=1}^{k}\Delta_{z_j}^2}{k} = m_z^2 \tag{6-21}$$

$$\frac{\sum_{j=1}^{k}\Delta_{i_j}^2}{k} = m_i^2 \tag{6-22}$$

上两式中 $i = 1, 2\cdots\cdots, n$。则
$$m_z^2 = \left(\frac{\partial f}{\partial X_1}\right)^2 m_1^2 + \left(\frac{\partial f}{\partial X_2}\right)^2 m_2^2 + \cdots\cdots + \frac{\partial f}{\partial X_n} m_n^2 \tag{6-23}$$

或
$$m_z = \pm\sqrt{\left(\frac{\partial f}{\partial x_1}\right)^2 m_1^2 + \left(\frac{\partial f}{\partial x_2}\right)^2 m_2^2 + \cdots\cdots + \left(\frac{\partial f}{\partial x_n}\right)^2 m_n^2} \tag{6-24}$$

由式（6-24）即可得到

倍数函数的中误差传播公式
$$m_z = km_x \tag{6-25}$$

和差函数的中误差传播公式
$$m_Z = \pm\sqrt{m_1^2 + m_2^2} \tag{6-26}$$

线性函数的中误差传播公式
$$m_Z = \pm\sqrt{k_1^2 m_1^2 + k_2^2 m_2^2 + \cdots\cdots + k_n^2 m_n^2} \tag{6-27}$$

【例 6-2】 测定一圆形建筑物的半径 $R=3$m，其中误差为 $m_R = \pm 0.02$m。试求出该圆形建筑物的周长 C 及其中误差 m_C。

【解】 $C = 2\pi R = 6\pi$（m）

由式（6-25）得，$m_C = 2\pi m_R = \pm 0.04\pi$（m）

圆周长 $C=6\pi\pm0.04\pi$（m）

【例 6-3】 图根水准测量中，已知在水准尺上的读数误差为 $m_{读}=\pm2$mm，试求一个测站的高差中误差 $m_{站}$。

【解】
$$h=a-b$$

由式（6-26）得，$m_{站}=\pm\sqrt{m_{读}^2+m_{读}^2}=\sqrt{2}m_{读}=\pm2.8$mm

【例 6-4】 在 $\triangle ABC$ 中，直接观测了 $\angle A$ 和 $\angle B$，其中误差分别为 $m_{\angle A}=\pm2''$ 和 $m_{\angle B}=\pm3''$，试求 $\angle C$ 的中误差 $m_{\angle C}$。

【解】
$$\angle C=180°-\angle A-\angle B$$

由式（6-27）得，$m_{\angle C}=\sqrt{m_{\angle A}^2+m_{\angle B}^2}=\sqrt{4+9}=\pm3.6''$

【例 6-5】 在距离测量中，测得斜距 $D'=89.996\pm0.004$m，并测得竖直角 $\alpha=3°18'06''\pm4''$。试求水平距离 D 及其中误差 m_D。

【解】
$$D=D'\cos\alpha=98.847\text{m}$$
$$\mathrm{d}D=\cos\alpha \mathrm{d}D'-D'\sin\alpha\frac{\mathrm{d}\alpha}{\rho''}$$

由式（6-24）得，

$$m_D=\pm\sqrt{\left(\frac{\partial f}{\partial x_1}\right)^2 m_1^2+\left(\frac{\partial f}{\partial x_2}\right)^2 m_2^2}=\pm\sqrt{(\cos\alpha)^2 m_{D'}^2+\left(D'\frac{\sin\alpha}{\rho''}\right)^2 m_\alpha^2}=\pm0.004\text{（m）}$$

第五节　等精度观测值的最或然值和精度评定

一、等精度观测值的最或然值

在相同的观测条件下对某未知量进行 n 次独立观测，其观测值分别为 l_1，l_2，……l_n。设该量的真值为 X。相应的真误差为 Δ_1，Δ_2……Δ_n，则由式（6-1）得

$$\Delta_i=l_i-X \quad (i=1,2,\cdots\cdots,n) \tag{6-28}$$

将上式求和后除以 n，得
$$\frac{[\Delta]}{n}=\frac{[l]}{n}-X$$

即
$$X=\frac{[l]}{n}-\frac{[\Delta]}{n} \tag{6-29}$$

对上式取极限，并根据偶然误差的特性4，得

$$X=\lim_{n\to\infty}\frac{[l]}{n}$$

可见当 $n\to\infty$ 时，观测值算术平均值的极限就是该观测值的真值。由于在实际工作中 n 总是有限的，故可求得 X 的估值

$$x=\frac{l_1+l_2+\cdots\cdots+l_n}{n}=\frac{[l]}{n} \tag{6-30}$$

即某量等精度独立观测值的算术平均值 x 即为该量真值 X 的估值，称为该量的最或然值或最可靠值。

二、精度评定

1. 观测值的中误差

在利用式（6-5）计算等精度独立观测值的中误差 m 时，需要知道观测值 l_i 的真误差 Δ_i，由于在通常情况下，观测值的真值 X 是不知道的，真误差 Δ_i 也就无法求得。因此在实际应用中，多用观测值的改正数 v_i 计算观测值的中误差。算术平均值与观测值之差，称为观测值的改正数 v，即有：

$$v_i = x - l_i \quad (i=1,2,\cdots\cdots,n) \tag{6-31}$$

将式（6-31）和式（6-28）对应相加

$$v_i + \Delta_i = x - X \quad (i=1,2,\cdots\cdots,n)$$

令 $x-X=\delta$，代入上式并移项得

$$\Delta_i = -v_i + \delta \quad (i=1,2,\cdots\cdots,n)$$

上式各项平方后求和

$$[\Delta\Delta] = [vv] - 2[v]\delta + n\delta^2$$

而

$$[v] = nx - [l] = 0 \tag{6-32}$$

可见一组观测值取算术平均值后，其改正值之和应等于零，可作为计算中的检核。

由式（6-32），得

$$[\Delta\Delta] = [vv] + n\delta^2$$

顾及

$$\delta = x - X = \frac{[l]}{n} - X = \frac{[l-X]}{n} = \frac{[\Delta]}{n}$$

得

$$\delta^2 = \frac{[\Delta]^2}{n^2} = \frac{1}{n^2}(\Delta_1^2 + \Delta_2^2 + \cdots\cdots + \Delta_n^2 + 2\Delta_1\Delta_2 + 2\Delta_1\Delta_3 + \cdots\cdots)$$

$$= \frac{[\Delta\Delta]}{n^2} + \frac{2}{n^2}(\Delta_1\Delta_2 + \Delta_1\Delta_3 + \cdots\cdots)$$

根据偶然误差的特性 4，当 $n \rightarrow \infty$ 时，上式等号右边的第二相趋于 0，故

$$\delta^2 = \frac{[\Delta\Delta]}{n^2}$$

于是有

$$\frac{[\Delta\Delta]}{n} = \frac{[vv]}{n} + \frac{[\Delta\Delta]}{n^2}$$

顾及式（6-5）有

$$m^2 = \frac{[vv]}{n} + \frac{m^2}{n}$$

即

$$m = \pm\sqrt{\frac{[vv]}{n-1}} \tag{6-33}$$

上式就是对某量进行 n 次等精度独立观测后，由改正数计算观测值中误差的公式，称为白塞尔公式。注意式（6-33）与式（6-5）的区别。

2. 最或然值的中误差

设对某量进行了 n 次等精度观测，观测值为 l_1，l_2，$\cdots\cdots l_n$，观测值的中误差为 m。其最或然值 x 的中误差 M 的计算公式推导如下：

$$x = \frac{l_1 + l_2 + \cdots\cdots + l_n}{n} = \frac{1}{n}l_1 + \frac{1}{n}l_2 + \cdots\cdots + \frac{1}{n}l_n$$

由式（6-27）得 $M = \pm\sqrt{\left(\dfrac{1}{n}\right)^2 m_1^2 + \left(\dfrac{1}{n}\right)^2 m_2^2 + \cdots + \left(\dfrac{1}{n}\right)^2 m_n^2}$

即
$$M = \dfrac{m}{\sqrt{n}} \tag{6-34}$$

可见算术平均值的中误差是观测值中误差的 $1/\sqrt{n}$。结合式（6-33），可得用改正数计算最或然值中误差的计算公式为

$$M = \pm\sqrt{\dfrac{[vv]}{n(n-1)}} \tag{6-35}$$

【例 6-6】 设对某段距离进行了 6 次等精度观测，观测结果列入表 6-3。试求观测值的最或然值、观测值的中误差、最或然值的中误差和其相对误差。

某段距离观测结果表　　　　表 6-3

观测序号	观测值(m)	改正数(mm)	vv	精度计算
1	119.935	+5	25	算术平均值 $x=119.940$(m)
2	119.948	−8	64	观测值中误差 $m = \pm\sqrt{\dfrac{[vv]}{n-1}} = \pm 9.9$(mm)
3	119.924	+16	256	
4	119.946	−6	36	算术平均值中误差 $M = \dfrac{m}{\sqrt{n}} = \pm 4.0$(mm)
5	119.950	−10	100	
6	119.937	+3	9	算术平均值相对中误差 $k = \dfrac{|M|}{x} = \dfrac{1}{29000}$
Σ	719.640	0	490	距离最后结果 $D = X \pm M = 119.940 \pm 0.004$(m)

第六节　非等精度观测值的最或然值和精度评定

上节讨论了在对某量进行了 n 次等精度独立观测后如何求其最或是值及评定精度的问题。但在测量实际工作中，除等精度观测外，还有非等精度观测。本节进一步讨论在对某量进行非等精度独立观测值的情况下，如何求其最或然值并评定精度的问题。解决这一问题，就要引出"权"的概念。

一、权

1. 权的定义

设对某量进行了 n 次不等精度观测，其观测值分别为 $l_1, l_2, \cdots\cdots l_n$，相应的中误差为 $m_1, m_2, \cdots\cdots m_n$。此时由于各观测值的中误差不同，所以各观测值的精度也不同。而各非等精度观测值的相对精度，可以用一个数值来表示，称为各观测值的权。"权"是衡量观测值相对精度的量，观测值的精度愈高，其权就愈大。前已述及，在一定的观测条件下所进行的一组观测对应着一定的误差分布，而一定的误差分布就对应着一个确定的中误差。中误差愈小，其结果的可靠性就愈大，其权就愈大。因此，可以用中误差来定义观测值的权。即

$$P_i = \dfrac{\lambda^2}{m_i^2} \tag{6-36}$$

式中 P_i 为第 i 个观测值的权，λ 为任意常数。

【例 6-7】 设对某角度进行不等精度观测，各观测值的中误差分别为 $m_1 = \pm 4.0''$，$m_2 = \pm 2.0''$ $m_3 = \pm 3.0''$，试求各观测值的权。

【解】 由式（6-36）得

$$P_1 = \frac{\lambda^2}{m_1^2} = \frac{\lambda^2}{16} \qquad P_2 = \frac{\lambda^2}{m_2^2} = \frac{\lambda^2}{4} \qquad P_3 = \frac{\lambda^2}{m_3^2} = \frac{\lambda^2}{9}$$

若取 $\lambda = 4''$，则有 $P_1 = 1$，$P_2 = 4$，$P_3 = \frac{16}{9}$

若取 $\lambda = 12''$，则有 $P_1 = 9$，$P_2 = 36$，$P_3 = 16$

由上例可知，对于一组已知中误差的非等精度观测值而言：

1) 选定了一个 λ 值，就对应一组相应的权；

2) 一组观测值的权，其大小随 λ 的不同而异，但无论 λ 选择何值，权之间的比例关系始终不变。可见，权的意义不在于其数值的大小，而在于权之间的比例关系；

3) 为了使权起到比较观测值精度高低的作用，在同一问题中，只能选择一个 λ 值，否则就破坏了权之间的比例关系。

2. 单位权

在式（6-36）中，λ 为一任意常数，但 λ 值一经选定，它还具有具体的含义。若取 $\lambda = m_i$，则有 $P_i = \frac{m_i^2}{m_i^2} = 1$。如在［例 6-7］中，当 $\lambda = m_1$ 时，有 $P_1 = 1$，而其他观测的权，则是以 P_1 为单位确定出来的。

可见，凡是中误差等于 λ 的观测值，其权必然等于 1；或者说，权为 1 的观测值的中误差必然等于 λ。因此，通常称 λ 为单位权中误差，一般用 m_0 表示，对应的观测值称为单位权观测值。而等于 1 的权称为单位权。由此可得式（6-36）的另一种表达形式

$$P_i = \frac{m_0^2}{m_i^2} \tag{6-37}$$

由式（6-37）可以导出中误差的另一种表达式

$$m_i = m_0 \sqrt{\frac{1}{P_i}} \tag{6-38}$$

二、非等精度观测值的最或然值

设对某量进行了 n 次不等精度观测，其观测值分别为 l_1，l_2，……l_n，相应的权为 P_1，P_2，……P_n，可以证明其加权平均值 x 即为其最或然值，其计算公式为

$$x = \frac{[Pl]}{[P]} = \frac{P_1 l_1 + P_2 l_2 + \cdots\cdots + P_n l_n}{P_1 + P_2 + \cdots\cdots + P_n} \tag{6-39}$$

三、精度评定

1. 最或然值的中误差

由式（6-39），应用误差传播定律公式（6-27），得

$$m_x^2 = \frac{1}{[P]^2}(P_1^2 m_1^2 + P_2^2 m_2^2 + \cdots\cdots + P_n^2 m_n^2)$$

结合式（6-37），有 $P_i m_i^2 = m_0^2$，代入上式，得

$$m_x^2 = \frac{1}{[P]^2}(P_1 m_0^2 + P_2 m_0^2 + \cdots + P_n m_0^2) = \frac{m_0^2}{[P]}$$

即
$$m_x = \frac{m_0}{\sqrt{[P]}} = m_0 \sqrt{\frac{1}{[P]}} \tag{6-40}$$

从式（6-40）可知，要求最或然值的中误差，需先求出单位权中误差。

2. 单位权中误差

对一组权分别为 P_1，P_2，……P_n 的不等精度观测值 l_1，l_2，……，l_n，构造虚拟观测值 l_1'，l_2'，……，l_n'，其中

$$l_i' = \sqrt{P_i} l_i, i = 1, 2, \cdots, n$$

应用误差传播定律可得：

$$m_{l_i'}^2 = P_i m_i^2 = \frac{m_0^2}{m_i^2} m_i^2 = m_0^2$$

可见，虚拟观测值 l_1'，l_2'，……，l_n' 是等精度观测值，即各观测值的中误差相等。故根据公式（6-5）可得单位权中误差的计算公式

$$m_0 = \pm \sqrt{\frac{[p\Delta\Delta]}{n}} \tag{6-41}$$

式（6-41）即为用真误差求单位权中误差的计算公式。在实际工作中，常用观测值的改正数 v_i 来计算单位权中误差，与式（6-33）、式（6-35）类似，有

$$m_0 = \pm \sqrt{\frac{[Pvv]}{n-1}} \tag{6-42}$$

$$m_x = \pm \sqrt{\frac{[Pvv]}{[P](n-1)}} \tag{6-43}$$

【例 6-8】如图 6-4，在水准测量中从四个已知高程点 A、B、C、D 出发测得 E 点的高程观测值及各水准路线的长度见表 6-4，求结点 E 的高程及其中误差。

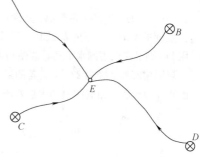

图 6-4 单结点水准路线

单结点（水准）网平差计算表　　　表 6-4

路线	观测高程 L (m)	距离 S (km)	权 $P = \frac{1}{s_i}$	v (mm)	Pvv
A-E	19.167	4.6	0.22	6	7.92
B-E	19.175	3.3	0.30	-2	1.20
C-E	19.177	2.9	0.34	-4	5.44
D-E	19.172	5.2	0.19	1	0.19
Σ			1.05		14.75

$$x = \frac{[PL]}{[P]} = \frac{20.1321}{1.05} = 19.173 \text{m}$$

$$m_x = \pm\sqrt{\frac{[pw]}{[P](n-1)}} = \pm\sqrt{\frac{14.75}{3\times 1.05}} = \pm 2.2\text{mm}$$

思考题与习题

1. 测量误差的来源有哪些？测量误差如何分类？
2. 系统误差有何特性？它对测量成果产生什么影响？在测量工作中如何消除或减弱其影响？
3. 偶然误差有何特性？在测量工作中能否消除或减弱其影响？
4. 何谓精度？衡量精度的指标有哪些？
5. 容许误差是如何定义的？它有何作用？
6. 某角度的真值 $X = 60°30'30''$。用经纬仪对它观测十六测回，其观测值为：$60°30'34''$，$60°30'46''$，$60°30'16''$，$60°30'40''$，$60°30'39''$，$60°30'32''$，$60°30'15''$，$60°30'38''$，$60°30'33''$，$60°30'08''$，$60°30'17''$，$60°30'34''$，$60°30'25''$，$60°30'54''$，$60°30'23''$，$60°30'26''$。

试求：一测回的测角中误差 m_β。

7. 某距离的真值 $X = 29.995$m，用钢尺丈量九次，其观测值为：29.990m，29.995m，29.911m，29.998m，29.996m，29.994m，29.993m，29.995m，29.999m。

试求：钢尺一次丈量的中误差 m_0 及其相对中误差 K。

8. 用经纬仪观测某一角度六测回，其观测值为：
$68°32'48''$，$68°32'54''$，$68°32'30''$，$68°33'00''$，$68°32'36''$，$68°32'42''$

试求：(1) 角度的算术平均值；(2) 角度一次观测的中误差；(3) 角度平均值的中误差。

9. 丈量一段距离 6 次，结果分别为 365.030m，365.026m，365.028m，365.024m，365.025 和 365.023。试求：(1) 观测值的算术平均值；(2) 观测值的中误差；(3) 算术平均值的中误差及其相对中误差。

10. 在 1∶500 的地形图上量得 A、B 两点间的距离 $d = 123.4$mm，对应的中误差 $m_d = \pm 0.2$mm。试求 A、B 两点间的实地水平距离 D 及其中误差 m_D。

11. 用 DJ_6 型经纬仪观测水平角，要使角度平均值中误差不大于 $3''$，应观测几个测回？

12. 一圆形建筑物半径为 27.5m，若测量半径的中误差为 ± 1cm，试求圆面积 S 及其中误差 m_S。

13. 已知 n 边形各内角观测值的中误差均为 $\pm 6''$，试求内角和的中误差。

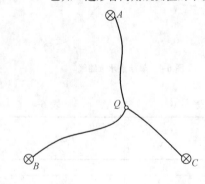

14. 在 $\triangle ABC$ 中，直接观测了 $\angle A$ 和 $\angle B$，其中误差分别为 $m_{\angle A} = \pm 5''$ 和 $m_{\angle B} = \pm 4''$，试求 $\angle C$ 的中误差 $m_{\angle C}$。

15. 已知水准路线每公里高差的中误差为 ± 8mm，试求 4km 水准路线的高差中误差。

16. 已知三角形各角的中误差均为 $\pm 4''$，若取三角形角度闭合差的容许值为中误差的 2 倍，试求三角形角度闭合差的容许值。

17. 如图，为了求得 Q 点的高程，从 A、B、C 三个水准点进行了同等级的水准测量，其结果见下表，试求 Q 点的高程及其中误差。

水准点的高程(m)	观测高差(m)	水准路线长度(km)
A：21.035	+0.648	2.5
B：23.332	−1.632	4.0
C：19.997	+1.683	2.0

18. 在三角高程测量中，测得水平距离 $D=12.218\pm0.008$ (m)，竖直角为 $9°32'34''\pm4.0''$。试求高差 h 及其中误差 m_h。

19. 有一三角形，其内角分别为 α、β、γ，其中 α 角观测 4 个测回，平均值中误差 $m_\alpha=\pm6.5''$，β 角用同样仪器观测 8 个测回，试计算：

（1）β 角 8 个测回的平均值中误差 m_β；

（2）由 α 和 β 的平均值计算第三个角 γ 的中误差 m_γ；

（3）设 α 的权为单位权，求 β 和 γ 的权。

第七章　小地区控制测量

第一节　控制测量概述

在绪论中已经指出，测量工作必须遵循"先控制后碎部，先整体后局部"的原则，以避免误差累积，保证测量精度。控制测量的目的是以较高的精度测定地面上一系列控制点的平面位置和高程，为地形测量和各种工程测量提供依据。控制测量又分为平面控制测量和高程控制测量。平面控制测量确定控制点的平面位置；高程控制测量确定控制点的高程。由控制点所构成的几何图形称为控制网，控制网又分为平面控制网和高程控制网。

在全国范围内建立的控制网，称为国家控制网。它是测绘全国各种比例尺地形图和各种工程测量的基本控制，还可为研究地球的形状与大小以及地壳变形提供依据。在城市或矿区等地区，应在上述国家控制点的基础上，根据测区大小、城市规划和各种工程的需要，再布设不同等级的城市控制网，作为地形测量和各种工程测量的依据。在小范围内建立的控制网，称为小地区控制网。小地区控制网应尽可能与国家或城市控制网进行联测，即将国家或城市控制点的平面坐标和高程作为小区控制网的起算数据。如果测区内或附近没有国家或城市控制点，也可建立独立控制网。

一、平面控制测量

国家平面控制网由国家测绘部门用精密仪器和精密测量方法按一、二、三、四等四个等级，由高级向低级逐级布设，如图 7-1 所示。

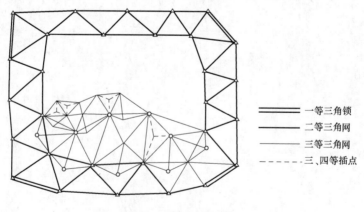

图 7-1　国家平面控制网

首先在全国范围内建立一等三角锁作为国家平面控制网的骨干，然后用二等三角网布设于一等三角锁环内，作为国家平面控制网的全面基础，再用三、四等三角网逐级加密。

建立国家平面控制网主要采用三角测量的方法,近年来,已改用卫星定位的GPS控制网,再用导线网等加密。

城市平面控制网可采用GPS测量、三角测量和导线测量方法进行。分为二、三、四等网,以下还有一、二、三级导线网等。城市平面控制以国家控制点进行定位和定向。

小地区平面控制网常采用导线测量和小三角测量方法布设。

二、高程控制测量

高程控制测量的主要方法是水准测量,在山区一般采用三角高程测量的方法,三角高程测量方法不受地形起伏的影响,工作速度快,但若用经纬仪三角高程测量其精度较水准测量低。近年来,由于测距仪和全站仪的普及,使三角高程测量的精度大大提高。

在全国范围内,由一系列按国家统一规范测定的水准点构成的网称为国家水准网。国家水准网按一、二、三、四等四个等级布设,如图7-2所示。一等水准网是国家高程控制网的骨干,二等水准网布设于一等水准环内,是国家高程控制网的全面基础。一、二等水准测量称为精密水准测量。三、四等水准测量是在一、二等水准点的基础上进一步加密而得。

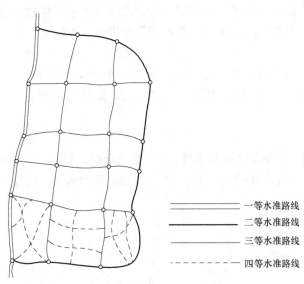

图 7-2 国家高程控制网

为城市建设需要建立的高程控制网称为城市高程控制网,城市高程控制网一般应与国家高程控制网联测。按城市范围的大小,可分为二、三、四等以及直接供测图使用的等外水准测量(图根水准测量)。实践证明,随着测距仪和全站仪的普及,光电测距三角高程测量可以达到四等水准测量的精度,所以,在山区、城市及小地区高程控制测量中,使用测距仪或全站仪进行的三角高程测量被广泛采用。

三、GPS控制测量

采用GPS取代常规的控制测量方法,建立三维控制网,已成为发展趋势。

应用GPS定位技术可以建立全国性的高精度GPS网,用于建立全国的坐标框架,为地球科学和空间科学的研究服务，在此基础上，还可以建立城市控制网，作为地形测量和各种工程测量的依据。

本章主要讨论用导线测量方法进行小地区平面控制测量和用三、四等水准测量及三角、高程测量方法进行小地区高程控制测量。

第二节 导线测量

导线测量是建立小地区平面控制网的主要方法之一。由于具有布设灵活，要求通视方向较少及边长可直接测量等优点，故特别适宜布设在视野不够开阔的地区，如建筑区和森林地区等，也适于布设在狭长地带，如公路、隧道等。

一、导线测量概述

由控制点组成的连续折线或闭合多边形，称为导线。组成导线的点称为导线点。两相邻导线点之间的连线称为导线边。相邻两导线边之间的水平夹角称为导线折角。

根据测区实际情况和要求，单一导线可布设成以下三种形式：

1. 闭合导线

起闭于同一个已知点的导线，称为闭合导线，如图 7-3（a）所示，导线从已知点 B 和已知方向 AB 出发，经过 P_1、P_2、P_3、P_4 点，最后返回到起点 B，形成一个闭合多边形。

2. 附合导线

布设在两个不同的已知点之间的导线，称为附合导线，如图 7-3（b）所示，导线从已知点 B 和已知方向 AB 出发，经过 P_1、P_2、P_3 点，最后附合到另一已知点 C 和已知方向 CD。

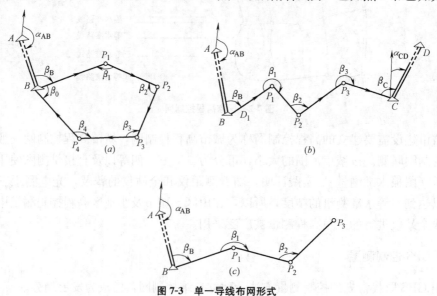

图 7-3 单一导线布网形式

（a）闭合导线；（b）附合导线；（c）支导线

3. 支导线

从一已知点和一已知方向出发,既不闭合亦不附合,称为支导线,如图 7-3（c）所示。由于没有检核条件,所以,只限于在图根导线中使用,且控制点数一般不超过 3 个。

按精度等级可将导线分为一、二、三级导线和图根导线几个等级,参照《城市测量规范》,各等级导线的主要技术指标见表 7-1、表 7-2。

光电测距导线的主要技术要求　　　　　　　　　　　　　　　　　表 7-1

等级	测图比例尺	附合导线长度(m)	平均边长(m)	测距中误差(mm)	测角中误差(″)	导线全长相对闭合差	测回数 DJ$_2$	测回数 DJ$_6$	方向角闭合差(″)
一级		3600	300	≤±15	≤±5	≤1/14000	2	4	≤±10$\sqrt{n}$
二级		2400	200	≤±15	≤±8	≤1/10000	1	3	≤±16$\sqrt{n}$
三级		1500	120	≤±15	≤±12	≤1/6000	1	2	≤±24$\sqrt{n}$
图根	1∶500	900	80			≤1/4000		1	≤±40$\sqrt{n}$
图根	1∶1000	1800	150			≤1/4000		1	≤±40$\sqrt{n}$
图根	1∶2000	3000	250			≤1/4000		1	≤±40$\sqrt{n}$

注：n 为测站数。

钢尺测距导线的主要技术要求　　　　　　　　　　　　　　　　　表 7-2

等级	测图比例尺	附合导线长度(m)	平均边长(m)	往返丈量较差相对误差	测角中误差(″)	导线全长相对闭合差	测回数 DJ$_2$	测回数 DJ$_6$	方向角闭合差(″)
一级		2500	250	≤±1/20000	≤±5	≤1/10000	2	4	≤±10$\sqrt{n}$
二级		1800	180	≤±1/15000	≤±8	≤1/7000	1	3	≤±16$\sqrt{n}$
三级		1200	120	≤±1/10000	≤±12	≤1/5000	1	2	≤±24$\sqrt{n}$
图根	1∶500	500	75			≤1/2000		1	≤±60$\sqrt{n}$
图根	1∶1000	1000	120			≤1/2000		1	≤±60$\sqrt{n}$
图根	1∶2000	2000	200			≤1/2000		1	≤±60$\sqrt{n}$

注：n 为测站数。

二、导线测量的外业工作

导线测量的外业工作包括：踏勘选点、测角、量边和连接测量几项工作。

1. 踏勘选点

在踏勘选点之前,应先到有关部门收集测区原有地形图及控制点的成果等资料,然后在地形图上进行导线布设路线的初步设计,最后按照设计方案到实地进行踏勘选点。

选点的基本要求是相邻点间通视良好,便于测角和量边。总的原则是既能保证导线点位的精度,又便于碎部测量中使用。为此,要注意平坦、视野开阔,便于测绘周围的地物和地貌,导线点应选在土质坚实并便于保存之处,点要布置均匀,便于控制整个测区。

2. 量边

导线边长可用电磁波测距仪测定,测量时要同时观测竖直角,供倾斜改正之用。若用钢尺丈量,应使用检定过的钢尺。对于一、二、三级导线,应按钢尺量距的精密方法进行丈量。对于图根导线,可用一般方法丈量。

3. 测角

用测回法施测导线左角（位于导线前进方向左侧的导线折角）或右角（位于导线前进方向右侧的导线折角）。不同等级导线的测角精度见表 7-1 及表 7-2。对于图根导线,一般用 DJ$_6$ 型经纬仪测一测回。

4. 连接测量

为使导线与高级控制点进行连接，必须测量导线边与已知边之间的水平角和边长，作为传递坐标方位角和坐标之用，导线边与已知边之间的水平角和边长称为连接角和连接边，如图 7-3（b）中的 β_b 和 D_1。

三、导线测量内业计算

导线测量内业计算的目的是计算各待定导线点的平面坐标。在计算之前，应首先检查导线测量的外业记录是否正确，成果是否符合规范要求等。在检查合格后，即可绘制导线略图，并将已知数据和观测数据标入图中，如图 7-4 所示。

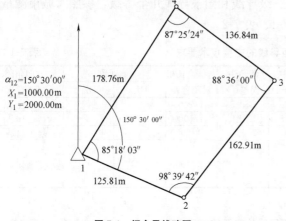

图 7-4 闭合导线略图

（一）闭合导线内业计算

现以图 7-4 中的数据为例，说明闭合导线的内业计算步骤和方法，全部计算见表 7-3。

闭合导线计算表 表 7-3

测站	导线角 β 观测值 ° ′ ″	调整后值 ° ′ ″	方位角 α ° ′ ″	边长 D (m)	纵坐标增量 Δx(m)	纵坐标 x (m)	横坐标增量 Δy(m)	横坐标 y (m)
1	2	3	4	5	6	7	8	9
1			150°30′00″	125.81	−2 −109.50	1000.00	−4 61.95	2000.00
2	+13 98 39 42	98 39 55	69 09 55	162.91	−3 57.94	890.48	−4 152.26	2061.91
3	+13 88 36 00	88 36 13	337 46 08	136.84	−3 126.67	948.39	−4 −51.77	2214.13
4	+13 87 25 24	87 25 37	245 11 45	178.76	−4 −74.99	1075.03	−5 −162.27	2162.32
1	+12 85 18 03	85 18 15	1503000			1000.00		2000.00
2								
				∑D= 604.32				
∑β	359 59 09				$f_x=$ +0.12		$f_y=$ +0.17	
闭合差和精度	$f_\beta = 359°59'09'' − 360°00'00'' = −51''$ $f_{\beta允} = \pm 60\sqrt{n} = \pm 120''$				$f = \sqrt{f_x^2 + f_y^2} = \sqrt{0.12^2 + 0.17^2}$ $= \pm 0.21\text{m}$ $k = \dfrac{f}{\sum D} = \dfrac{1}{2900} < \dfrac{1}{2000}$				

1. 角度闭合差的计算与调整

(1) 角度闭合差的计算

闭合导线内角和的理论值应为：$\sum\beta_{理} = (n-2) \times 180°$

则闭合导线角度闭合差的计算公式为

$$f_\beta = \sum\beta_{测} - \sum\beta_{理} = \sum\beta_{测} - (n-2) \times 180° \tag{7-1}$$

(2) 角度闭合差的调整

不同等级导线的角度闭合差允许值见表 7-1 及表 7-2。对于图根钢尺量距导线，角度闭合差的容许值 $f_{\beta容} = \pm 60''\sqrt{n}$（对于图根光电测距导线 $f_{\beta容} = \pm 40''\sqrt{n}$），式中 n 为导线中转折角的个数。若 $f_\beta < f_{\beta容}$，说明角度测量精度合格，可将角度闭合差反号平均分配到各观测角中。即有：

$$v_i = -\frac{f_\beta}{n} \tag{7-2}$$

改正后的角值之和 $\sum\beta_{改}$ 应等于 $(n-2) \times 180°$，作为计算检核，即有：

$$\sum\beta_{改} = (n-2) \times 180° \tag{7-3}$$

若 $f_\beta > f_{\beta容}$，则应重新检测角度。

2. 推算坐标方位角

根据起始边坐标方位角 $\alpha_{后}$ 及改正后的导线折角即可推算导线各边的坐标方位角 $\alpha_{前}$。坐标方位角的计算公式见式 (4-25)，即：

$$\left. \begin{array}{l} \alpha_{前} = \alpha_{后} + 180° - \beta'_{右} \\ \alpha_{前} = \alpha_{后} - 180° + \beta'_{左} \end{array} \right\} \tag{7-4}$$

式中，$\beta'_{右}$、$\beta'_{左}$ 为经过改正后的导线右（左）折角。

3. 坐标增量的计算及其闭合差的调整

(1) 坐标增量的计算：

根据边长和坐标方位角计算各边的坐标增量的计算公式为（图 7-5）：

$$\left. \begin{array}{l} \Delta x = D\cos\alpha \\ \Delta y = D\sin\alpha \end{array} \right\} \tag{7-5}$$

(2) 坐标增量闭合差的计算：

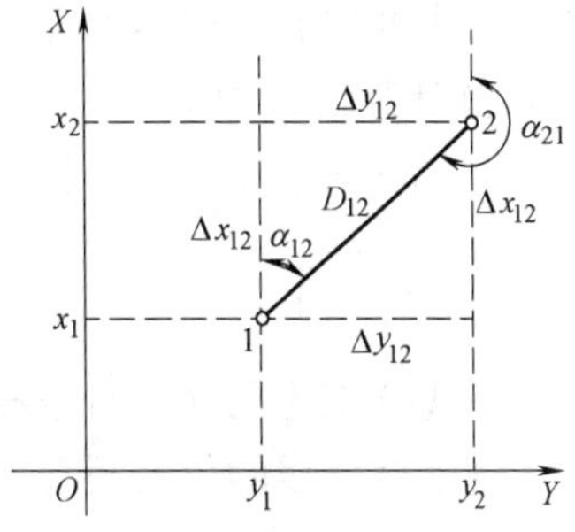

闭合导线各边纵、横坐标增量闭合差的计算公式为

$$\left. \begin{array}{l} f_x = \sum\Delta x_{测} - \sum\Delta x_{理} = \sum\Delta x_{测} \\ f_y = \sum\Delta y_{测} - \sum\Delta y_{理} = \sum\Delta y_{测} \end{array} \right\} \tag{7-6}$$

图 7-5 坐标增量

导线全长闭合差的计算公式为（图 7-6）：

$$f = \sqrt{f_x^2 + f_y^2} \tag{7-7}$$

将导线全长闭合差除以导线全长 $\sum D$，并以分子为 1 的分式表示，称为导线全长相对闭合差：

$$K = \frac{f}{\sum D} = \frac{1}{\frac{\sum D}{f}} \tag{7-8}$$

不同等级导线的全长相对闭合差允许值见表 7-1 及表 7-2。对于钢尺测距的图根导线，$K_{容} \leqslant 1/2000$。

(3) 坐标增量闭合差的调整

当导线全长相对闭合差在容许范围以内时，可将 f_x、f_y 按边长成比例地分配到各坐标增量中，其改正数计算公式为

$$V_{\Delta x_i} = -\frac{f_x}{\sum D} \cdot D_i \\ V_{\Delta y_i} = -\frac{f_y}{\sum D} \cdot D_i \Bigg\} \quad (7\text{-}9)$$

改正后的纵、横坐标增量的总和应等于零。

4. 导线点坐标计算

根据起始点坐标和改正后的坐标增量依次计算各导线点的坐标，计算公式为

$$x_{前} = x_{后} + \Delta x_{改} \\ y_{前} = y_{后} + \Delta y_{改} \Bigg\} \quad (7\text{-}10)$$

按上式求出的导线闭合点的坐标应与其已知坐标值相同，如图 7-6 所示。

（二）附合导线的内业计算

附合导线的计算步骤与闭合导线完全相同，仅在计算角度闭合差和坐标增量闭合差时的计算公式有所不同，以下主要介绍其不同点。

1. 角度闭合差的计算与调整

(1) 角度闭合差的计算

首先根据起始边坐标方位角及导线右角或左角，计算终边坐标方位角观测值 $\alpha'_{终}$，其计算公式为

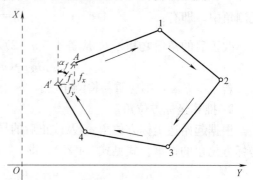

图 7-6 闭合导线坐标增量闭合差

$$\alpha'_{终} = \alpha_{始} - \sum \beta_{右} + n \cdot 180° \quad (7\text{-}11)$$

$$\alpha'_{终} = \alpha_{始} + \sum \beta_{左} + n \cdot 180° \quad (7\text{-}12)$$

上式分别为用导线右角和左角推算终边坐标方位角的计算公式。

则附合导线的角度闭合差的计算公式为：

$$f_\beta = \alpha'_{终} - \alpha_{终} \quad (7\text{-}13)$$

式中：$\alpha_{终}$ 为终边坐标方位角已知值。

(2) 角度闭合差的调整

不同等级导线的角度闭合差允许值同闭合导线。若 $f_\beta < f_{\beta容}$，说明角度测量精度合格，可将角度闭合差反号平均分配到各观测角中（若导线折角为左角时）或将角度闭合差同号平均分配到各观测角中（若导线折角为右角时）。若 $f_\beta > f_{\beta容}$，则应重新检测角度。

2. 坐标增量闭合差的计算

附合导线坐标增量闭合差的计算公式为

$$f_x = \sum \Delta x_{测} - \sum \Delta x_{理} = \sum \Delta x_{测} - (x_{终} - x_{始}) \\ f_y = \sum \Delta y_{测} - \sum \Delta y_{理} = \sum \Delta y_{测} - (y_{终} - y_{始}) \Bigg\} \quad (7\text{-}14)$$

图 7-7 及附合导线的规范要求和其他内业计算步骤和方法同闭合导线。附合导线内业计算例题见表 7-4。

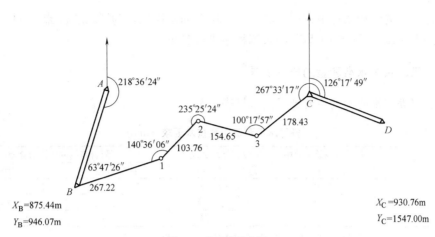

图 7-7 附合导线略图

附合导线计算表　　　　　　　　　表 7-4

测站	导线角 β 观测值 ° ′ ″	调整后值 ° ′ ″	方位角 α ° ′ ″	边长 D (m)	纵坐标增量 Δx(m)	纵坐标 x (m)	横坐标增量 Δy(m)	横坐标 y (m)
1	2	3	4	5	6	7	8	9
A			218 36 24					
B	+15 63 47 26	63 47 41	102 24 05	267.22	+3 −57.39	875.44 818.08	−6 260.98	946.07 1206.99
1	+15 140 36 06	140 36 21	63 00 26	103.76	+1 47.09	865.18	−2 92.46	1299.43
2	+15 235 25 24	235 25 39	118 26 05	154.65	+2 −73.64	791.56	−3 135.99	1435.39
3	+15 100 17 57	100 18 12	38 44 17	178.43	+2 139.18	930.76	−4 111.65	1547.00
C	+15 267 33 17	267 33 32	126 17 49					
D								
				$\sum D=704.06$				
$\sum \beta$	807 40 10				$f_x=-0.08$		$f_y=+0.15$	
闭合差和精度			$f_\beta=-75''$ $f_{\beta允}=\pm 60''\sqrt{5}=\pm 124''$			$f=\sqrt{f_x^2+f_y^2}=0.17$ $k=\dfrac{f}{\sum D}=\dfrac{1}{4100}<\dfrac{1}{2000}$ 合格		

第三节　三、四等水准测量

三、四等水准测量除用于国家高程控制网的加密外，还可以建立小地区首级高程控制网。三、四等水准点的高程应从附近的一、二等水准点引测。三、四等水准点应在通视良好、成像清晰的气候条件下进行观测，一般用双面水准尺，为了减弱仪器下沉的影响，在每一测站上应按"后-前-前-后"的观测程序进行测量。

一、三、四等水准测量的技术要求

三、四等水准测量的主要技术要求见表 7-5。

各等水准测量主要技术要求（mm） 表 7-5

等级	每千米高差中数中误差（全中误差）	测段、区段、路线往返测高差不符值	附合路线或环线闭合差	
			平原、丘陵	山区
二等	≤±2	≤±4$\sqrt{R}$	≤±4$\sqrt{L}$	
三等	≤±6	≤±12$\sqrt{R}$	≤±12$\sqrt{L}$	≤±15$\sqrt{L}$
四等	≤±10	≤±20$\sqrt{R}$	≤±20$\sqrt{L}$	≤±25$\sqrt{L}$

注：R 为测段、区段或路线长度，L 为附合线路或环线长度，均以 km 计。

二、三、四等水准测量的观测方法

（一）每一站的观测程序

用双面尺、采用后-前-前-后的观测程序，在一个测站上的观测顺序如下：

（1）后视黑面尺，在圆水准器气泡居中时，读下、上丝读数（1）、（2），转动微倾螺旋，在符合水准器气泡居中时，读取中丝读数（3）；

（2）前视黑面尺，按（1）中同样方法读取下、上、中丝读数（4）、（5）、（6）；

（3）前视红面尺，转动微倾螺旋，在符合水准器气泡居中时，读取中丝读数（7）；

（4）后视红面尺，按（3）中同样方法读取中丝读数（8）。

以上是按后-前-前-后的观测程序在一个测站上应观测的 8 个观测值，对于四等水准测量也可以采用后-后-前-前的观测程序。

（二）测站的计算与检核

1. 视距计算

（1）前、后视距离

$$后视距离：(9)=[(1)-(2)]\times 100$$
$$前视距离：(10)=[(4)-(5)]\times 100$$

（2）前、后视距差

$$前、后视距差(11)=后视距离(9)-前视距离(10)$$

（3）前、后视距累计差

$$前、后视距累计差=(12)=本站(11)+上站(12)$$

2. 水准尺读数检核计算

同一水准尺黑、红面读数差

$$前视水准尺：(13)=K+(6)-(7)$$
$$后视水准尺：(14)=K+(3)-(8)$$

其中 K 为双面水准尺的红面分划与黑面分划的零点差，通常 K 为 4.687 或 4.787。

3. 高差的计算与检核

$$黑面高差(15)=(3)-(6)$$

红面高差(16)=(8)-(7)

黑红面高差之差(17)=(15)-(16)±0.100=(14)-(13)(检核用)

式中 0.100 为单、双号水准尺红面零点注记之差。

高差平均值(18)=1/2{(15)+[(16)±0.100]}

对于三、四等水准测量，以上各项计算及检核的技术要求见表 7-6。

每站观测的技术要求　　　　　　　　　　　　　　　　　表 7-6

等级	标尺类型	视线长度(m)		前后视距差(m)	任一测站上前后视距累计差(m)	基辅分划或红黑面读数差(mm)	基辅分划或红黑面高差之差(mm)
		仪器类型					
三等	双面	DS_3	≤65	≤3.0	≤6.0	2.0	3.0
	因瓦	DS_1 DS_{05}	≤80				
四等	双面单面	DS_3	≤80	≤5.0	≤10.0	3.0	5.0
	因瓦	DS_1	≤100				

三、每页计算的校核

(1) 高差部分

红、黑面后视总和减红、黑面前视总和应等于红、黑面高差总和，还应等于平均高差总和的两倍。即

$$\sum[(3)+(8)]-\sum[(6)+(7)]=\sum[(15)+(16)]=2\sum(18)$$

上式适用于测站数为偶数

$$\sum[(3)+(8)]-\sum[(6)+(7)]=\sum[(15)+(16)]=2\sum(18)\pm 0.100$$

上式适用于测站数为奇数

(2) 视距部分

后视距离总和减前视距离总和应等于末站视距累积差。即

$$\sum(9)-\sum(10)=末站(12)$$

校核无误后，算出总视距

$$总视距=\sum(9)+\sum(10)$$

用双面尺法进行三、四等水准测量的记录、计算与校核，见表 7-7。

三、四等水准测量手簿　　　　　　　　　　　　　　　　　表 7-7

测站编号	点号	后尺 下丝 上丝	前尺 下丝 上丝	方向及尺号	水准尺读数		K+黑-红(mm)	平均高差(m)	备注
		后视距 视距差d	前视距 累积差∑d		黑面	红面			
		(1) (2) (9) (11)	(4) (5) (10) (12)	后前后-前	(3) (6) (15)	(8) (7) (16)	(14) (13) (17)	(18)	K 为水准尺常数，表中 K_{106}=4.787 K_{107}=4.687 已知 BM_1 的高程为 H_1=56.345m
1	BM_1-TP_1	1462 0995 43.1 +0.1	0801 0371 43.0 +0.1	后106 前107 后-前	1211 0586 +0.625	5998 5273 +0.725	0 0 0	+0.6250	

续表

测站编号	点号	后尺 下丝 上丝 后视距 视距差d	前尺 下丝 上丝 前视距 累积差∑d	方向及尺号	水准尺度数 黑面	水准尺度数 红面	K+黑-红 (mm)	平均高差 (m)	备注
2	TP_1-TP_2	1812 1296 51.6 -0.2	0570 0052 51.8 -0.1	后107 前106 后-前	1554 0311 +1.243	6241 5097 +1.144	0 +1 -1	+1.2435	
3	TP_2-TP_3	0880 0507 38.2 -0.2	1713 1333 38.0 +0.1	后106 前107 后-前	0396 1523 -0.825	5486 0210 -0.724	-1 0 -1	-0.8245	K 为水准尺常数,表中 $K_{106}=4.787$ $K_{107}=4.687$ 已知 BM_1 的高程为 $H_1=56.345$m
4	TP_3-A	1819 1525 36.6 -0.2	0758 0390 36.8 -0.1	后107 前106 后-前	1708 0574 +1.134	6395 0574 +1.034	0 0 0	+1.1340	
每页校核	∑(9)=169.5 -)∑(10)=169.6 =-0.1 =4站(12) 总视距∑(9)+∑(10)=339.1m			∑[(3)+(8)]=29.291 -)∑[(6)+(7)]=24.935 =+4.356			∑[(15)+(16)] =+4.356 ∑(18)=+2.1780 2∑(18)=+4.356			

四、成果计算

三、四等水准测量的成果计算方法与第二章水准测量中介绍的方法相同。当测区范围较大时,需布设多条水准路线。此时,为使各水准点的高程精度均匀,需将各条水准路线连在一起,构成统一的水准网,按照严密平差的方法进行计算。

第四节 三角高程测量

在山区测定控制点的高程,由于地形高低起伏比较大,若用水准测量,则速度慢、困难大,可采用三角高程测量的方法。

一、三角高程测量原理

三角高程测量是根据两点间的水平距离和竖直角计算两点间的高差。如图 7-8 所示,已知 A 点的高程为 H_A,欲求 B 点高程 H_B。

置经纬仪(或全站仪)于 A 点,量取仪器高 i,在 B 点安置觇标(或反光镜),量取觇标高 v,测定竖直角 α 和 A、B 两点之间的平距 D(或斜距 S)。

则 A、B 两点间的高差计算公式为

$$h_{AB}=D \cdot \tan\alpha+i-v \qquad (7\text{-}15)$$

或：
$$h_{AB}=S \cdot \sin\alpha+i-v \qquad (7\text{-}16)$$

B 点高程的计算公式为
$$H_B=H_A+h_{AB} \qquad (7\text{-}17)$$

当两点间距离大于 400m 时，应考虑地球曲率和大气折光对高差的影响，其值简称为球差改正 f_1 和气差改正 f_2，两者合在一起称为两差改正 f。

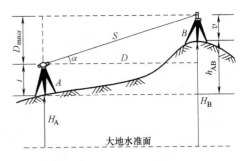

图 7-8 三角高程测量原理

$$f=f_1+f_2=(1-K)\frac{D^2}{2R}=0.43\frac{D^2}{R} \qquad (7\text{-}18)$$

式中，K 为当地大气折光系数，某值随地区、气候、季节、地面覆盖物和视线超出地面高度等条件的不同而变化，式中是取 $K=0.4$ 时的结果；R 为地球半径。

三角高程测量，一般应进行往、返观测（对向观测），取其平均值作为所测两点间的最后高差，对向观测可以消弱地球曲率差和大气折光差的影响。

二、三角高程测量的观测与计算

1. 三角高程测量的观测

1）在测站点安置经纬仪或全站仪，量取仪器高 i，在目标点上安置觇标或反光镜，量取觇标高 v；

2）用望远镜中丝照准觇标或反光镜中心，观测竖直角，并测量两点间水平距离。三角高程测量的有关技术要求见《城市测量规范》。

2. 三角高程测量的计算

三角高程测量的计算一般在表 7-8 所示表格中进行。

三角高程测量计算表　　　　　　　　　　　　　　表 7-8

起 算 点	A	
待 定 点	B	
往返测	往	返
平距 D(m)	341.230	341.233
竖直角 α	+14°06′30″	−13°19′00″
$D\tan\alpha$	85.764	−80.769
仪器高 i(m)	1.310	1.430
觇标高 v(m)	3.800	3.930
两差改正 f(m)	0.008	0.008
高差 h(m)	+83.281	−83.261
往返平均高差 $\bar{h}$(m)	+83.272	

思考题与习题

1. 地形测量和各种工程测量为什么先要进行控制测量？控制测量分为哪几种？
2. 建立平面和高程控制网的方法有哪些？各有何优缺点？

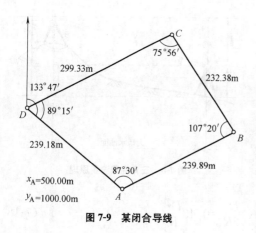

图 7-9 某闭合导线

3. 何为导线？导线的布设形式有几种？

4. 导线测量的外业工作有哪些？附合导线和闭合导线的内业计算有哪些不同？

5. 某闭合导线如图 7-9 所示，已知数据和观测数据列入图中。试用表格计算导线点 B、C、D 点的坐标。

6. 某附合导线如图 7-10 所示，已知数据和观测数据列入图中。试用表格计算导线点 1、2、3、4 的坐标。

7. 已知 A 点高程为 39.830m，现用三角高程测量方法进行了往、返观测，观测数据列入表 7-9 中，已知 AB 的水平距离为 581.380m，试求 B 点的高程。

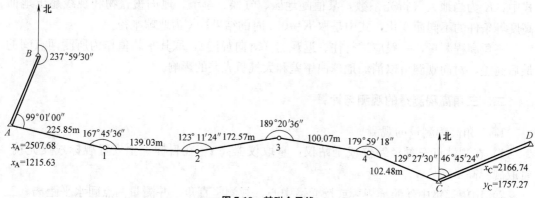

图 7-10 某附合导线

观测数据　　　　　　　　　　　　　　　　　表 7-9

测站	目标	竖直角 (° ′ ″)	仪器高 (m)	觇标高 (m)
A	B	11 38 30	1.440	2.500
B	A	−11 24 00	1.490	3.000

第八章 大比例尺地形图测绘

将地球表面上的自然现象和社会经济现象有选择地按照地图投影方法，用制图综合原则绘制在平面上的图，称为地图。按其表示的内容不同，地图可分为普通地图和专题地图。按其表示的方法不同，地图可分为模拟地图和数字地图。

将地面上的各种地形垂直投影到水平面上并按照规定的比例尺和符号绘制出来的图，称为地形图。地形图是普通地图的一种。而专题地图是根据用图单位的需要，着重表示某一种或几种要素的地图，以满足专业用图的需要。它是以地形图为基础底图制作的，如地

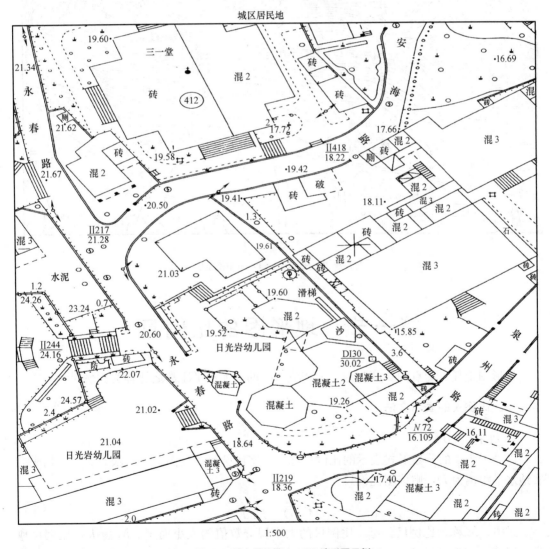

图 8-1　城市居民区 1∶500 地形图示例

质图、矿产储量图、人口分布图、土地利用现状图、地籍图、房产图等。

地形图的内容丰富，归纳起来大致可分为三类：

(1) 数学要素：如比例尺、坐标格网、控制点等。如图 8-1 所示。

(2) 地形要素：各种地物、地貌。如图 8-1 所示为城市居民区 1∶500 地形图示例，如图 8-2 所示为农村地区 1∶5000 地形图示例。

(3) 注记和整饰要素：包括各类注记、说明资料和辅助图表。

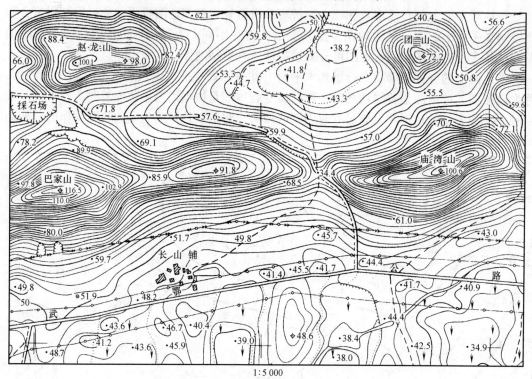

图 8-2　农村地区 1∶5000 地形图示例

第一节　地形图的比例尺

地形图上任意两点的长度与地面上相应点间的实地水平距离之比称为比例尺。

一、比例尺的表示方法

1. 数字比例尺

以分子为 1 的分数形式表示的比例尺称为数字比例尺。设图上一线段长为 d，相应的实地水平距离为 D，则该图比例尺为

$$\frac{1}{M}=\frac{d}{D}=\frac{1}{D/d} \tag{8-1}$$

式中，M 称为比例尺分母。比例尺的大小视分数值的大小而定。M 愈大，比例尺愈小；M 愈小，比例尺愈大。数字比例尺也可写成 1∶500、1∶1000、1∶2000 等形式。数

字比例尺注记在地形图南图廓外的正下方（图8-3）。

地形图和地图按比例尺大小不同分大、中、小三类，根据用图目的的不同，三种比例尺的划分方法也不相同。

经济部门：1∶500、1∶1000、1∶2000、1∶5000、1∶10000为大比例尺地形图；1∶25000、1∶50000、1∶100000为中比例尺地形图；1∶250000、1∶500000、1∶1000000为小比例尺地形图。

工程部门：1∶500、1∶1000、1∶2000为大比例尺，1∶5000为中比例尺，1∶10000、1∶25000、1∶50000、1∶100000、1∶250000、1∶500000、1∶1000000为小比例尺。

另外，我国将1∶5000、1∶10000、1∶25000、1∶50000、1∶100000、1∶250000、1∶500000和1∶1000000八种比例尺地形图称为**国家基本比例尺地形图**。

2. 图示比例尺

为了减小由于图纸伸缩的影响及用图方便，通常在小比例尺地形图的下方绘有图示比例尺，如图8-3所示。图示比例尺的绘制方法以2cm为基本单位，再将左边的一个基本单位10等分，在该基本单位的右分点注记0；图中，每2cm代表实地200m。

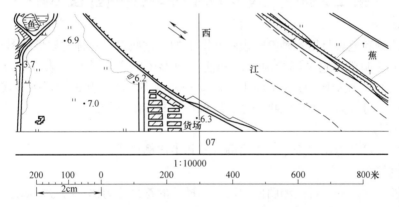

图8-3 地形图上的数字比例尺和图示比例尺

在实际应用时，将分规的两只脚尖对准图上待量线段的两个端点，然后将分规移放在图示比例尺上，并使一脚尖对准0分划线右侧的某一基本分划线后，另一脚尖在0分划线左侧的基本分划内进行估读。

二、比例尺精度

人的肉眼能分辨的图上最小距离是0.1mm，所以人们在用图或实地测图时，只能达到图上0.1mm的准确度。因此，将地形图上0.1mm所代表的实地水平距离称为比例尺精度。比例尺愈大，其精度愈高。表8-1为1∶500～1∶10000比例尺地形图的精度。

1∶500～1∶10000地形图的比例尺精度　　　　　表8-1

比例尺	1∶500	1∶1000	1∶2000	1∶5000	1∶10000
比例尺精度(m)	0.05	0.10	0.20	0.50	1.00

比例尺精度的概念，对于测图和用图有着重要的意义。例如用模拟法测绘1∶5000比例尺地形图时，实地量距只需取到0.50m，因为即使量得再精细，在图纸上也无法表示出来。又例如某项工程建设，要求能反映地面上10cm的精度，则所选图的比例尺不能小于

1∶1000。地形图的比例尺愈大,其表示的地物地貌愈详细,精度也就愈高;但一幅图所能涵盖的实地面积也愈小,测绘工作量和费用愈是成倍增加,所以应该按用图的实际需要合理选择图的比例尺(可参考表 8-2)。

地形图比例尺的选用　　　　　　　　　　　　　　　表 8-2

比例尺	用　途
1∶10000 1∶5000	城市管辖区范围的基本图,一般用于城市总体规划、厂址选择、区域位置、方案比较等
1∶2000	城市郊区基本图,一般用于城市详细规划及工程项目的初步设计等
1∶1000	小城市、城镇街区基本图,一般用于图城市详细规划、管理和工程项目的施工图设计等
1∶500	大、中城市城区基本图,一般用于图城市详细规划、管理、地下工程竣工图和工程项目的施工图设计等

第二节　大比例尺地形图图式

实地的地物和地貌是用各种符号表示在图上的,这些符号总称为地形图图式。图式由国家测绘局统一制定,它是测绘地形图和使用地形图的重要依据。表 8-3 为《1∶500、1∶1000、1∶2000 地形图图式》GB/T 7929—1995 中的一些常用的地形图图式符号。

地形图符号可分为三类:地物符号、地貌符号和注记符号。

1. 地物符号

地物符号又可分为比例符号、非比例符号和半比例符号。

(1) 比例符号

地面上较大的地物,可按测图比例尺缩小描绘的符号称为比例符号。如建筑物、旱地和湖泊等。

(2) 非比例符号

地面上较小的地物,按测图比例尺缩小后无法描绘在图上,就在它的中心位置用特定的符号表示,这种地物符号称为非比例符号。如控制点、电线杆、独立树、消防栓等。非比例符号一般为象形符号。

(3) 半比例符号

对于沿带状延伸的地物(如小道、通讯线、管道等),其长度依比例缩绘,宽度不依比例绘制,这类符号称为半比例符号又称线形符号。

需要说明的是,同一地物在不同比例尺图中表示的符号有可能不同。

2. 地貌符号

地形图上用等高线表示地貌。等高线的概念和表示方法将在下节介绍。

3. 注记

为了较详细地描述地物和地貌的属性,地形图上除了绘制相应的图式符号外,还需用文字和数字加以注记,如房屋的结构和层数、地名、路名、单位名、等高线高程和地形点高程以及河流的水深、流速等。

常用地物、地貌符号和注记

表 8-3

编号	符号名称	1:500 1:1000	1:2000	编号	符号名称	1:500 1:1000	1:2000
1	一般房屋 混——房屋结构 3——房屋层数	 混3	1.6	11	过街天桥	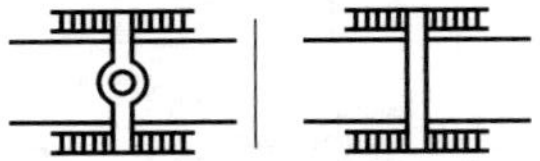	
2	简单房屋	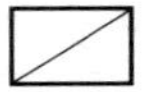		12	高速公路 a．收费站 0——技术等级代码	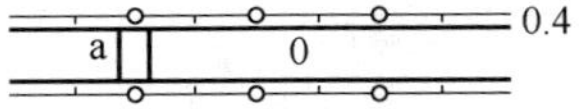	0.4
3	建筑中的房屋	 建		13	等级公路 2——技术等级代码 (G325)——国道路线编号	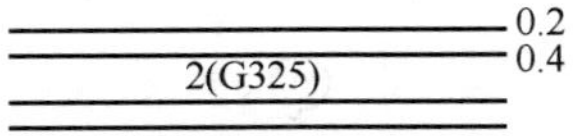 2(G325)	0.2 0.4
4	破坏房屋	 破		14	乡村路 a．依比例尺的 b．不依比例尺的	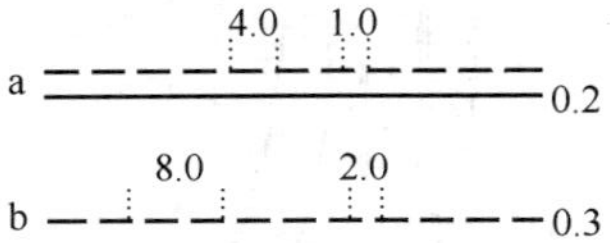 a 4.0 1.0 b 8.0	0.2 0.3
5	棚房	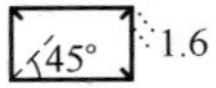 ∠45° 1.6		15	小路	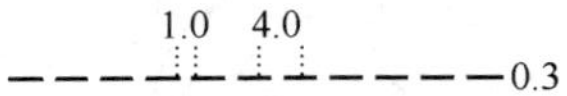 1.0 4.0	0.3
6	架空房屋	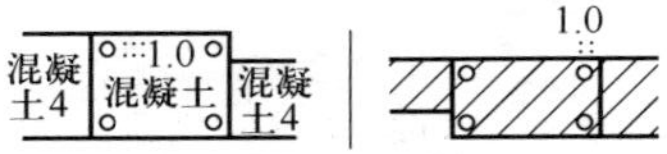 混凝土4 混凝土4 1.0 0.6 1.0	1.0	16	内部道路	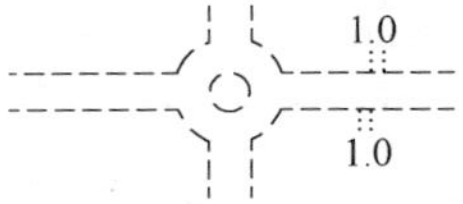 1.0 1.0	
7	廊房	 混3 1.0	1.0	17	阶梯路	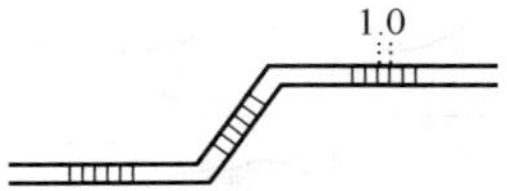 1.0	
8	台阶	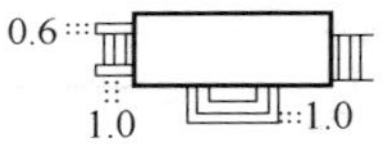		18	打谷场、球场	 球	
9	无看台的露天体育场	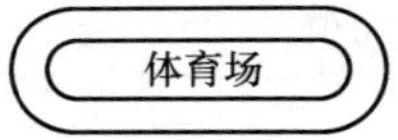 体育场					
10	游泳池	 泳					

137

续表

编号	符号名称	1:500　1:1000　1:2000
24	常年湖	 青湖
25	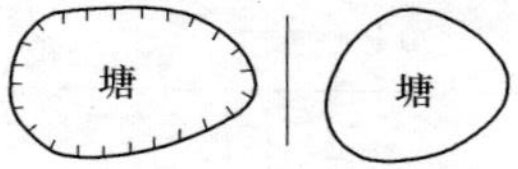 池塘	塘
26	常年河 a. 水涯线 b. 高水界 c. 流向 d. 潮流向　涨潮 　　　　　　落潮	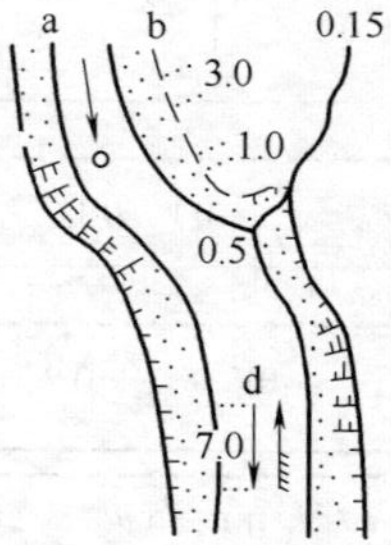
27	喷水池	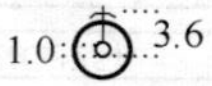 1.0∷⊙ 3.6
28	GPS控制点	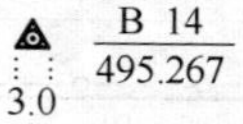 △ B 14 / 495.267　3.0
29	三角点 凤凰山——点名 394.468——高程	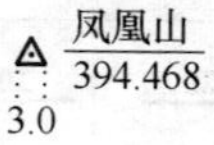 △ 凤凰山 / 394.468　3.0
30	导线点 116——等级、点号 84.46——高程	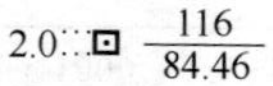 2.0 ▫ 116 / 84.46

编号	符号名称	1:500　1:1000　1:2000
19	旱地	
20	花圃	
21	有林地	
22	人工草地	
23	稻田	

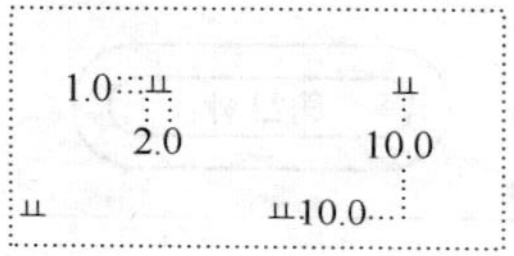

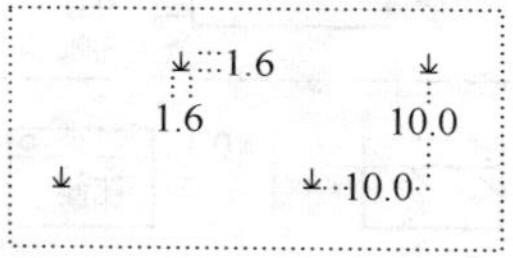

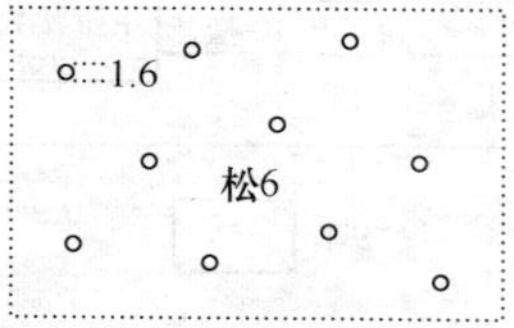

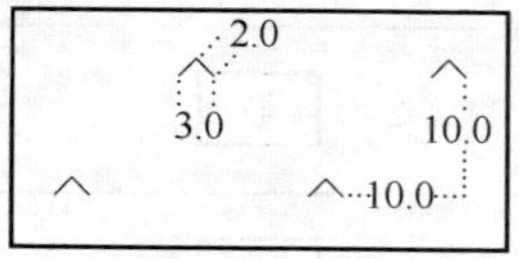

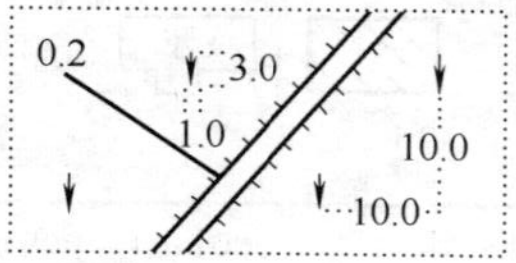

续表

编号	符号名称	1:500 1:1000 1:2000	编号	符号名称	1:500 1:1000 1:2000
31	埋石图根点 16——点号 84.46——高程	1.6::◇ 16/84.46 2.6	38	下水（污水）、雨水检修井	⊖::2.0
32	不埋石图根点 25——点号 62.74——高程	1.6::○ 25/62.74	39	下水暗井	⊝::2.0
33	水准点 北京石5——等级、点名、点号 32.804——高程	2.0::⊗ 北京石5/32.804	40	煤气、天然气检修井	⊘::2.0
34	加油站	1.6::⌐ 3.6 1.0	41	热力检修井	⊖::2.0
35	路灯	2.0 1.6::○⌐ 4.0 1.0	42	电信检修井 a. 电信人孔 b. 电信手孔	a ⊞::2.0 2.0 b ⊠::2.0
36	独立树 a. 阔叶 b. 针叶 c. 果树 d. 棕榈、椰子、槟榔	a 1.6 2.0::○⌐ 3.0 1.0 b ⌐ 3.0 1.0 c 1.6::○⌐ 3.0 1.0 d ⌐ 3.0 1.0	43	电力检修井	⊗::2.0
			44	污水篦子	2.0::⊟ ▭::1.0
			45	地面下的管道	— — 污 — — 4.0
			46	围墙 a. 依比例尺的 b. 不依比例尺的	a ══════ 10.0 0.3 b ──┼──── 10.0 0.6
			47	挡土墙	∨∨∨∨∨ 1.0 6.0
37	上水检井	⊖::2.0	48	栅栏、栏杆	─○──○──○─ 1.0 10.0

续表

编号	符号名称	1:500 1:1000 1:2000
49	篱笆	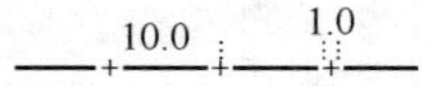 10.0 1.0
50	活树篱笆	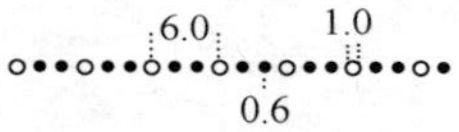 6.0 1.0 0.6 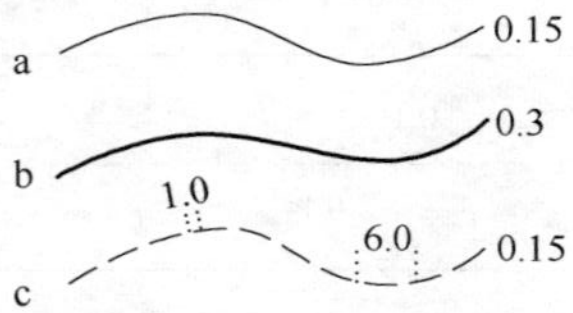
51	铁丝网	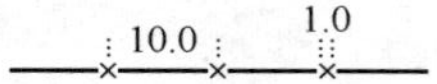 10.0 1.0
52	通信线 地面上的	 4.0
53	电线架  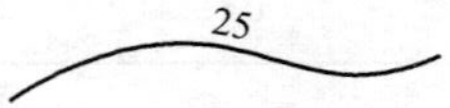	
54	配电线 地面上的	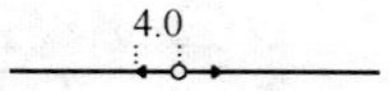 4.0
55	陡坎 a. 加固的 b. 未加固的	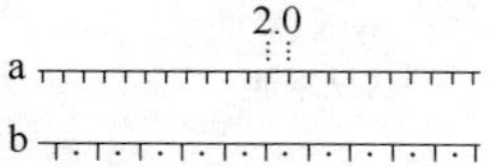 2.0 a b 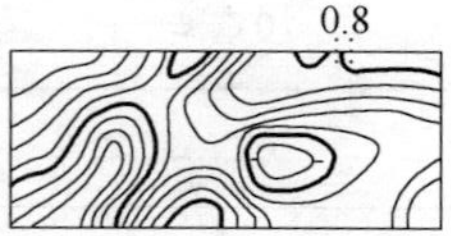
56	散树、行树 a. 散树 b. 行树	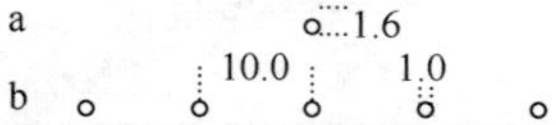 a. 1.6 b. 10.0 1.0
57	一般高程点及注记 a. 一般高程点 b. 独立性地物的高程	a 0.5…163.2 b ▲75.4

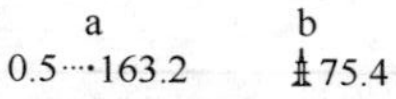

编号	符号名称	1:500 1:1000 1:2000
58	名称说明注记	**友谊路** 中等线体 4.0(18k) **团结路** 中等线体 3.5(15k) **胜利路** 中等线体 2.75(12k)
59	等高线 a. 首曲线 b. 计曲线 c. 间曲线	a 0.15 b 1.0 0.3 c 6.0 0.15
60	等高线注记	25
61	示坡线	0.8
62	梯田坎	1.2 56.4

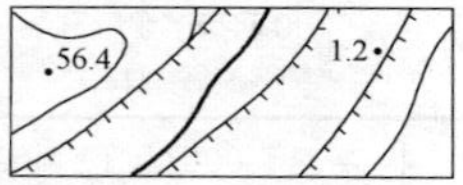

第三节 地貌的表示方法

在地形图上，用等高线表示地貌。等高线能够真实反映出地貌形态和地面高低起伏。

一、等高线

1. 等高线的概念

等高线就是地面上高程相等的相邻点连成的闭合曲线，也就是水平面与地面相交的曲线。如图 8-4 所示，设想有一座高出水面的小岛，其与静止的水面相交形成的水涯线为一闭合曲线，曲线上各点的高程相等。如当水面高为 320m 时，曲线上任一点的高程均为 320m；若水位继续升高至 330m、340m、350m，则水涯线的高程分别为 330m、340m、350m。将这些水涯线垂直投影到水平面上按一

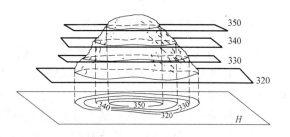

图 8-4 等高线的绘制原理

定的比例尺缩绘在图纸上，就可在地形图上将小岛用等高线表示出来，这些等高线的形状和高程客观地显示了小岛的空间形态。

2. 等高距与等高线平距

地形图上相邻等高线间的高差称为等高距，图 8-4 中的等高距为 10m。同一幅地形图的基本等高距应相同。等高距越小，表示的地貌细部越详尽；等高距越大，地貌细部表示就越粗略。但等高距太小会使图上的等高线过于密集而影响图面的清晰度，等高距太大又不能详尽表示出地貌细部。因此在测绘地形图时，必须根据地形高低起伏程度、测图比例尺的大小和使用地形图的目的等因素，按国家规范要求选择合适的等高距（见表 8-4）。

地形图等高距的选择　　　　　　　　　　　　　　表 8-4

地形类别 \ 比例尺	1∶500	1∶1000	1∶2000	1∶5000
平坦地	0.5	0.5	1	2
丘陵	0.5	1	2	5
山地	1	1	2	5
高山地	1	2	2	5

相邻等高线间的水平距离称为等高线平距，其随地面的坡度不同而改变。在同一幅地形图上，等高线平距越大表示地面的坡度越小；反之，坡度愈大，如图 8-5 所示。因此可以根据图上等高线的疏密程度判断地面坡度的大小。

3. 等高线的分类

等高线分为首曲线、计曲线和间曲线，见图 8-6 及表 8-3 中编号 59 图所示。

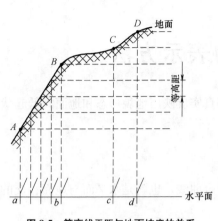

图 8-5　等高线平距与地面坡度的关系　　　　图 8-6　等高线的分类

（1）首曲线：按基本等高距测绘的等高线。用 0.15mm 宽的细实线绘制。

（2）计曲线：每隔四条首曲线加粗描绘一条等高线，并注记该等高线的高程值。用 0.3mm 宽的粗实线绘制。

（3）间曲线：按二分之一基本等高距内插描绘的等高线，以便显示首曲线不能显示的地貌特征。用 0.15mm 宽的长虚线绘制，可不闭合。

二、地貌的基本形态及其等高线

虽然地球表面高低起伏的形态千变万化，但它们都可由几种典型地貌组合而成。典型地貌主要有山头和洼地、山脊和山谷、鞍部、陡崖和悬崖等。如图 8-7 所示。

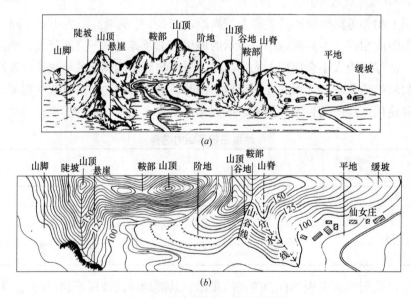

图 8-7　地貌的基本形态及其等高线
（a）地貌基本形态；（b）地貌等高线

1. 山头和洼地

图 8-8（a）、(b) 分别为山头和洼地的等高线，它们形态相似，区别在于山头等高线

由外圈向里高程逐渐增加，洼地等高线由外圈向内高程逐渐减小，可根据高程注记或示坡线来区分山头和洼地。示坡线用来指示斜坡向下的方向。图8-9为不同形态的山头及其等高线。

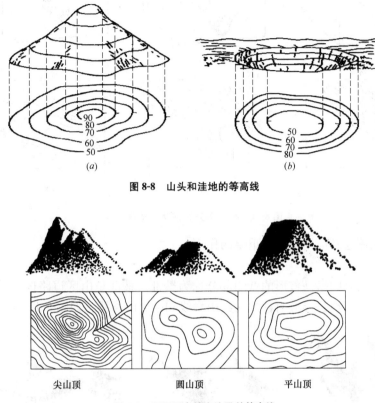

图8-8 山头和洼地的等高线

图8-9 不同形态的山头及其等高线

2. 山脊和山谷

山坡的坡度与走向发生改变时，在转折处就会出现山脊或山谷地貌（如图8-10、图8-11）。山脊与山谷的等高线形态相似，两侧基本对称，区别在于山脊等高线凸向低处，而山谷等高线凸向高处。山脊线是山体延伸的最高棱线，也称分水线。山谷线是谷底点的连线，也称集水线。在土木工程规划及设计中，应考虑地面的水流方向，因此，山脊线和

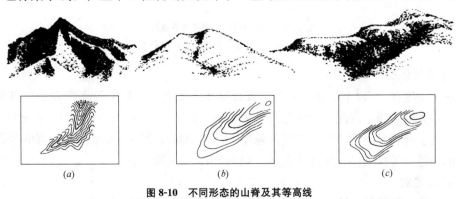

图8-10 不同形态的山脊及其等高线

(a) 尖山脊；(b) 圆山脊；(c) 平山脊

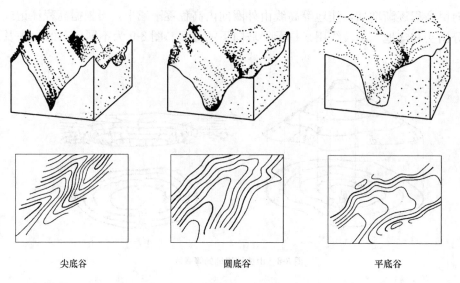

尖底谷　　　　　　　圆底谷　　　　　　　平底谷

图 8-11　不同形态的山谷及其等高线

山谷线在地形图测绘及应用中具有重要的作用。

3. 鞍部

相邻两个山头之间呈马鞍形的低凹部分称为鞍部。鞍部是山区道路选线的重要位置。鞍部左右两侧的等高线是近似对称的两组山脊线和两组山谷线。如图 8-12 所示。

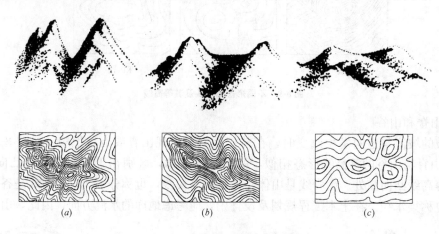

(a)　　　　　　　　　(b)　　　　　　　　　(c)

图 8-12　不同形态的鞍部及其等高线

(a) 窄短鞍部；(b) 窄长鞍部；(c) 平宽鞍部

4. 陡崖和悬崖

陡崖是坡度在 70°以上的陡峭崖壁，有石质和土质之分。如用等高线表示。将是非常密集或重合为一条线，因此采用陡崖符号来表示。如图 8-13 (a)、8-13 (b) 所示。

悬崖是上部突出下部凹进的陡崖，悬崖上部的等高线投影到水平面与下部的等高线相交，下部凹进的等高线部分用虚线表示。如图 8-13 (c) 所示。

5. 特殊地貌

除以上典型地貌外，还有一些特殊地貌，其表示方法如图 8-14 所示。

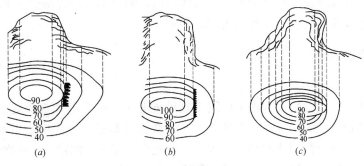

图 8-13 陡崖和悬崖

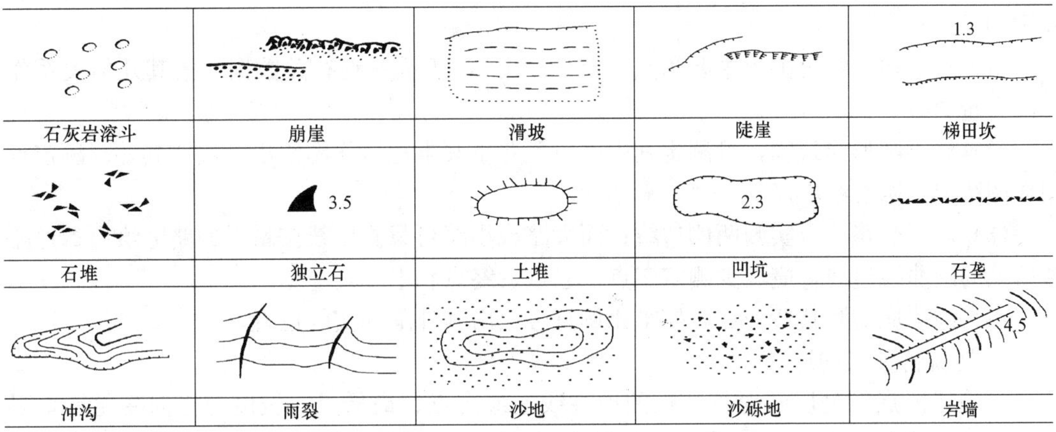

图 8-14 特殊地貌的表示方法

三、等高线的特性

掌握了等高线表示地貌的规律性，可归纳出等高线的特性，有助于地貌测绘、等高线勾绘与正确使用地形图。

1. 同一条等高线上各点的高程相等。
2. 等高线是闭合曲线（间曲线除外），如不在同一幅图内闭合，则必在相邻图幅内闭合。
3. 等高线不能相交、分叉或重合（陡崖和悬崖除外）。
4. 等高线通过山脊山谷线时改变方向并与山脊山谷线正交。
5. 同一幅地形图内基本等高距是相同的，因此，等高线平距大表示地面坡度小，等高线平距小则表示地面坡度大（如图 8-7 所示）。

第四节　碎部点平面位置的测量方法

控制测量完成后，根据控制点来测定地物特征点和地貌特征点的平面位置与高程，并按测图比例尺将其缩绘在图上，再依据各特征点间的相互关系及实地情况，用适当的线条和规定的图示符号描绘出地物和地貌，形成地形图。测定测区内碎部点（地物、地貌特征点）的平面位置和高程的测量工作称为碎部测量。

一、碎部点的选择

1. 地物特征点的选择

地物测绘质量、速度很大程度上取决于立尺员能否正确合理地选择地物（特征）点。地物点主要是其轮廓线的转折点、交叉点、弯曲变化点和独立地物中心点等，如房角点、道路边线的转折点以及河岸线的转折点等。主要地物点应独立测定，一些次要的特征点可以用量距、交会、推平行线等几何作图方法绘出。一般规定，凡主要建筑物轮廓线的凹凸长度在图上大于 0.4mm 时，图上都要表示出来。1∶500 和 1∶1000 比例尺图的一般取点原则如下。

（1）对于房屋，可测出主要角点（至少 3 个），然后量测有关数据，按其几何关系作图绘出轮廓线。

（2）对于圆形建筑物，可测定其中心位置并量其半径后作图绘出；或在其外廓测定点用作图法定出圆心绘出。

（3）对于公路，应实测两侧边线；而大路或小路可只测中线按量得的路宽绘出；道路转折处的圆曲线边线，应至少测定三点（起点、终点和中点）。

（4）围墙应实测其特征点，按半比例符号绘出其外围的实际位置。

2. 地貌特征点的选择

地貌特征点就是反映地貌特征的地性线上最高点、最低点、坡度与方向变化点，以及山头、鞍部等处的点。根据这些特征点的高程勾绘等高线，即可将地貌在图上表示出来。

二、碎部点平面位置的测定方法

1. 极坐标法

极坐标法是测定碎部点位最常用方法。如图 8-15 所示，A、B 均为已知点，测站点为 A，定向点为 B，测定 AB 方向和 A 与碎部点 3 方向间的水平角 β_3、A 至 3 的水平距离 D_3，就可确定碎部点 3 的位置。同理，根据观测值（β_2，D_2）则可测定点 2 的位置。这种测定点位的方法即为极坐标法。

对于已测定的地物点应根据相互间的关系连线，随测随连，例如房屋的轮廓线 3-2、2-1 等，以便将图上测得的地物与地面上的实体相对照。如有错误或遗漏，可以及时发现，及时修正或补测。

2. 直角坐标法（或支距法）

如图 8-16 所示，P、Q 为控制点或已测地物点，欲测定房角点 1、2、3，可以 PQ 为 y 轴，用卷尺沿 PQ 方向量 y_1、y_2、y_3 找出 1、2、3 在 PQ 上的垂足，然后在 PQ 垂直方向由垂足分别量支距 x_1、x_2、x_3，即可用几何作图法绘出地物点 1、2、3 在图上的位置。

3. 交会法

常用的交会法有方向交会法、距离交会法、方向和距离交会法。

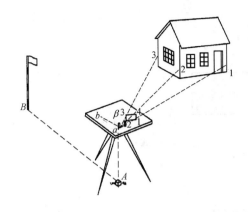

图 8-15 极坐标法测定碎部点

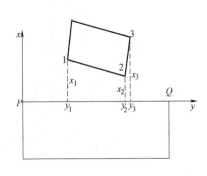

图 8-16 直角坐标法测绘碎部点

(1) 方向交会法

如图 8-17 所示，欲测定河对岸的特征点 1、2、3 等，由于量距不方便，可先将仪器安置于控制点 A，测定 AB 与 A1、A2、A3 方向间的水平角，并在图上绘出方向线；然后将仪器安置在控制点 B，测定 BA 与 B1、B2、B3 方向间的水平角，绘出方向线。相应两方向线的交点即为 1、2、3 在图上的位置。

当碎部点距测站较远而只有卷尺量距，或遇河流、水面等量距不便时，此法较好。

(2) 距离交会法

如图 8-18 所示，P、Q 为已知点或已测地物点，欲测定房角点 1、2，可用尺直接量测距离 D_{P1}、D_{Q1} 和 D_{P2}、D_{Q2}，然后按测图比例尺用分规分别以图上 P、Q 为圆心，以 D_{P1}、D_{Q1} 和 D_{P2}、D_{Q2} 为半径画弧，即可交会 1、2 在图上的位置。

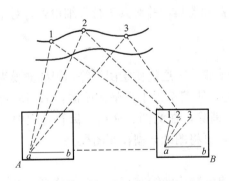

图 8-17 方向交会法

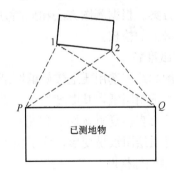

图 8-18 距离交会法

当主要地物测定后，一些次要的、隐蔽的、不通视的碎部点可用此法测定。

(3) 方向和距离交会法

如图 8-19 所示，A、B 为控制点，a 为已测地物点，欲测定地物点 1、2，可先在 A 点测绘 A1、A2 方向线，从 a 点量出 D_{a1}、D_{a2}，然后用分规分别以图上 a 为圆心，以 D_{a1}、D_{a2} 的图距为半径作弧，与 A1、A2 方向线交出 1、2 在图上的位置。

对于量距或视距遇障碍的次要地物点，可用此方法来测绘。

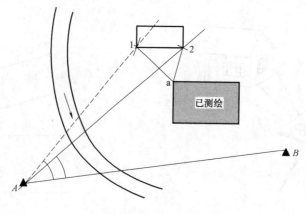

图 8-19　方向和距离交会法

第五节　大比例尺地面模拟法测图

大比例尺地形图的测绘方法有模拟法和数字测图法。模拟法又分为经纬仪测绘法、大平板仪测图法和小平板仪与经纬仪联合测图法，因模拟法测图方法现已很少采用，本节只介绍第一种经纬仪测绘法。数字测图法将在下一节介绍。

一、测图前的准备工作

1. 资料和仪器准备

测图前应明确任务和要求，核实并抄录测区内控制点的成果资料，对测区进行踏勘，制定施测方案。根据测图方法和成图方式备好仪器和器具，并对其进行仔细检查，对主要仪器进行必要的检校。

2. 图纸准备

地形图测绘应选用质地较好的图纸，如聚酯薄膜、普通优质绘图纸等。聚酯薄膜为一面打毛的半透明图纸，其厚度约为 0.07～0.1mm，伸缩率很小且坚韧耐湿，沾污后可洗图，着墨后可直接复晒蓝图。但易燃且折痕不能消除，在测图、使用、保管过程中应注意。普通优质绘图纸易变形，为了减少图纸伸缩，可将图纸裱糊在测图板上。

3. 绘制坐标格网

为了准确地将控制点展绘在绘图纸上，必须事先精确地绘制直角坐标方格网，方格网的边长为 10cm。绘制坐标格网的方法有对角线法、坐标格网尺法、计算机法。手工绘制坐标格网一般用专门的工具、仪器。所使用的仪器有：直角坐标仪、坐标格网尺、计算机。绘制坐标格网一般用对角线法。

如图 8-20 所示，沿图纸的四角，用长直尺绘出两条对角线交于 O 点，自 O 点沿对角线上量取 OA、OB、OC、OD 四段相等的长度得出 A、B、C、D 四点，并作连线，得矩形 $ABCD$，从 A、B 两点起沿 AD 和 BC 向右每间隔 10cm 截取一点；再由 A、D 两点起沿 AB、DC 向上每间隔 10cm 截取一点。而后连接相应的各点，擦去多余线条后即得到由

10cm×10cm 正方形组成的坐标格网。绘好坐标格网后，应进行检查。其方法是：将直尺沿方格对角线方向放置，方格的角点应在一条直线上，偏离不应大于 0.2mm；再检查各个方格的对角线长度应为 141.4mm，容许误差为 ±0.2mm；图廓对角线长度与理论长度之差的容许误差为 ±0.3mm；若误差超过容许值则应修改或重绘。检查合格后，在坐标格网线的旁边要注记按照图的分幅来确定的坐标值。

坐标格网还可用精度较高的专用坐标格网尺绘制，亦可在计算机上用 AutoCAD 软件编辑坐标格网图形，然后通过绘图仪绘制在图纸上。

4. 控制点展绘

控制点展绘就是把各控制点绘制到绘有方格网的图幅中，简称展点。展点时，先由控制点的坐标确定它所在的方格。如图 8-21 所示，控制点 A 的坐标值 $X_A = 214.60$m，$Y_A = 256.78$m，该点位于 2134 方格内。从 1、2 点分别向右沿格网线量 56.78m（图上量取 56.8mm），得 a、b 两点；又从 2、4 向上沿格网线量 14.60m（图上量取 14.6mm），可得出 c、d 两点。连接 ab 和 cd，其交点即为控制点 A 在图上的位置。同法将其他各控制点展绘在图纸上。最后量取图上相邻控制点之间的距离和已知的距离相比较，其最大误差在图纸上应不超过 ±0.3mm，否则应重新展绘。经检查无误，按图式规定绘出控制点符号，并在其右侧用分数形式注上点号和高程。

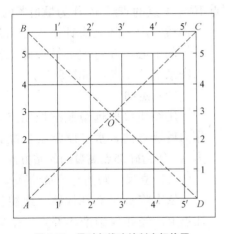

图 8-20 用对角线法绘制坐标格网

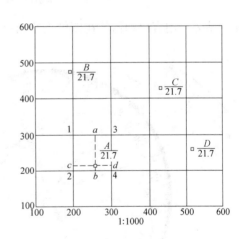

图 8-21 控制点展绘

二、经纬仪测绘法

经纬仪测绘法的实质是极坐标法定点测图。如图 8-22 所示，测图时先将经纬仪安置在控制点上，在经纬仪旁架好小平板，用透明胶带纸将聚酯薄膜图纸固定在图板上；用经纬仪测定碎部点与已知方向之间的水平角、测站点至碎部点的距离和高差。然后根据测定数据用量角器和比例尺把碎部点位展绘于图纸上，并在点的右侧注明其高程，再对照实地描绘地物，勾绘地貌。此法操作简单、灵活，适用于各类测区。一个测站的测绘工作步骤如下。

（1）安置仪器

安置经纬仪于测站点（控制点）A 上，对中、整平，量取仪器高 i_A，并将测图板安

图 8-22　经纬仪测绘法测图

置在测站旁；用直尺和铅笔在图纸上绘出另一控制点 B 与 A 点的直线 ab 作为量角器的 0 方向线，用一颗大头针插入专用量角器的中心，并将大头针准确地钉入图纸上的 a 点，如图 8-23 所示。

（2）定向

用经纬仪望远镜照准控制点 B 作为后视方向，水平度盘读数配置为 0，作为碎部点测量的起始方向。

（3）立尺、观测与记录计算

依次将标尺立在地物、地貌特征点上。经纬仪瞄准碎部点 1 上竖立的标尺，读出视线方向的水平度盘读数 β_1，竖盘盘左读数 L_1，上丝读数 l'_1，下丝读数 l''_1，则测站到碎部点 1 的水平距离 D_1 及碎部点 1 的高程 H_1 的计算公式为：

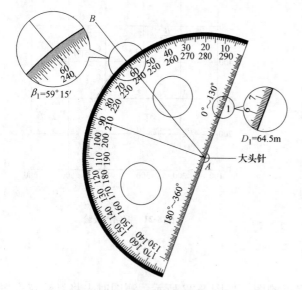

图 8-23　用量角器展绘碎部点示意图

$$\left. \begin{array}{l} D_1 = K(l''_1 - l'_1)\cos^2(90°-L_1+x) \\ H_1 = H_A + D_1\tan(90°-L_1+x) + i_A - \dfrac{l''_1 - l'_1}{2} \end{array} \right\} \quad (8\text{-}2)$$

式中，x 为经纬仪的竖盘指标差，$K=100$ 为望远镜的视距乘常数。将上述观测数据和计算结果记入表 8-5 碎部测量手簿中。

碎部测量手簿　　　　　　　　　　　表 8-5

| 仪器型号： | 苏一光 DJ$_2$ | | $i=$ | 1.46m | 测站点： | A | 定向点： | B | 测站高： | 37.43m | |
| 仪器编号： | 940031 | | $x=$ | $0''$ | 观测者： | 任珍 | 记录者： | 金习 | 观测日期： | 1999.8.28 | |

点号	视距间隔 l(m)	中丝读数 v(m)	竖盘读数 (° ′)	竖直角 (° ′)	初算高差 h'(m)	改正数 $i-v$(m)	高差 h(m)	水平角 β (° ′)	水平距离 D(m)	高程 H(m)	备注
1	0.281	1.460	93 28	−3 28	−1.70	0.00	−1.70	125 45	28.00	37.73	山脚
2	0.414	1.460	74 26	15 34	10.70	0.00	10.70	138 42	38.42	47.13	山头
⋮	⋮	⋮	⋮	⋮	⋮	⋮	⋮	⋮	⋮	⋮	⋮
38	0.378	2.460	91 41	−4 14	−0.81	−1.00	−1.81	321 24	37.78	34.62	电杆

（4）展绘碎部点

以图纸上 A、B 两点的连线为零方向线，转动量角器，使量角器上的 β_1 角位置对准零方向线，在 β_1 角的方向上量取距离 D_1/M（式中 M 为地形图比例尺的分母值），用铅笔标定碎部点 1 的位置，在碎部点旁注记其高程值 H_1。如图 8-23 所示，地形图比例尺为 1：1000，碎部点 1 的水平角为 $59°15'$，水平距离为 64.5m。

用同样的操作方法，可以依次测绘出图 8-22 中房屋另外两个角点，根据实地地物在图纸上连线，通过推平行线即可将房屋画出。

经纬仪测绘法一般需要 4～5 个人操作，其分工是：1 人观测，1 人记录计算，1 人绘图，1～2 人立尺。

三、地形图的绘制

在外业工作中，当碎部点展绘在图纸上后，就可以对照实地随时描绘地物和等高线。

1. 地物描绘

地物应按地形图图式规定的符号表示。依比例表示的地物如房屋、道路、河流等将其轮廓线上相应点连接起来，而弯曲部分应逐点连成光滑曲线。不能依比例表示的地物，应用规定的非比例符号表示。

2. 等高线勾绘

勾绘等高线时，首先用铅笔轻轻描绘出山脊线、山谷线等地性线，再根据碎部点的高程勾绘等高线。不能用等高线表示的地貌，如悬崖、陡崖、土堆、冲沟、雨裂等，应用图式规定的符号表示。

由于碎部点是选在地面坡度变化处，因此相邻点之间可视为坡度不变，这样可在两相邻碎部点的连线上，按平距与高差成正比的关系，内插出两点间各条等高线通过点的位置。如图 8-24（a）所示，地面上两碎部点 C 和 A 的高程分别为 202.8m 及 207.4m，若取基本等高距为 1m，则其间有高程为 203m，204m，205m，206m 及 207m 五条等高线通过。根据平距与高差成正比的原理，先目估定出高程为 203m 的 m 点和高程为 207m 的 q 点，然后将 mq 的距离四等分，定出高程为 204m，205m，206m 的 n、o、p 点。同法定出其他相邻两碎部点间等高线应通过的位置。将高程相等的相邻点连成光滑的曲线，即为等高线，结果如图 8-24（b）所示。

勾绘等高线时，应对照实地情况，先绘计曲线，后绘首曲线，并注意等高线通过山脊线、山谷线时的走向。

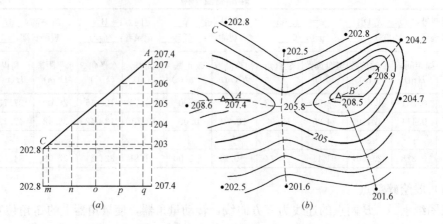

图 8-24 等高线的勾绘

四、地形图测绘的基本要求

1. 仪器安置及测站检查

《城市测量规范》对地形测图时仪器的设置及测站上的检查要求如下：

① 仪器对中的偏差，不应大于图上 0.05mm。

② 以较远的一点定向，用其他点进行检核。采用经纬仪测绘时，其角度检测值与原角值之差不应大于 2′；每站测图过程中，应随时检查定向点方向，归零差不应大于 4′。

③ 检查另一测站高程，其较差不应大于基本等高距的五分之一。

2. 地物点、地形点视距和测距长度

地物点、地形点视距和测距最大长度要求应符合表 8-6 的规定。

为了能真实地表示实地情况，碎部点应保证必要的密度。碎部点的密度是根据地形的复杂程度确定的，同时也取决于测图比例尺和测图目的。测绘不同比例尺的地形图，对碎部点间距、测站至碎部点最远距离，应符合表 8-6 的规定。

地物点、地形点视距和测距的最大长度　　　　　表 8-6

测图比例尺	视距最大长度		测距最大长度	
	地物点	地形点	地物点	地形点
1:500	—	70	80	150
1:1000	80	120	160	250
1:2000	150	200	300	400

注：① 1:500 比例尺测图时，在建成区和平坦地区及丘陵地，地物点距离应采用皮尺量距或光电测距，皮尺丈量最大长度为 50m；

② 山地、高山地地物点最大视距可按地形点要求；

③ 当采用数字化测图或按坐标展点测图时，其测距最大长度可按上表地形点放大 1 倍。

3. 高程注记点的分布

① 地形图上高程注记点应分布均匀，丘陵地区高程注记点间距宜符合表 8-7 的规定。

② 山顶、鞍部、山脊、山脚、谷底、谷口、沟底、沟口、凹地、台地、河川湖地岸旁、水涯线上以及其他地面坡度变换处，均应测高程注记点。

丘陵地区高程注记点间距　　　　　　　　　表8-7

比例尺	1∶500	1∶1000	1∶2000
高程注记点间距	15	30	50

注：平坦及地形简单地区可放宽至1.5倍，地貌变化较大的丘陵地、山地与高山地应适当加密。

③ 城市建筑区高程注记点应测设在街道中心线、街道交叉中心、建筑物墙基脚和相应的地面、管道检查井井口、桥面、广场、较大的庭院内或空地上以及其他地面坡度变化处。

④ 基本等高距为0.5m时，高程注记点应注记至cm；基本等高距大于0.5m时可注记至dm。

4. 地物、地貌的绘制

（1）在测绘地物、地貌时，应遵守"看不清不绘"的原则。地形图上的线划、符号和注记应在现场完成。

（2）按基本等高距测绘的等高线为首曲线。每隔四根首曲线加粗一根计曲线，并在计曲线上注明高程，字头朝向高处，但需避免在图内倒置。山顶、鞍部、凹地等不明显处等高线应加绘示坡线。当首曲线不能显示地貌特征时，可加绘二分之一基本等高距的间曲线。城市建筑区和不便于绘等高线的地方，可不绘等高线。

（3）地形原图铅笔整饰应符合下列规定：

① 各项地物、地貌均应按规定的图式符号绘制。

② 地物、地貌各要素，应主次分明、线条清晰、位置准确。

③ 高程注记的数字，字头朝北，书写清楚整齐。

④ 各项地理名称注记位置应适当，字号字体按图式规定的执行。

⑤ 等高线应合理、光滑、无遗漏，并与高程注记点相适应。

⑥ 图幅号、方格网坐标、测图者姓名及测图时间应书写正确齐全。

五、地形图的拼接、检查和提交的资料

1. 地形图的拼接

测区面积较大时，将整个测区划分为若干幅图进行施测，这样，在相邻图幅的连接处，由于测量误差和绘图误差的影响，无论地物轮廓线还是等高线往往不能完全吻合。图8-25表示相邻两幅图相邻边的衔接情况。将两幅图的同名坐标格网线重叠时，图中的房屋、河流、等高线、陡坎都存在接边误差。若接边误差小于表8-8规定的平面、高程中误差的$2\sqrt{2}$倍时，可平均配赋，并据此改正相邻图幅的地物、地貌位置，但应注意保持地物、地貌相互位置和走向的正确性。超过限差时，则应到实地检查纠正。

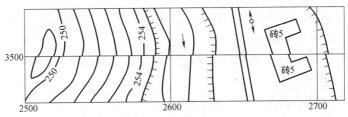

图8-25　地形图的拼接

地物点、地形点平面和高程中误差　　　　　表 8-8

地区分类	点位中误差（图上 mm）	邻近地物点间距中误差(图上 mm)	等高线高程中误差			
			平地	丘陵地	山地	高山地
城市建筑区和平地、丘陵地	≤0.5	≤±0.4	≤1/3	≤1/2	≤2/3	≤1
山地、高山地和设站施测困难的旧街坊内部	≤0.75	≤±0.6				

2. 地形图的检查

为了保证地形图的质量，除施测过程中加强检查外，在地形图测绘完成后，作业人员和作业小组应对完成的成果、成图资料进行严格的自检、互检和队检，确认无误后方可上交。地形图检查的内容包括内业检查和外业检查。

（1）内业检查

① 图根控制点的密度应符合要求，位置恰当；各项较差、闭合差应在规定范围内；原始记录和计算成果应正确，项目填写齐全。

② 地形图图廓、方格网、控制点展绘精度应符合要求；测站点的密度和精度应符合规定；地物、地貌各要素测绘应正确、齐全，取舍恰当，图式符号运用正确；接边精度应符合要求；各项资料齐全。

（2）外业检查

根据内业检查的情况，有目的地确定巡视路线，进行实地对照检查，检查地物、地貌有无遗漏；等高线是否逼真合理，符号、注记是否正确等。再根据内业检查和巡视检查发现的问题，到野外设站检查，对发现的问题进行修正和补测。仪器检查量为每幅图内容的 10% 左右。

3. 地形图的整饰与成果整理

（1）地形图的整饰

地形图经过上述拼接、检查和修正后，还应进行清绘和整饰，使图面更为清晰、美观，然后作为地形图原图保存。整饰时按下列顺序进行：先图框内后图框外，先注记后符号，先地物、后地貌。图上的注记、地物符号、等高线等均应按规定的地形图图式进行描绘和书写。

最后，在图框外应按图式要求写出图名、图号、接图表、比例尺、坐标系统及高程系统、施测单位、测绘者及测绘日期等。对于须印制蓝图的原图，应严格按照《地形图图式》进行着墨描绘。

（2）测量成果的整理

测图工作结束后，应将各种资料予以整理并装订成册，以便提交验收和保存。地形测图全部工作结束后应提交的资料：

① 控制测量资料：控制点网略图、埋石点点之记、控制测量观测与计算手簿、控制点成果表。

② 地形图原图、蓝图或复印图、接合图表。

③ 技术设计书、质量检查验收报告及精度统计表、技术总结等。

第六节 大比例尺地面数字测图

一、数字测图概述

传统的模拟法地形测图实质上是将测得的观测数据（角度、距离、高差），用图解法绘制成地形图。其存在以下缺点：

（1）几乎都是在野外实现，劳动强度大。

（2）这个转化过程将使测得的数据所达到的精度大幅度降低。特别是在信息剧增，建设日新月异的今天，一纸之图已难载诸多图形信息。

（3）变更、修改也极不方便，实在难以适应当前经济建设的需要。

随着科学技术的进步与电子、计算机和测绘新仪器、新技术的发展及其在测绘领域的广泛应用，20世纪80年代逐步地形成野外测量数据采集系统与内业机助成图系统结合，建立了从野外数据采集到内业绘图全过程实现数字化和自动化的测量成图系统，通常称为数字测图。

数字测图的基本思想是将地面上的地形和地理要素用数字形式表达与存储，然后由电子计算机对其进行处理，得到内容丰富的数字地形图，需要时由图形输出设备（如显示器、绘图仪）输出地形图或各种专题图。

获取地物地貌数字点位信息的过程称为数据采集。数据采集方法主要有野外地面数据采集法、航片数据采集法、原图数字化法。

数字测图系统是以计算机为核心，在硬、软件的支持下，对地形空间数据进行采集、输入、绘图、输出、管理的测绘系统。全过程可分为数据采集、数据处理与成图、成果输出与存储三个阶段。

广义的数字测图包括地面数字测图、数字化仪成图、摄影与遥感数字化测图。其作业程序如图 8-26 所示。大比例尺数字测图一般是指地面数字测图，也称全野外数字测图。

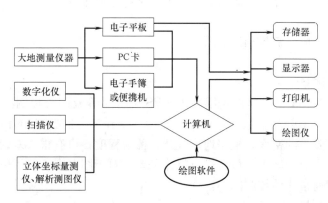

图 8-26　数字测图作业程序

数字测图具有以下优点:
(1) 点位精度高

传统的模拟法测图,影响地物点位精度的因素多,图上点位误差大。而数字测图中影响地物点位精度的因素少,所得电子图的点位精度会大幅度提高。

(2) 便于成果更新

数字测图的成果是将点的定位信息(三维坐标 x, y, H)和绘图信息存入计算机,当实地有变化时,只需输入变化信息,经过编辑处理,即可得到更新的图,从而可以确保地面形态的可靠性和现势性。

(3) 避免图纸伸缩影响

图纸上的地理信息随着时间的推移图纸产生变形而产生误差。数字测图的成果以数字信息保存,可以直接在计算机上进行量测或其他需要的测算、绘图等作业。

(4) 成果输出多样化

计算机与显示器、打印机、绘图仪联机,可以显示或输出各种需要的资料信息、不同比例尺的地形图、专题图,以满足不同的专业需要。

(5) 方便成果的深加工利用

数字图是分层存放的,可使地表信息无限存放,不受图面负载量的限制,从而便于成果的深加工利用,拓宽测绘工作的服务面,开拓市场。比如 CASS 软件中共定义 26 个层(用户还可根据需要定义新层),房屋、电力线、铁路、植被、道路、水系、地貌等均存于不同的层中,通过关闭层、打开层等操作提取相关信息,便可方便地得到所需测区内各类专题图、综合图,如路网图、电网图、管线图、地形图等。又如在数字地籍图的基础上,可以综合相关内容补充加工成不同用户所需要的城市规划用图、城市建设用图、房地产图以及各种管理用图和工程用图。

(6) 可实现信息资源共享

数字测图所提供的现势性强的地理基础信息可以作为 GIS 的重要信息资源。同时也可利用现代通讯工具非常便利地为其他数据库提供数据资源,实现地理信息资源共享。

二、大比例尺地面数字测图作业过程

由于数据采集设备、绘图软件的不同,数字测图作业模式可分为三种:草图法、编码法和电子平板法。这里仅介绍草图法数字测图的基本作业过程。

1. 资料准备

收集原有控制点成果资料和地形图。

2. 控制测量

(1) 平面控制测量

对于大测区($\geqslant 15km^2$)通常先用静态 GPS 进行二等或四等控制测量,而后用全站仪或 RTK 布设一、二级导线网。对于小测区($<15km^2$),通常直接布设一级导线网作为首级控制。等级控制点的密度,根据地形复杂、稀疏程度,可有很大差别。等级控制点应尽量选在制高点或主要街区中,最后进行整体平差。对于图根点一般用单一导线测量和辐射法布设,其密度通常比传统测图小。

(2) 高程控制测量

首级高程控制一般采用四等水准测量方法布设,也可采用全站仪三角高程测量方法布设。图根高程控制则采用图根水准测量方法或图根三角高程测量方法施测。

3. 野外数据采集

野外数据（碎部点三维坐标）采集的方法随仪器配置不同及编码方式不同有所区别。一般用带内存的全站仪观测并记录碎部点三维坐标（定位信息），现场绘制草图（绘图信息）。

4. 数据传输

用专用数据线和数据传输软件将全站仪或电子手簿中的坐标（或测量）数据传输到计算机，每天野外作业后都要及时进行数据传输。

5. 数据处理与绘图

首先进行数据预处理，即对外业数据的各种可能的错误检查修改和将野外采集的数据格式转换成图形编辑系统要求的格式。接着对外业数据进行展点、绘制平面图形、建立图形文件等操作；再进行等高线数据处理，即生成三角网数字地面模型（DTM）、自动勾绘等高线等。

6. 图形编辑

一般采用人机交互方式对绘好的图形进行增加、修改或删除，对照外业草图，将漏测或错测的部分进行补测或重测，消除一些地物、地形的矛盾，进行文字注记说明及地形符号的填充，进行图廓整饰等。

7. 检查验收

按照数字化测图规范的要求、对数字地形图进行检查验收。对于数字化测图，明显地物点的精度很高。外业检查主要检查隐蔽点的精度和有无漏测。内业验收主要看采集的信息是否丰富与满足要求，分层情况是否符合要求，能否输出不同目的的图件。

三、野外数据采集

草图法数字测记模式是一种野外测记、室内成图的数字测图方法。使用带内存的全站仪，将野外采集的数据记录在全站仪内存中，同时配画标注测点点号的工作草图，到室内再通过通信电缆将数据传输到计算机，结合工作草图利用数字化成图软件对数据进行处理，再经人机交互编辑形成数字地图。其特点是精度高、内外业分工明确，便于人员分配，从而具有较高的成图效率。

用草图法数字测记模式进行野外数据采集的程序如下：

1. 在测站点上安置全站仪（对中、整平），量取仪器高。

2. 全站仪开机，点取主菜单中的"数据采集"，依提示依次输入：文件名、测站点点号、仪器高、测站点坐标（x，y，H）。

3. 依提示依次输入：后视点点号、镜高、后视点坐标（x，y），瞄准后视点，根据返回的坐标进行检查。

4. 瞄准测点上竖立的反射棱镜中心，输入测点点号（以后的点号自动加1）、镜高、按测量键很快就能测出该点的三维坐标。

5. 同法依次测量各测点的三维坐标。

6. 绘制工作草图

应在数据采集时现场绘制工作草图。如图 8-27 所示，草图上应绘制碎部点的点号、地物的相关位置、地貌的地性线、地理名称和说明注记等。应尽可能采用地形图图式所规

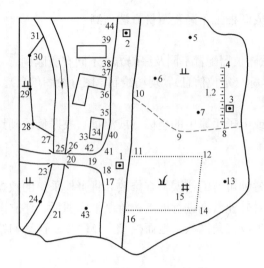

图 8-27 草图法野外数据采集绘制的草图

定的符号绘制，对于复杂的图式符号可以简化或自行定义。草图上标注的测点编号应与数据采集记录中测点编号严格一致。地形要素之间的相关位置必须准确。地形图上需注记的各种名称、地物属性等，草图上也必须标记清楚正确。草图可按地物相互关系一块块地绘制，也可按测站绘制，地物密集处可绘制局部放大图。

7. 结束测站工作

重复 5、6 两步直到完成一个测站上所有碎部点的测量工作。在每个测站数据采集工作结束前，还应对定向方向进行检测。检测结果不应超过定向时的限差要求。

四、数字测图内业

数字测图的内业工作主要是利用数字测图软件进行计算机绘图。成熟的数字测图软件较多，下面以南方测绘仪器公司的 CASS6.1 为例，介绍数字测图内业的基本过程。

1. CASS6.1 的操作界面

图 8-28 为在 AutoCAD2002 上安装的 CASS6.1 的主界面。它与 AutoCAD2002 的界面及操作方法基本相同，二者的区别在于下拉菜单及屏幕菜单的内容不同，各区的功能如下：

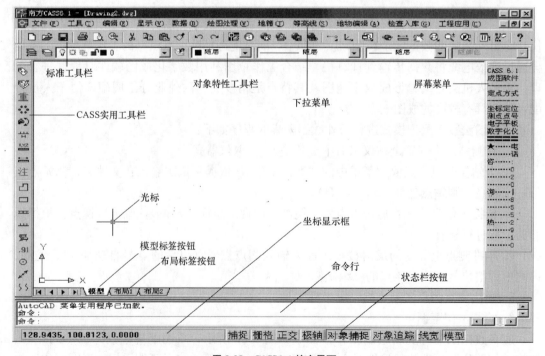

图 8-28 CASS6.1 的主界面

1）下拉菜单区：执行主要的测量功能；
2）屏幕菜单：绘制各种类别的地物地貌符号，是操作较频繁的地方；
3）图形区：主要工作区，显示图形及其操作；
4）工具栏：各种 AutoCAD 及 CASS 操作命令；
5）命令提示区；命令记录区，提示用户操作。

2. 数据传输

使用数据线连接全站仪与计算机的 COM 口，设置好全站仪的通信参数，在 CASS 中执行下拉菜单"数据\读取全站仪数据"命令，弹出图 8-29 所示的"全站仪内存数据转换"对话框。对话框操作如下：

1）在"仪器"下拉列表中选择所使用的全站仪类型。

2）设置与全站仪一致的通信参数，勾选"联机"复选框，在"CASS 坐标文件"文本框中输入保存全站仪数据的文件名和路径。

3）单击"转换"按钮，CASS 弹出一个提示对话框，按提示操作全站仪发送数据，单击对话框的"确定"按钮，即可将发送数据保存到图 8-29 所示设定的坐标数据文件中。

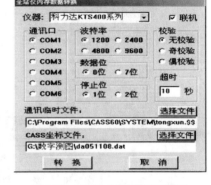

图 8-29　CASS6.1 数据传输对话框

3. 展碎部点

将 CASS 坐标数据文件中点的三维坐标展绘在绘图区，并在点位的右边注记点号或编码，以方便用户结合野外绘制的草图描绘地物。其绘制的点位和点号位于"ZDH"（意为展点号）图层，其中点位对象是 AutoCAD 的"Point"对象，用户可以执行 AutoCAD 的 Ddptype 命令修改点的样式。

执行下拉菜单"绘图处理\展野外测点点号"命令，在弹出的坐标数据文件选择对话框中选择一个坐标数据文件，单击"打开"按钮，根据命令行提示操作即可完成展点。

4. 根据草图绘制地物平面图

单击右侧屏幕菜单的"坐标定位"按钮，屏幕菜单如图 8-30（a）所示。可根据野外绘制的草图在该菜单中选取适合的命令执行。假设根据草图，点 33，34，35 为一幢简单房屋的三个角点，点 4，5，6，7，8 为一条小路的五个点，点 25 为一口水井（图 8-31）。

1）绘制简单房屋的操作步骤为：单击屏幕菜单中的"居民地"按钮，弹出图 8-30（b）所示的"居民地和垣栅"对话框，选择"四点简单房屋"，命令行的提示及输入如下：
①已知三点/②已知两点及宽度/③已知四点〈1〉：1
输入点：（节点捕捉 33 号点）
输入点：（节点捕捉 34 号点）
输入点：（节点捕捉 35 号点）

2）绘制一条小路的操作步骤如下：单击屏幕菜单中的"交通设施"按钮，在弹出的"交通及附属设施"对话框中选择"小路"，根据命令行的提示分别捕捉 4，5，6，7，8 五个点位后按回车键结束，命令行最后提示如下：

拟合线〈N〉？Y

一般选择拟合，键入 Y 回车，完成小路的绘制。

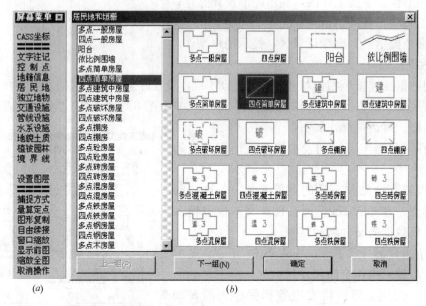

图 8-30 "坐标定位"屏幕菜单与"居民地和垣栅"对话框

(a) 菜单；(b) 对话框

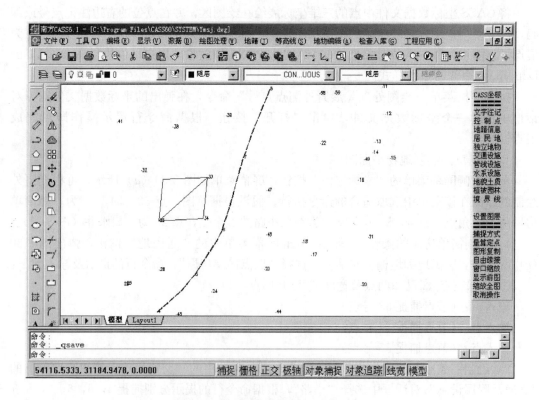

图 8-31 绘制完成的简易房屋、小路和水井

3) 绘制一口水井的操作步骤为：单击屏幕菜单中的"水系设施"按钮，在弹出的"水系及附属设施"对话框中选中"水井"后单击"确定"按钮，点击25号点位，完成水井的绘制。

5. 等高线的绘制

等高线在CASS中是通过创建数字地面模型DTM（Digital Terrestrial Model）后自动生成的。DTM是指在一定区域范围内，规则格网点或三角形点的平面坐标（X，Y）和其他地形属性的数据集合。如果该地形属性是该点的高程H，则该数字地面模型又称为数字高程模型DEM（Digital Elevation Model）。DEM从微分角度三维地描述了测区地形的空间分布，应用它可以按用户设定的等高距生成等高线、绘制任意方向的断面图、坡度图、计算指定区域的土方量等。

下面以CASS6.1自带的地形点坐标数据文件"C：\CASS60\DEMO\dgx.dat"为例，介绍等高线的绘制过程。

（1）建立DTM

执行下拉菜单"等高线\建立DTM"命令，在弹出的图8-32（a）的"建立DTM"对话框中勾选"由数据文件生成"单选框，单击"…"按钮，选择坐标数据文件dgx.dat，其余设置见图所示。单击"确定"按钮，屏幕显示图8-32（b）所示的三角网，它位于"SJW"（意为三角网）图层。

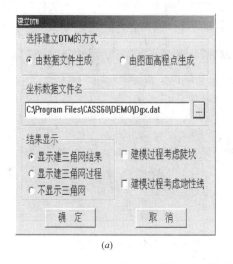 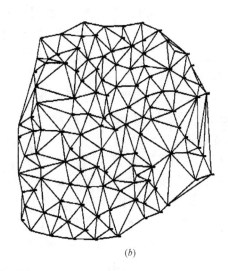

(a)   (b)

图8-32 "建立DTM"对话框的设置与DTM三角网结果

(a) 对话框设置；(b) 三角网生成

（2）修改数字地面模型

由于现实地貌的多样性、复杂性和某些点的高程缺陷（如山上有房屋），直接使用外业采集的碎部点数据很难一次性生成准确的数字地面模型，这就需要对生成的数字地面模型进行修改，它是通过修改三角网来实现的。

修改三角网命令位于下拉菜单"等高线"下，如图8-33所示。

1）删除三角形：当某局部内没有等高线通过时，可以删除周围相关的三角形。

2）过滤三角形：如果CASS无法绘制等高线或绘制的等高线不光滑，这是由于某些

图 8-33 修改 DTM 命令菜单

三角形的内角太小或三角形的边长悬殊太大所致，可使用该命令过滤掉部分形状特殊的三角形。

3) 增加三角形：点取屏幕上任意三个点可以增加一个三角形，当所点取的点没有高程时，CASS 将提示用户手工输入高程值。

4) 三角形内插点：用户可以在任一个三角形内指定一个点，CASS 自动将内插点与该三角形的三个顶点连接构成三个三角形。当所点取的点没有高程时，CASS 将提示用户手工输入高程值。

5) 删三角形顶点：当某一个点的坐标或高程有误时，可以使用该命令删除它，CASS 会自动删除与该点连接的所有三角形。

6) 重组三角形：在一个四边形内可以组成两个三角形，如果认为三角形的组合不合理，可以使用该命令重组三角形。

7) 删三角网：生成等高线后就不需要三角网了，可以执行该命令删除三角网。

8) 三角网存取：下有"写入文件"和"读出文件"两个子命令。"写入文件"是将当前图形中的三角网写入用户给定的文件，CASS 自动为该文件加上扩展名 dgx（意为等高线）；读出文件是读取扩展名为 dgx 的三角网文件。

9) 修改结果存盘：三角形修改完成以后，要执行该命令后其修改结果才有效。

(3) 绘制等高线

执行下拉菜单"等高线 \ 绘制等高线"命令，弹出图 8-34 所示的"绘制等值线"对话框，根据需要完成对话框的设置后，单击"确定"按钮，CASS 开始自动绘制等高线，

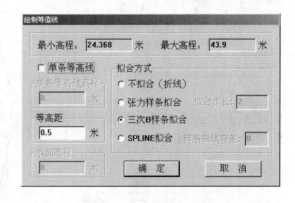

图 8-34 绘制等高线的设置

采用图中设置绘制的坐标数据文件 dgx.dat 的等高线见图 8-35 所示。

(4) 等高线的注记与修剪

1) 注记等高线：有四种注记等高线的方法，其命令位于下拉菜单"等高线 \ 等高线注记"下，见图 8-36（a）所示。批量注记等高线时，一般选择"沿直线高程注记"，它要求用户先使用 AutoCAD 的 Line 命令绘制一条垂直于等高线的辅助直线，绘制直线的方向应为注记高程字符字头的朝向。命令执行完成后，CASS 自动删除该辅助直线，注记的字符自动放置在 DGX 图层。

2) 等高线修剪：有多种修剪等高线的方法，命令位于下拉菜单"等高线 \ 等高线修剪"下，见图 8-36（b）所示。

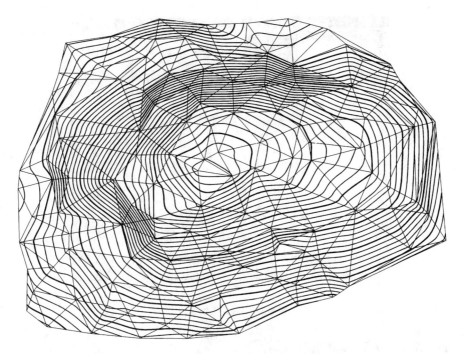

图 8-35 使用坐标数据文件"dgx.dat"绘制的等高线

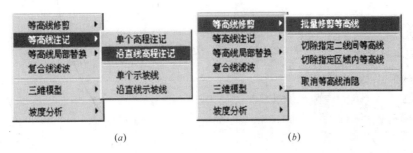

图 8-36 等高线注记与修剪命令选项
(a) 注记菜单；(b) 修剪菜单

6. 地形图加注记

以如图 8-39 所示的道路上加路名"迎宾路"为例。

单击屏幕菜单的"文字注记"按钮，弹出图 8-37 所示的"注记"对话框，选中"注记文字"，单击"确定"按钮，弹出图 8-38 所示的"文字注记信息"对话框，输入注记内容"迎宾路"，并根据需要完成设置后单击"确定"按钮即完成该道路的文字注记。有时还需要根据图式的要求编辑注记文字。如需要沿道路走向放置文字，应使用 AutoCAD 的 Rotate 命令旋转文字至适当方向，使用 Move 命令移动文字至适当地方。

7. 地形图加图框

加图框命令位于下拉菜单"绘图处理"下。先执行下拉菜单"文件\CASS6.1参数配置"命令，弹出的图 8-40 所示"CASS6.0参数设置"对话框，在"图框设置"选项卡

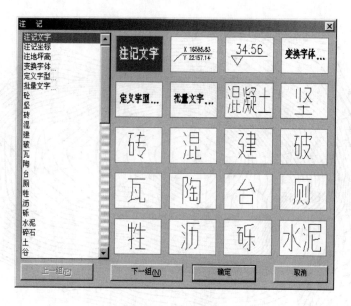

图 8-37 "注记"对话框

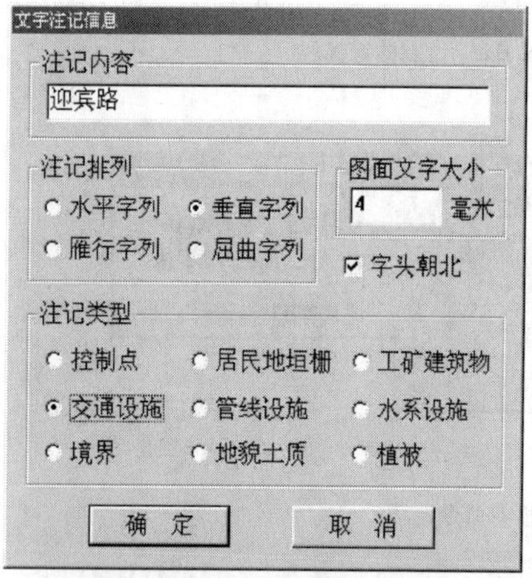

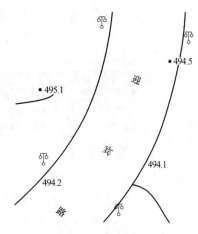

图 8-39 道路注记

图 8-38 注记内容的输入及设置

中设置好分幅图图框外的部分注记内容。

执行下拉菜单"绘图处理\标准图幅（50cm×40cm）"命令，弹出图 8-41 所示的"图幅整饰"对话框，完成设置后单击"确定"按钮，CASS 自动按照对话框的设置为图形加上图框并以内图框为边界自动修剪掉内图框外的所有内容。图 8-42 为一幅经过编辑和整饰好的数字地形图。

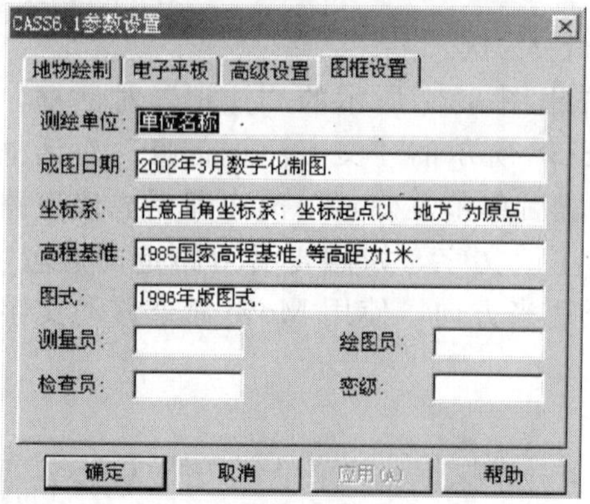

图 8-40 "CASS6.0 参数设置"中的"图框设置"

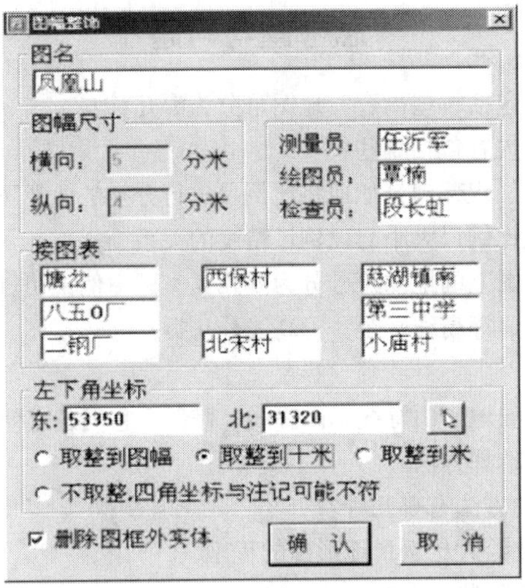

图 8-41 "图幅整饰"对话框

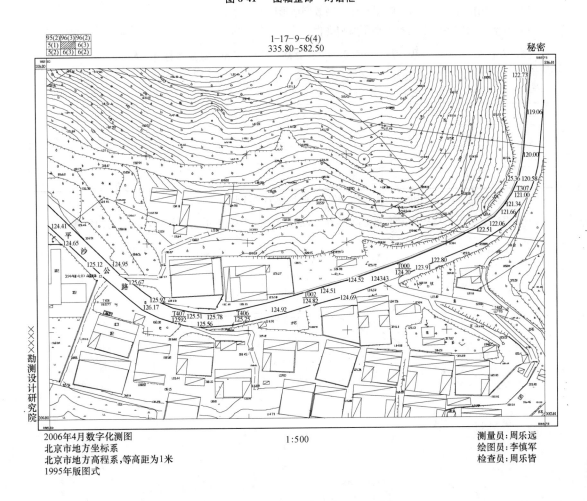

图 8-42 一幅经过编辑和整饰好的数字地形图

思考题与习题

1. 什么是地图？地图主要包括哪些内容？地图可分为哪几种？
2. 何谓地形图？地形图的内容包括哪些？
3. 什么是地形图比例尺？工程部门是如何将比例尺进行分类的？我国现行基本比例尺包括哪几种？
4. 何谓比例尺精度？简述比例尺大小与比例尺精度的关系。
5. 何谓地物和地貌？地形图上的地物符号分为哪几类？试举例说明。
6. 什么是等高线、等高距、等高线平距？等高线分几类？
7. 简述等高线的特性。
8. 试用等高线绘出山头、洼地、山脊线、山谷线、鞍部，它们各有何特征？
9. 简述地物地貌特征点的选择方法。
10. 测定碎部点平面位置的方法有哪几种？
11. 简述用经纬仪测绘法测绘大比例尺地形图的程序。
12. 什么是数字测图？它有哪些优点？
13. 简述用草图法数字测记模式进行野外数据采集的程序。
14. 简述用南方 CASS 数字测图软件绘制数字地形图的程序。
15. 计算下表中各碎部点的水平距离和高程。

测站点：A 测站高程：$H_A=94.05$m   仪器高：$i=1.37$m   竖盘指标差：$x=0$

点号	尺间隔 (m)	中丝读数 (m)	竖盘读数 (°′)	竖直角 (°′)	初算高差 (m)	高差 (m)	水平距离 (m)	高程 (m)
1	0.647	1.53	84 17					
2	0.772	1.37	81 52					
3	0.396	2.37	93 55					
4	0.827	2.07	80 17					

注：盘左视线水平时竖盘读数为 $90°$，视线向上倾斜时竖盘读数减少。

16. 根据下图中的高程注记绘制等高距为1m的等高线，图中实线为山脊线，虚线为山谷线。

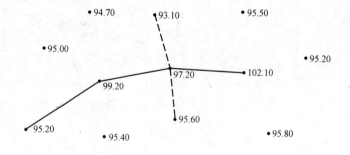

第九章　地形图应用

地形图包含着丰富的自然地理和社会经济信息，它是工程勘测、规划、设计、施工和营运各阶段中的重要资料和依据，正确应用地形图是工程技术人员必备的基本技能之一。地形图广泛应用于各项经济建设和国防建设之中，在工程设计、城乡规划、资源勘查、土地开发、环境保护、河道治理和矿藏开采等工作中，是必备的基础性资料。

地形图应用的内容包括：在地形图上，确定点的坐标与高程、点与点之间的距离、高差及坡度；确定直线的方位、两直线间的夹角；勾绘集水线和分水线，标绘洪水线和淹没线；绘制断面图等；计算指定范围的面积和体积，由此确定房屋与土地面积、土石方量、蓄水量、矿产量等；在地形图上了解某区域地物、地貌的分布及社会经济状况等。

第一节　地形图的识读

为了正确使用地形图，必须能正确识读地形图。地形图是用各种规定的符号和注记表示地物、地貌及其他有关信息的。通过对地形图上这些符号和注记的识读，地形图所对应的实地立体模型便会展现在人们面前，进而判断其相互关系和自然形态，这就是地形图识读的主要目的。

一、地形图的图廓及图廓外注记

地形图图廓外注记的内容包括：图名、图号、接图表、比例尺、坐标系、图式版本、等高距、测图日期与测图方法、测绘单位、图廓线、坐标格网、三北方向线和坡度尺等。如图 9-1 所示。

1. 图名、图号和接图表

为了方便地形图的保存和使用，每幅地形图都有图名和图号。图名是指本幅图的名称，一般以本图幅内最重要的地名、主要单位名称来命名，注记在北图廓上方的中央。图号，即图的分幅编号，一般根据统一分幅规则编号，注在图名下方。

在图的北图廓左上方绘有接图表。中间画有斜线的一格代表本图幅，四邻分别注明相应的图名（或图号）。接图表的作用是在用图时便于查找相邻图幅。

2. 比例尺

如图 9-1 所示，在每幅图南图框外的中央均注有数字比例尺，小比例尺图上在数字比例尺下方还绘有图示比例尺。

3. 经纬度与坐标格网

图 9-1 是梯形分幅。梯形图幅的图廓是由上、下两条纬线和左、右两条经线所构成，内图廓呈梯形。本图幅位于东经 113°03′45″～113°07′30″、北纬 22°37′30″～22°40′00″所包

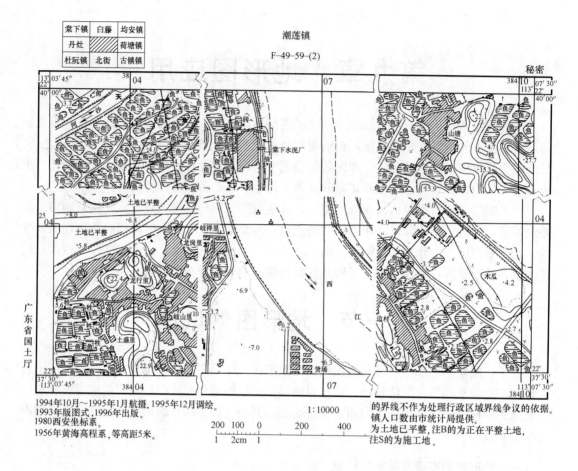

图 9-1　1∶10000 地形图示例

括的范围。

图 9-1 中的方格网为平面直角坐标格网，以所选定的平面直角坐标系为准，沿 X、Y 方向按一定间隔绘制的正方形格网，并注有公里数，故也称为公里格网。

图 9-1 的第一条坐标纵线 Y 为 38404km，其中的 38 为高斯投影 3°带的带号，其横坐标实值应为 404km－500km＝－96km，即位于 38 号带中央子午线以西 96km 处。图中第一条坐标横线 X 为 2504km，则表示该处位于赤道以北 2504km。

由经纬线可以确定图中任一点的地理坐标和任一直线的真方位角，由公里格网可以确定图中任一点的高斯平面直角坐标和任一直线的坐标方位角。

4. 三北关系图

三北方向是指真子午线北方向、磁子午线北方向和高斯平面直角坐标系的纵轴方向。三北关系图一般绘制在中、小比例尺图的东图廓线外。如图 9-2 所示，该图幅的磁偏角为 －2°16′；子午线收敛角为－0°21′；根据三北关系图，可对图上任一方向的真方位角、磁方位角和坐标方位角进行相互换算。

5. 坡度尺

一般在中、小比例尺图的东图廓线外都绘有坡度尺，其是用来在地形图上量测地面坡度和倾角的图解工具，如图 9-3 所示。坡度尺是按下式制成的：

$$i = \tan\alpha = \frac{h}{dM} \tag{9-1}$$

式中，i 为地面坡度，α 为地面倾角，h 为等高距，d 为相邻等高线平距，M 为比例尺分母。

图 9-2　三北关系图

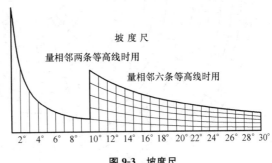

图 9-3　坡度尺

用分规量出图上相邻等高线的平距 d 后，在坡度尺上使分规的两针尖下面对准底线，上面对准曲线，即可在坡度尺上读出地面倾角。

6. 测图时间与测图方法

测图时间与测图方法注记在南图廓左下方，可根据测图时间与测图方法判断地形图的现势性和成图方式。

7. 平面坐标系和高程系统

地形图采用的平面坐标系和高程系统注记在南图廓外的左下方。通常采用国家统一的高斯平面坐标系，如"1954 年北京坐标系"或"1980 年国家大地坐标系"。城市地形图一般采用以通过城市中心的某一子午线为中央子午线的任意带高斯平面坐标系，称为城市地方坐标系。当工程建设范围较小时，也可采用将测区看作平面的假定平面直角坐标系。

高程系统一般采用"1956 年黄海高程系"或"1985 国家高程基准"。但也有一些地方高程系统，如上海及其邻近地区即采用"吴淞高程系"，广东地区有采用"珠江高程系"等。各高程系统之间只需加减一个常数即可进行换算。

二、地形图的分幅与编号

为了便于地形图的保管、使用和检索，对每幅地形图都要进行编号。如同图书馆对每册图书都要编图书号一样。

地形图的分幅方法有两种，一种是按经度、纬度划分的梯形分幅法，用于国家基本图的分幅；一种是按坐标格网划分的正方形或矩形分幅法，用于工程建设中的大比例尺地形图的分幅。

1. 梯形分幅法与编号

梯形分幅法由国际统一规定的经线为图幅的东西边界，统一的纬线为图幅的南北边界。由于子午线收敛于南、北两极，所以整个图幅呈梯形而得名。

(1) 1∶100 万地形图的分幅和编号

如图 9-4 所示，国际上统一的 1∶100 万比例尺图的分幅是自赤道起向南北至纬度 88°

按纬差4°为一横行，各行依次用A，B，C，……，V表示；自经度180°起自西向东按经差6°为一纵列，各列依次用数字1，2，3，……，60表示，每一幅图的编号由其所在的横行字母与纵列数字组成，其编号格式为"行号—列号"。如某地的地理坐标为：东经122°28′25″、北纬39°54′30″，则其所在的1∶100万比例尺图的图幅编号为J—51。

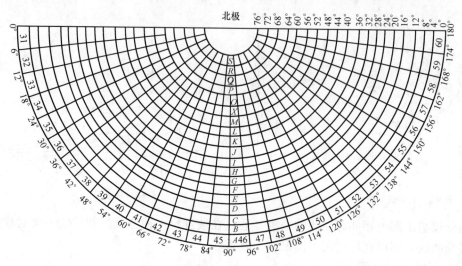

图9-4　1∶1000000地图的国际分幅与编号

（2）1∶50万、1∶25万、1∶10万地形图的分幅与编号

将每一幅1∶100万地形图分为2行2列，共4幅1∶50万地形图，分别用A、B、C、D表示。将每一幅1∶100万地形图分为4行4列，共16幅1∶25万地形图，分别用[1]，[2]，……，[16]表示。将每一幅1∶100万地形图分为12行12列，共144幅1∶10万地形图，分别用1，2，3，……，144表示。

某地地理坐标为东经122°28′25″、北纬39°54′30″的点所在的1∶50万、1∶25万、1∶10万比例尺图的图幅编号如图9-5所示。

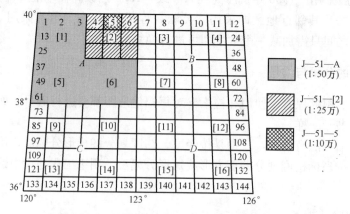

图9-5　1∶50万、1∶25万、1∶10万地形图的编号

（3）1∶5万、1∶2.5万、1∶1万地形图的分幅与编号

将每幅1∶10万地形图划分为4幅1∶5万地形图，分别用A、B、C、D表示。将每幅1∶5万地形图划分为4幅1∶2.5万地形图，分别用数字1、2、3、4表示。将每幅

1：10 万地形图划分为 8 行、8 列，共 64 幅 1：1 万地形图，分别用（1）、（2）、（3）、……、（64）表示。

某地地理坐标为东经 122°28′25″、北纬 39°54′30″的点所在的 1：5 万、1：2.5 万、1：1 万地形图的图幅编号如图 9-6 所示。

（4）1：5000 地形图的分幅与编号

将每幅 1：1 万地形图分成 4 幅 1：5000 地形图，其编号是在 1：1 万地形图的图号后分别加上代号 a、b、c、d。如图 9-7 所示，某地地理坐标为东经 122°28′25″、北纬 39°54′30″的点所在的 1：5000 地形图的图幅编号为 J—51—5—(24)—b。

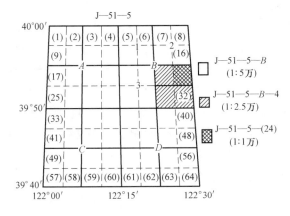
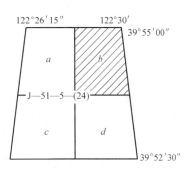

图 9-6 1：5 万、1：2.5 万、1：1 万地形图的编号

图 9-7 1：5000 地形图的编号

2. 我国现行国家基本比例尺地形图的分幅与编号

1992 年国家标准局发布了新的《国家基本比例尺地形图分幅和编号》GB/T 13989—92 国家标准，新标准仍以国际 1：100 万比例尺地图分幅和编号为基础，它们的编号由其所在的行号（字符码）与列号（数字码）组合而成，如上述北京某地所在的 1：100 万地形图的编号为 J51。1：500000 至 1：5000 地形图的编号均以 1：100 万比例尺地形图为基础，采用行列编号方法，由其所在 1：100 万比例尺地形图的图号、比例尺代码和图幅的行列号共十位码组成，如图 9-8 所示。基本比例尺代码见表 9-1。国家基本比例尺地形图的分幅关系见表 9-2。

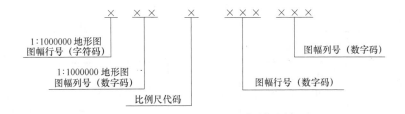

图 9-8 1：50 万～1：5000 地形图的编号构成

基本比例尺代码   表 9-1

比例尺	1：50 万	1：25 万	1：10 万	1：5 万	1：2.5 万	1：1 万	1：5000
代码	B	C	D	E	F	G	H

国家基本比例尺地形图的分幅关系　　　　　　　　　　表 9-2

比例尺		1:100万	1:50万	1:25万	1:10万	1:5万	1:2.5万	1:1万	1:5000
图幅范围	经差	6°	3°	1°30′	30′	15′	7′3″	3′45″	1′52.5″
	纬差	4°	2°	1°	20′	10′	5′	2′30″	1′15″
行列数量关系	行数	1	2	4	12	24	48	96	192
	列数	1	2	4	12	24	48	96	192
图幅数量关系		1	4	16	144	576	2304	9216	36864
			1	4	36	144	576	2304	9216
				1	9	36	144	576	2304
					1	4	16	64	256
						1	4	16	64
							1	4	16
								1	4

3. 矩形分幅与编号

《1:500，1:1000，1:2000 地形图图式》规定：1:500、1:1000、1:2000 比例尺地形图一般采用 50cm×50cm 正方形分幅或 50cm×40cm 矩形分幅。矩形分幅的编号方法有以下四种。

(1) 按图廓西南角坐标编号

采用图廓西南角坐标公里数编号，x 坐标在前，y 坐标在后，中间用短线连接。图号的小数 1:5000 取至 km 数；1:2000、1:1000 取至 0.1km；1:500 取至 0.01km。如图 9-9 (c) 所示。

(2) 按流水号编号

测区内统一划分的各图幅按从左到右、从上到下的顺序用阿拉伯数字顺序编号，如图 9-9 (a) 所示。

(3) 按行列号编号

将测区内图幅按行和列分别单独排出序号，再以图幅所在的行和列序号作为该图幅号，如图 9-9 (b) 所示。

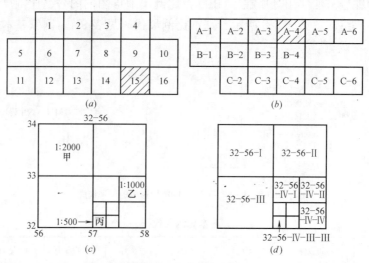

图 9-9 矩形分幅与编号

(a) 按流水编号；(b) 按行列编号；(c) 按西南角坐标编号；(d) 加支号编号

(4) 以 1∶5000 地形图为基础进行编号

1∶5000 地形图采用图廓西南角坐标公里数编号，将每幅 1∶5000 地形图划分为四幅 1∶2000 地形图，每幅 1∶2000 地形图的编号分别在 1∶5000 地形图编号的基础上加支号甲、乙、丙、丁或Ⅰ、Ⅱ、Ⅲ、Ⅳ，如图 9-9 (c)(d) 所示。将每幅 1∶2000 地形图划分为四幅 1∶1000 地形图，将每幅 1∶1000 地形图划分为四幅 1∶500 地形图，编号方法都是上一级地形图编号的基础上加括号甲、乙、丙、丁或Ⅰ、Ⅱ、Ⅲ、Ⅳ。

三、地物与地貌的识读

为了正确使用地形图必须熟悉地形图图式，熟悉一些常用的地物和地貌符号，了解图上文字注记和数字注记的确切含义。

地形图上的地物、地貌是用不同的地物符号和地貌符号表示的。比例尺不同，地物、地貌的取舍标准也不同。要正确识别地物、地貌，用图前应先熟悉测图所用的地形图图式、规范和测图日期。

(1) 地物的识读

识读地物的目的是了解地物的种类、位置、大小和分布情况。按先主后次的程序，并顾及取舍的内容与标准进行判读。先识别大的居民点、主要道路和用图需要的地物，然后再识别小的居民点、次要道路、植被和其他地物。通过分析，就会对主、次地物的分布情况，主要地物的位置和大小形成较全面的了解。

(2) 地貌的识读

识读地貌的目的是了解各种地貌的分布和地面的高低起伏状况。主要根据基本地貌的等高线特征和特殊地貌（如陡崖、冲沟等）符号进行识别。山区坡陡，地貌形态复杂，尤其是山脊和山谷等高线犬牙交错，不易识别。这时可先根据水系的江河、溪流找出山谷、山脊，无河流时，可根据相邻山头找出山脊。再按照两山谷间必有一山脊、两山脊间必有一山谷的地貌特征，识别山脊、山谷地貌的分布情况。再结合特殊地貌符号和等高线的疏密进行分析，就可以较清楚地了解地貌的分布和高低起伏状况。最后将地物、地貌综合在一起，整幅地形图就像三维模型一样展现在眼前。同时，通过对居民地、交通网、各种管线等重要地物的判读，可以了解该地区的社会经济发展情况。

第二节　地形图的基本应用

一、一点坐标的量测

图 9-10 为一幅 1∶1000 地形图，欲从图上求 A 点的坐标，可先通过 A 点作坐标格网的平行线 mn，pq，在图上量出 mA 和 pA 的长度，分别乘以地形图比例尺的分母 M 即得实地水平距离，则 A 点的坐标可按下式计算：

$$\left. \begin{array}{l} x_A = x_0 + \overline{mA} \times M \\ y_A = y_0 + \overline{pA} \times M \end{array} \right\} \tag{9-2}$$

式中，x_0、y_0 为 A 点所在方格西南角点的坐标，在图 9-10 中，$x_0 = 2517100\text{m}$，$y_0 = 38457200\text{m}$。

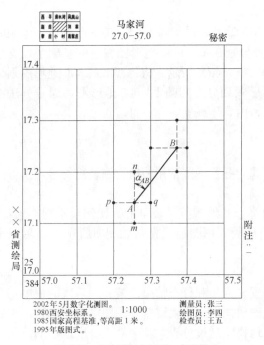

图 9-10 从地形图上量测一点坐标

为检核量测结果，并消减图纸伸缩的影响，还需要量出 An 和 Aq 的长度，若 $mA+An$ 和 $pA+Aq$ 不等于坐标格网的理论长度 l（一般为 10cm），则 A 点的坐标应按下式计算：

$$\left.\begin{array}{l}x_A=x_0+\dfrac{l}{\overline{mA}+\overline{An}}\overline{mA}\times M\\[2mm] y_A=y_0+\dfrac{l}{\overline{pA}+\overline{Aq}}\overline{pA}\times M\end{array}\right\} \quad (9-3)$$

二、两点间水平距离的量测

若要确定图上 A、B 两点间的水平距离 D_{AB}，可以用图上量取的 AB 长度乘以地形图比例尺分母计算 A、B 两点间的实地水平距离。也可以根据已经量得的 A、B 两点的平面坐标 X_A、Y_A 和 X_B、Y_B 按下式计算：

$$D_{AB}=\sqrt{(x_B-x_A)^2+(y_B-y_A)^2} \quad (9-4)$$

三、直线坐标方位角的量测

如图 9-10 所示，若要确定直线 AB 的坐标方位角 α_{AB}，可用量角器直接量取 An 与 AB 的夹角；也可根据已经量得的 A、B 两点的平面坐标用下式先计算出象限角 R_{AB}：

$$R_{AB}=\arctan\left(\dfrac{y_B-y_A}{x_B-x_A}\right) \quad (9-5)$$

然后，根据 ΔX、ΔY 的正负号判断直线所在的象限，计算其坐标方位角。

四、一点高程与两点间坡度的量测

如果所求点刚好位于某条等高线上，则该点的高程就等于该等高线的高程，否则需要采用比例内插的方法确定。如图 9-11 所示，图中 A 点的高程为 53m，E 点的高程为 54m，而 F 点位于 53m 和 54m 两条等高线之间，可过 F 点作一大致与两根等高线垂直的直线，交两根等高线于 m、n 点，从图上量得距离 $mn=d$，$mF=d_1$，设等高距为 h，则 F 点的高程为：

$$H_F=H_m+h\dfrac{d_1}{d} \quad (9-6)$$

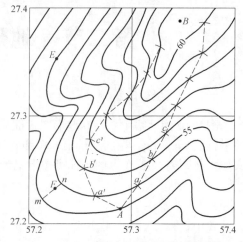

图 9-11 在图上量测点的高程及选定设计线路

欲求 p、q 两点之间的地面坡度，可先求出两点高程，然后求出高差 h_{pq}，以及地面两点水平距离 D_{pq}，再按下式计算 p、q 两点之间的地面坡度：

$$i = \frac{h_{pq}}{D_{pq}} \tag{9-7}$$

也可以利用地形图上的坡度尺量测坡度。

五、在图上按设计坡度选线

在山地或丘陵地区进行道路、管线等工程设计时，往往需要在不超过某一设计坡度的条件下选定一条最短路线。如图 9-11 所示，需要从山坡上低处 A 点到高处 B 点选定一条路线，要求坡度限制为 i。设等高距为 h，等高线平距为 d，地形图的比例尺为 $1:M$，根据坡度的定义可得：

$$d = \frac{h}{iM} \tag{9-8}$$

将 $h=1m$，$M=1000$，$i=3.3\%$ 代入式（9-8）求出 $d=0.03m$。在图 9-11 中，以 A 点为圆心，以 3cm 为半径，用两脚规在图上截交 54m 等高线得到 a，a' 点；再分别以 a，a' 为圆心，用两脚规截交 55m 等高线，分别得到 b，b' 点，依次进行，直至 B 点，连接 $A—a—b—\cdots—B$ 和 $A—a'—b'—\cdots—B$ 得到的两条路线均为满足设计坡度 $i=3.3\%$ 的路线，可以综合各种因素选取其中的一条最佳路线。

第三节　图形面积的量算

在规划设计中，常需要从地形图上量算一些封闭图形或一定范围的面积。图上面积的量算方法有图解法（包括几何图形法、透明方格纸法、平行线法）、解析法、CAD 法和求积仪法。

一、图解法

如果建设场地的边界是折线多边形（图 9-12a），则将多边形分成若干个三角形或梯形，利用三角形或梯形面积计算公式计算出各小图形面积，其总和即为多边形面积。

如果建设场地的边界为闭合曲线，则先在透明胶片上绘制方格网，再将方格网盖在地形图上（图 9-12b），数出图形内完整方格数并估算非整方格的面积相当于多少个整方格（凑整），根据比例尺确定每个方格所代表的面积，即可算出整个图形的面积。

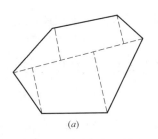
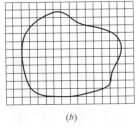
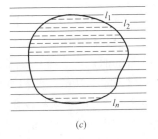

图 9-12　图解法量算面积

透明方格网法的缺点是边缘方格拼整太多。为解决这个问题，可采用平行线法计算图形面积。将事先绘制好的一组间隔为 d 的平行线的透明胶片覆盖在图形上（图9-12c），将图形分成若干个近似小梯形，量出各小梯形的中线长 l_1、l_2、……、l_n，各小梯形的高为 d，则图形面积为：

$$S = l_1 d + l_2 d + \cdots\cdots + l_n d = d \sum_{i=1}^{n} l_i \tag{9-9}$$

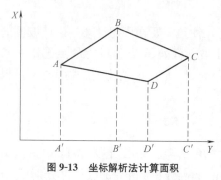

图 9-13　坐标解析法计算面积

二、坐标解析法

如果建设场地的边界是任意多边形，而且多边形各顶点的坐标已知（可在图上量出或实地测量），则可用坐标解析法计算其面积。

设建设场地边界为 ABCD（图9-13），各点坐标分别为 $A(X_A, Y_A)$、$B(X_B, Y_B)$、$C(X_C, Y_C)$ 和 $D(X_D, Y_D)$，则多边形 ABCD 的面积可视为若干梯形的代数和。

$$\begin{aligned}
S_{ABCD} &= S_{ABB'A'} + S_{BCC'B'} - S_{DCC'D'} - S_{ADD'A'} \\
&= \tfrac{1}{2}(x_A+x_B)(y_B-y_A) + \tfrac{1}{2}(x_B+x_C)(y_C-y_B) - \\
&\quad \tfrac{1}{2}(x_C+x_D)(y_C-y_D) - \tfrac{1}{2}(x_D+x_A)(y_D-y_A) \\
&= \tfrac{1}{2}[y_A(x_D-x_B) + y_B(x_A-x_C) + y_C(x_B-x_D) + y_D(x_C-x_A)]
\end{aligned}$$

整理后推至 n 边得：

$$S = \frac{1}{2} \sum_{i=1}^{n} y_i (x_{i-1} - x_{i+1}) \tag{9-10}$$

或

$$S = \frac{1}{2} \sum_{i=1}^{n} x_i (y_{i+1} - y_{i-1}) \tag{9-11}$$

三、求积仪法

求积仪是专门供图上量算面积的仪器，其优点是操作简便、速度快，适用于任意曲线图形的面积量算，并能保证一定的精度。求积仪有机械求积仪和电子求积仪两种，下面只介绍电子求积仪的操作方法。

图 9-14 所示为日本 KOIZUMI（小泉）公司生产的 KP—90N 电子求积仪，仪器是在机械装置动极、动极轴、跟踪臂等的基础上，增加了电子脉冲记数设备和微处理器，能自动显示测量的面积，具有面积分块测定后相加、相减和多次测定取平均值，面积单位换算，比例尺设定等功能。面积测量的相对误差为 1/1000。

1. KP—90N 电子求积仪操作面板

如图 9-15 所示，仪器面板上设有 22 个键和一个显示窗，其中显示窗上部为状态区，用来显示电池、存储器、比例尺、暂停及面积单位，下部为数据区，用来显示量算结果和

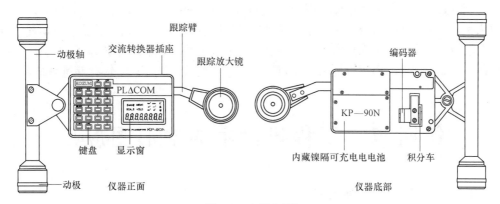

图 9-14 电子求积仪

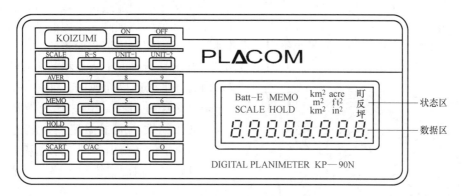

图 9-15 KP—90N 电子求积仪的面板

输入值。

2. 用电子求积仪量测面积的操作方法

图 9-16 为一圆环，其中外圆的半径为 3cm，其面积的理论值为 28.27cm²，内圆的半径为 1.5cm，其面积的理论值为了 7.07cm²，圆环的面积为外圆面积减去内圆面积，理论值为 21.2cm²。使用 KP—90N 量算圆环面积的操作步骤如下：

1) 用削尖的铅笔在两个圆环上分别标记出面积量算的起始位置 p，q 两点；

2) 使用"SCALE"键将纵、横向比例尺均设置为 1；

3) 使用"UNIT-1"和"UNIT-2"键将面积单位设置为 cm²；

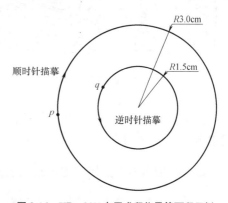

图 9-16 KP—90N 电子求积仪量算面积示例

4) 将跟踪放大镜的中心对准外圆标记点 p，按"START"键，数据区左边显示数字"1"，右边显示数字"0"；按"START"键，启动测量，移动跟踪放大镜的中心顺时针描摹外圆一周，此时，量算出的面积为正值，数据区右边显示的数字将逐渐增加，描摹返回起始点 p 时，数据区右边显示外圆面积量算结果，如为 28.2，按"HOLD"键暂停测量；

177

5）将跟踪放大镜的中心对准内圆标记点 q，按"HOLD"键重新开始测量，移动跟踪放大镜的中心逆时针描摹内圆一周，此时，量算出的面积为负值，数据区右边显示数值为前面已经量算出的外圆面积值减去当前已经量算出的内圆面积值，描摹返回起始点 q 时，数据区右边显示圆环的面积量算结果，如为 21.4。最后按"MEMO"键存储量算结果。

第四节　工程建设中的地形图应用

一、利用地形图确定汇水面积

当设计的道路或渠道要跨越河流或山谷时，为了排水必须建造桥梁或涵洞；兴修水库必须筑坝拦水。而桥梁、涵洞孔径的大小，水坝的设计位置与坝高，水库的蓄水量等，都要根据汇集于这个地区的水流量来确定。汇集水流量的面积称为汇水面积。

由于雨水是沿山脊线（分水线）向山坡两侧分流的，所以，汇水面积的边界线是由一系列的分水线连接而成的。如图 9-17 所示，一条公路经过山谷，拟在 P 处架桥或修涵洞，其孔径大小应根据流经该处的水量决定，而流水量又与山谷的汇水面积有关。由图可以看出，由山脊线和公路所围成的封闭区域 A—B—C—D—E—F—G—H—I—A 的面积，就是这个山谷的汇水面积。用前述方法量算出该封闭区域的面积，再结合当地的气象水文资料，便可进一步确定流经公路 P 处的水量，从而为桥梁或涵洞的孔径设计提供依据。

图 9-17　确定汇水面积边界

确定汇水面积的边界线时，应注意以下几点：

① 边界线（除公路 AB 段外）应与山脊线一致，且与等高线垂直；

② 边界线是经过一系列的山脊线、山头和鞍部的曲线，并在河谷的指定断面（公路或水坝的中心线）闭合。

二、在地形图上按指定方向绘制纵断面图

在进行道路、隧道、管线等工程设计时，通常需要了解两点之间的地面起伏情况，这时，可根据地形图的等高线来绘制断面图。

如图 9-18（a）所示，在地形图上作 A，B 两点的连线，与各等高线交点的高程即为交点处等高线的高程，而各交点的平距可在图上用比例尺量得。

在毫米方格纸上画出两条相互垂直的轴线，以横轴 AB 表示平距，以垂直于横轴的纵轴表示高程，在地形图上量取 A 点至各交点及地形特征点的平距，并将其分别转绘在横

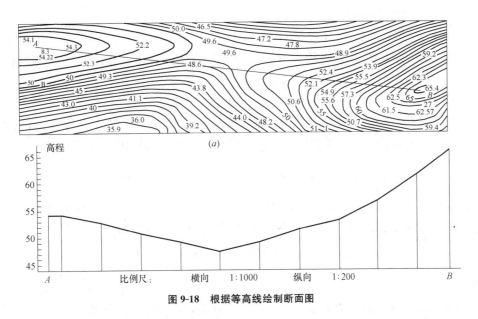

图 9-18 根据等高线绘制断面图

轴上,以相应的高程作为纵坐标,得到各交点在断面上的位置。连接这些点,即得到 AB 方向的断面图。

为了更明显地表示地面的高低起伏情况,断面图上的高程比例尺一般比平距比例尺大 5~20 倍。

三、土地平整时的土方量计算

土地平整时的土方量计算方法有方格法、等高线法和断面法。这里只介绍用方格法将场地平整为水平场地的情况。

如图 9-19 所示为某场地的地形图,假设要求将原地貌按照填挖平衡的原则改造成水平面,土方量的计算步骤如下:

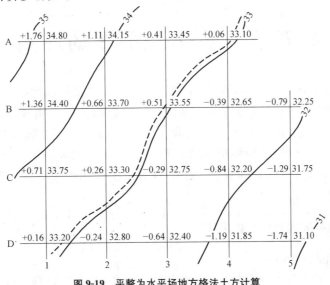

图 9-19 平整为水平场地方格法土方计算

1. 在地形图上绘制方格网

方格网大小取决于地形的复杂程度、地形图比例尺的大小和土方计算的精度要求,方格边长一般为图上 2cm。各方格顶点的高程用线性内插法求出,并注记在相应顶点的右上方。

2. 计算填挖平衡的设计高程

先将每一方格顶点的高程相加除 4,得到各方格的平均高程 H_i,再将各方格的平均高程相加除以方格总数 n,就得到填挖平衡的设计高程 H_0,其计算公式为

$$H_0 = \frac{1}{n}(H_1 + H_2 + \cdots + H_n) = \frac{1}{n}\sum_{i=1}^{n} H_i \tag{9-12}$$

在计算中,方格网角点的高程只用了一次,边点的高程用了两次,拐点的高程用了三次,中点的高程用了四次,因此,设计高程 H_0 的计算公式可以简化为

$$H_0 = \frac{\sum H_{\text{角}} + 2\sum H_{\text{边}} + 3\sum H_{\text{拐}} + 4\sum H_{\text{中}}}{4n} \tag{9-13}$$

将图 9-13 中各方格顶点的高程代入式(9-12),即可计算出设计高程为 33.04m。在图 9-13 中内插出 33.04m 的等高线(图中虚线)即为填挖平衡的边界线。

3. 计算填、挖高度

将各方格顶点的高程减去设计高程 H_0,即得其填、挖高度,其值注明在各方格顶点的左上方。

4. 计算挖、填土方量

分别计算各图形的挖方和填方

挖方量=图形各顶点挖深的平均数×图形面积

填方量=图形各顶点填高的平均数×图形面积

最后将所有的挖方量相加即得该土地平整的总挖方量,将所有的填方量相加即得该土地平整的总填方量。

第五节　数字地形图的应用

因地形图测绘的方法已基本采用数字测图技术,地形图的应用也主要是数字地形图的应用。因数字地形图的应用都是在计算机上利用应用软件来实现的,而不同软件的应用内容和方法也不尽相同。这里以较常用的南方 CASS 数字测图软件为例介绍数字地形图的应用。CASS 将地形图应用的内容都放在主菜单"工程应用"里(图 9-20)。其主要内容包括:基本几何要素的查询,土方计算,断面图的绘制,公路曲线设计,图数转换。

一、基本几何要素的查询与结果注记

1. 点的坐标查询与注记

用鼠标点取"工程应用"菜单下的"查询指定点坐标"。用鼠标点取所要查询的点即

可。如图 9-21 所示，用圆心捕捉图根点 D123，查询结果将会显示在命令行：

测量坐标：$X=31152.080\text{m}$，$Y=53151.080\text{m}$，$H=495.401\text{m}$。

如要在图上注记点的坐标，应执行屏幕菜单的"文字注记"命令，在弹出的"注记"对话框中双击坐标注记图标，鼠标点取指定注记点和注记位置后，CASS 自动标注该点的 X，Y 坐标。图 9-21 注记了图根点 D121 和 D123 点的坐标。

2．两点距离和方位角的查询

用鼠标点取"工程应用"菜单下的"查询两点距离及方位"。用鼠标分别点取所要查询的两点即可。也可以先进入点号定位方式，再输入两点的点号。如图 9-21 所示，分别用圆心捕捉 D121 点和 D123 点，查询结果将会显示在命令行：

两点间距离$=45.273\text{m}$，方位角$=201°46'57.39''$

3．查询线长

用鼠标点取"工程应用"菜单下的"查询线长"。命令行提示如下：

选择精度：(1) 0.1 米；(2) 1 米；(3) 0.01 米〈1〉选择所需精度

选择曲线：(点取图 9-21 中点 D121 至点 D123 点的直线)

完成响应后，CASS 弹出图 9-22 所示的提示框给出查询的线长值。

图 9-20 CASS"工程应用"下拉菜单

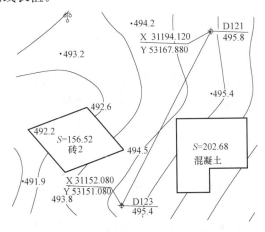

图 9-21 数字地形图应用实例

图 9-22 线长查询结果

4．查询实体面积

用鼠标点取"工程应用"菜单下的"查询实体面积"，用鼠标点取待查询的实体的边界线即可，注意实体必须是闭合线。

如图 9-21 所示，点取混凝土房屋轮廓线，在下面命令行将会显示查询结果：

实体面积为 202.683m^2

5. 计算指定范围的面积

执行"工程应用\计算指定范围的面积"命令。命令行提示如下：

1. 选目标/2. 选图层/3. 选指定图层的目标〈1〉

输入1：要求您用鼠标指定需计算面积的地物，可用窗选、点选等方式，计算结果注记在地物重心上，且用青色阴影线标示；

输入2：系统提示您输入图层名，结果把该图层的封闭复合线地物面积全部计算出来并注记在重心上，且用青色阴影线标示；

输入3：先选图层，再选择目标，特别采用窗选时系统自动过滤，只计算注记指定图层被选中的以复合线封闭的地物。

命令行提示：是否对统计区域加青色阴影线？〈Y〉　默认为"是"。

命令行提示：总面积＝×××××.××平方米

6. 统计指定区域的面积

该功能用来将上面注记在图上的面积累加起来。用鼠标点取"工程应用\统计指定区域的面积"。命令行提示：

面积统计 —可用：窗口（W.C)/多边形窗口（WP.CP)/... 等多种方式选择已计算过面积的区域

选择对象：选择面积文字注记：用鼠标拉一个窗口即可。

提示：总面积＝×××××.××平方米

7. 计算指定点围成的面积

执行下拉菜单"工程应用\指定点所围成的面积"命令，提示如下

输入点：

……

输入点：Enter

指定点所围成的面积＝×.×××m^2

8. 计算表面积

对于不规则地貌，其表面积很难通过常规的方法来计算，系统通过 DTM 建模，在三维空间内将高程点连接为带坡度的三角形，再通过每个三角形面积累加得到整个范围内不规则地貌的面积。

二、土方量的计算

CASS 设置有 DTM 法、断面法、方格网法、等高线法和区域土方量平衡法五种计算土方量的方法，如图 9-23 所示，这里只介绍 DTM 法。

DTM 法由 DTM 模型来计算土方量。根据实地测定的地面点坐标（X, Y, Z）和设计高程，通过生成三角网来计算每一个三棱锥的填挖方量，最后累计得到指定范围内填方和挖方的土方量，并绘出填挖方分界线。

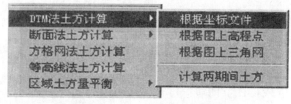

图 9-23　CASS 的土方计算菜单

DTM 法土方计算共有三种方法，一种是由坐标数据文件计算，一种是

依照图上高程点进行计算，第三种是依照图上的三角网进行计算。这里只介绍根据坐标文件计算土方量的步骤。

① 用复合线画出所要计算土方的区域，一定要闭合，但是尽量不要拟合。

② 用鼠标点取"工程应用\DTM法土方计算\根据坐标文件"。

提示：选择边界线

③ 用鼠标点取所画的闭合复合线弹出如图 9-24 土方计算参数设置对话框。

区域面积：该值为复合线围成的多边形的水平投影面积。

平场标高：指设计要达到的目标高程。

边界采样间隔：边界插值间隔的设定，默认值为 20m。

图 9-24　DTM 法土方计算参数设置

边坡设置：选中处理边坡复选框后，则坡度设置功能变为可选，选中放坡的方式（向上或向下：指平场高程相对于实际地面高程的高低，平场高程高于地面高程则设置为向下放坡）。然后输入坡度值。

④ 设置好计算参数后屏幕上显示填挖方的提示框，命令行显示：

挖方量＝××××立方米，填方量＝××××立方米

同时图上绘出所分析的三角网、填挖方的分界线（白色线条）。

⑤ 关闭对话框后系统提示：

请指定表格左下角位置：〈直接回车不绘表格〉用鼠标在图上适当位置点击，CASS 会在该处绘出一个表格，包含平场面积、最大高程、最小高程、平场标高、填方量、挖方量和图形。如图 9-25 所示。

三、断面图的绘制

CASS 提供的绘制断面图的方法有四种，①由图面生成，②根据里程文件生成，③根据等高线生成，④根据三角网生成。

1. 由坐标文件生成

先用复合线生成断面线，点取"工程应用＼绘断面图＼根据已知坐标"功能。

提示：选择断面线　用鼠标点取上步所绘断面线。屏幕上弹出"断面线上取值"的对话框，如图 9-26 所示。在"坐标获取方式"栏中选择"由数据文件生成"，在"坐标数据文件名"栏中选择带高程点的坐标数据文件。

输入采样点间距：系统的默认值为 20 米。采样点的间距的含义是复合线上两顶点之间若大于此间距，则每隔此间距内插一个点。

输入起始里程〈0.0〉　系统默认起始里程为 0＋000。

点击"确定"之后，屏幕弹出绘制纵断面图对话框，如图 9-27 所示。

输入相关参数：

横向比例为 1：〈500〉　输入横向比例，系统的默认值为 1：500。

三角网法土石方计算

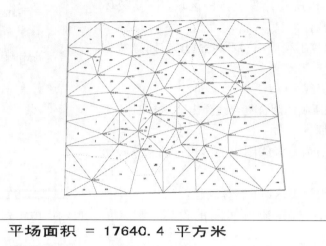

图 9-25　DTM 法土方计算结果

图 9-26　断面线上取值对话框

图 9-27　绘制纵断面图对话框

纵向比例为 1：〈100〉　输入纵向比例，系统的默认值为 1：100。

断面图位置：可以手工输入，亦可在图面上拾取。

可以选择是否绘制平面图、标尺、标注；还有一些关于注记的设置。点击"确定"之后，在屏幕上出现所选断面线的断面图。如图 9-28 所示。

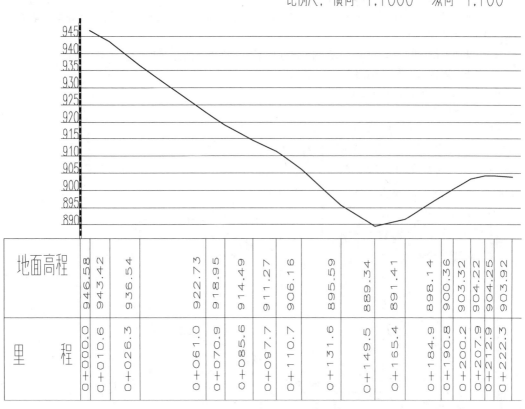

图 9-28 用 CASS 绘制的纵断面图

2. 根据里程文件

一个里程文件可包含多个断面的信息，此时绘断面图就可一次绘出多个断面。里程文件的一个断面信息内允许有该断面不同时期的断面数据，这样绘制这个断面时就可以同时绘出实际断面线和设计断面线。

3. 根据等高线

如果图面存在等高线，则可以根据断面线与等高线的交点来绘制纵断面图。

选择"工程应用\绘断面图\根据等高线"命令，命令行提示：

请选取断面线：选择要绘制断面图的断面线；

屏幕弹出绘制纵断面图对话框，如图 9-27；操作方法同 1。

4. 根据三角网

如果图面存在三角网，则可以根据断面线与三角网的交点来绘制纵断面图。

选择"工程应用\绘断面图\根据三角网"命令，命令行提示：

请选取断面线：选择要绘制断面图的断面线；

屏幕弹出绘制纵断面图对话框，如图 9-27；操作方法同 1。

思考题与习题

1. 简述地形图图廓外注记的内容。
2. 简述小比例尺地形图分幅编号的方法。
3. 某地经度为117°16′10″，纬度为31°53′30″，试求该地所在1∶25000和1∶10000比例尺地形图的分幅编号。
4. 已知地形图图号为F49H030020试求该地形图西南图廓点的经度和纬度。
5. 简述大比例尺地形图分幅编号的方法。
6. 简述地物与地貌的识读方法。
7. 在下图中完成以下作业：
(1) 图解点A、B的坐标和高程。
(2) 图解AB直线的坐标方位角及水平距离。
(3) 绘制A、B两点间的断面图。

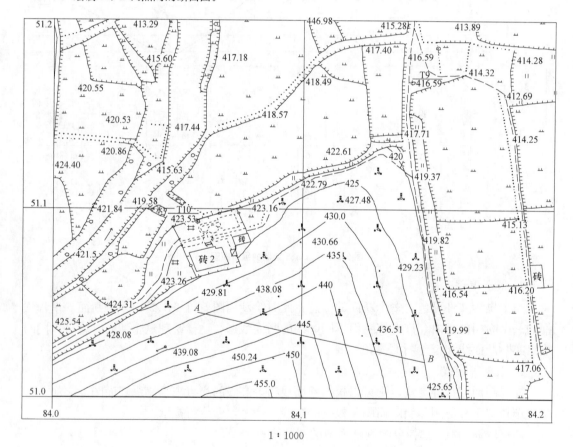

1∶1000

8. 简述数字地形图的应用内容，并与纸质地形图的应用进行比较。
9. 简述在地形图上量算图形面积的方法。
10. 已知一四边形地块各顶点A、B、C、D的坐标分别为（单位：m）：$X_A=200.50$，$Y_A=100.78$，$X_B=250.34$，$Y_B=210.52$，$X_C=180.25$，$Y_C=250.46$，$X_D=100.52$，$Y_D=132.78$。试计算其面积。
11. 简述土地平整时如何在地形图上量算土方量。
12. 何谓汇水面积？为什么要计算汇水面积？试在下图中水库大坝AB上方标绘汇水面积范围线。

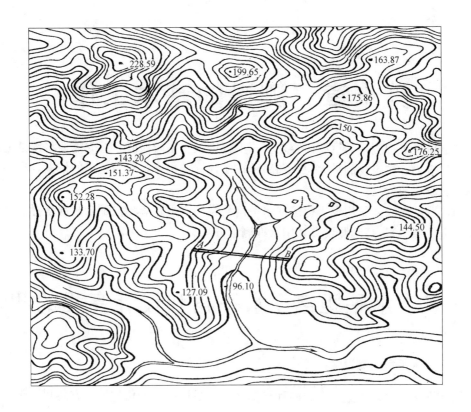

第十章 测设的基本工作

施工测量是工程测量的重要内容之一，工程进入施工阶段时，首先需要将图纸上设计好的各种建筑物、构筑物的平面位置和高程在实地标定出来，作为施工的依据，这一测量工作称为测设（放样）。

平面位置的测设多采用极坐标法（水平角测设与水平距离测设配合）或坐标法（全站仪或全球定位系统），高程测设多采用水准测量方法。

第一节 水平距离、水平角和设计高程的测设

一、已知水平角的测设

已知水平角测设是根据一个方向和已知水平角数据，将该角的另一方向测设于实地。

1. 一般方法

又称盘左盘右分中法。当测设精度要求不高时，使用该方法。如图10-1所示，地面上有已知方向 OA，需测设的角度为 β（设计值）。首先在 O 点安置经纬仪（对中、整平），盘左瞄准 A 点，读取水平度盘读数为 a_1，转动照准部使水平度盘读数为 $(a_1+\beta)$，在地上沿视准轴方向标定 B' 点。然后盘右位置再瞄准 A 点，读数为 a_2，转动照准部使读数为 $(a_2+\beta)$，在地上标定 B'' 点。如果 B' 和 B'' 不重合，则取 B' 与 B'' 的中点 B，并将该点标定至实地。为了检核，再用测回法测量 $\angle AOB$，若实测与 β 值之差符合要求，则 $\angle AOB$ 为测设的 β 角。

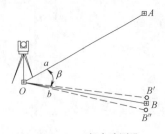

图10-1 一般方法测设

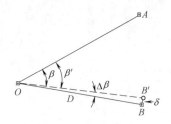

图10-2 归化法测设

2. 多测回修正法

当精度要求较高时可采用多测回修正法（又称归化法）测设。如图10-2所示，在 O 点安置经纬仪，首先用一个盘位测设 β' 角，得 B' 点。然后用测回法观测 $\angle AOB'$ 多个测回得 β'，再测量 OB' 距离为 D，便可计算 OB' 方向上 B' 点的垂距改正值 δ：

$$\delta = \frac{\beta - \beta'}{\rho} \cdot D$$

式中：$\rho = 180°/\pi = 206265''$；

使用小三角板，从 B' 点沿垂直于 OB' 方向量取 δ 就可将 B' 点修正至精确位置 B。点位改正时须注意改正的方向。

二、已知水平距离的测设

已知水平距离测设是从一个已知点开始，沿已知的方向，按拟定的直线长度确定另一端点的位置。

1. 一般方法

从已知起点 A 开始，沿给定的方向按已知长度 D，用钢尺直接丈量定出另一端点 B。为了检核，应往返丈量，取其平均值作为最终结果。

2. 精确方法

当测设精度要求较高时，可采用精确法。首先按一般方法放样；然后对所放样的距离进行三项改正（尺长改正、温度改正、倾斜改正）；进而可计算实际放样长度：

$$D_{放} = D - \Delta D_l - \Delta D_t - \Delta D_h$$

3. 归化法

该法属精确法的一种，如图 10-3 所示，欲测设长度 L，先从起点 A 开始沿给定的方向丈量稍大于已知距离的长度，得到 B' 点，临时固定之；然后沿 AB' 往返丈量多次，并进行三项改正，取其中数作为 AB' 的实测值 L'；将实测值 L' 与设计长度 L

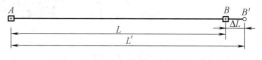

图 10-3　归化法示意

比较，即可求得距离改正数（归化值）$\Delta L = L' - L$；最后按照 ΔL 的符号，沿 AB' 的方向用三角板量出 ΔL，并标定之，得 B 点。

4. 全站仪测设水平距离

如图 10-4 所示，欲从 A 点沿给定的方向测设水平距离 D。将全站仪安置于 A 点，输入棱镜常数、气象参数等，并设置水平距离显示模式。

持镜人手持棱镜对中杆沿给定方向前进，当显示距离接近欲测设距离时（相差最好不超过 10cm），则将棱镜稳固地安置于 C' 点，并用木桩标定，再进行距离精测得 D'，然后在 C' 点用小钢尺或三角板改正距离 $\Delta D = D - D'$ 得 C 点，用木桩标定 C 点。为了检核可进行复测。

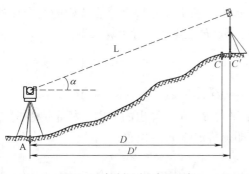

图 10-4　全站仪测设水平距离

三、已知高程点的测设

已知高程测设是根据已知水准点高程和待定点设计高程，利用水准测量或测距三角高程测量等方法，将设计高程在实地标定出来。

如图 10-5 所示，BM_A 为一已知水准点，其高程为 H_A。B 点为拟测设的高程

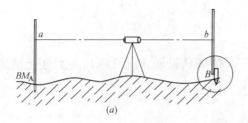
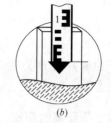

图 10-5　高程点测设

点，其设计高程为 H_B。

如图 10-5 （a）所示，首先在 AB 之间适当的位置安置水准仪，测得 A 点后视读数 a，则前视读数应为 $b=H_{BM_A}+a-H_B$。观测者指挥前尺司尺员上下移动水准尺，当前尺读数为 b 时，水准尺紧贴 B 点桩，以尺底为准在桩上划一横线，此线即为 B 点的设计标高线。为使用方便，一般沿标高线向下用红油漆绘一三角形（▼），如图 10-5 （b）。

也可以先根据水准测量方法测出 B 点木桩处的地面高程 H'_B，进而计算 B 点的高程改正值：$\delta h=H_B-H'_B$，根据高程改正值 δh，利用小钢尺在 B 点的木桩上标定出设计高程位置。

第二节　点的平面位置测设

设计图纸所表示的建筑物轮廓或特征点往往是以角点坐标的形式表达的，点位放样就是要在待建的场地上确定设计坐标相对应的位置，并用标桩表示出来。点的平面位置测设是根据现场的控制点和待定点之间的几何关系，利用测量仪器将该点测设于实地。根据控制网和现场情况不同，可采用极坐标法、全站仪坐标法、交会法等。

一、极坐标法

极坐标法点位放样是角度放样与距离放样的结合，通常由经纬仪配合钢尺或经纬仪配合测距仪来实施放样。如图 10-6 所示，设 A、B 为已知控制点，P 为待放样点，其设计坐标为已知，放样过程如下：

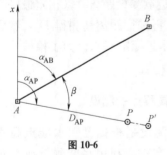

图 10-6

1. 计算放样数据

水平角 β 和水平距离 D_{AP} 是极坐标法放样的两个放样元素，可以由 A、B、P 三点的坐标反算求得：

$$\beta=\alpha_{AP}-\alpha_{AB}=\tan^{-1}\left(\frac{y_P-y_A}{x_P-x_A}\right)-\tan^{-1}\left(\frac{y_B-y_A}{x_B-x_A}\right)$$

$$D_{AP}=\sqrt{(x_P-x_A)^2+(y_P-y_A)^2}$$

2. 在 A 点安置经纬仪，后视 B 点，放样水平角 β，在放样出的方向上标定一临时点 P'；然后自 A 出发沿 AP' 方向放样距离 D_{AP}，即得待定点 P 的位置；

3. 将 P 点标定在实地；

4. 检核：重新测定 $\angle BAP$ 和 AP 间的水平距离，并与 β 和 D_{AP} 比较，确保其差值满足精度要求。

【例 10-1】 根据已知导线点 A、B，在地面放样设计点 P 的平面位置（如图 10-6 所示）。已知点 A、B 和设计点 P 的坐标如下：

$$A:\begin{cases} X_A=2048.600\text{m} \\ Y_A=2086.300\text{m} \end{cases} B:\begin{cases} X_B=2220.000\text{m} \\ Y_B=2100.000\text{m} \end{cases} P:\begin{cases} X_P=2110.500\text{m} \\ Y_P=2332.400\text{m} \end{cases}$$

试计算在测站 A，用"极坐标法"放样 P 点的数据 β 与 D。

【解】
$$\alpha_{AB}=\tan^{-1}\frac{Y_B-Y_A}{X_B-X_A}=4°34'12''$$

$$\alpha_{AP}=\tan^{-1}\frac{Y_P-Y_A}{X_P-X_A}=75°52'54''$$

$$\beta=\alpha_{AP}-\alpha_{AB}=71°18'42''$$

$$D_{AP}=\sqrt{(X_P-X_A)^2+(Y_P-Y_A)^2}=253.765\text{m}$$

二、直角坐标法

工业与民用建筑施工场地的施工控制网，多布设成建筑方格网或建筑基线，这种控制网的特点是坐标轴平行于建筑物的主轴线，此时采用直角坐标法放样点位，不仅简洁而且方便，其原理与放样过程如下。

如图 10-7 所示，A、O、B 为施工控制点，其坐标可从控制点成果表中得到；互相垂直的轴线 OA 和 OB 为建筑基线；C、D、E、F 为拟建建筑物的四个角点，其坐标由设计提供。

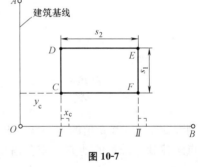

图 10-7

1. 放样数据准备

直角坐标法的放样数据为坐标增量和直角。首先从控制点成果表摘抄控制点 A、O、B 的坐标，从设计总平面图中摘抄建筑设计坐标。然后绘制放样略图，并根据相关位置关系，将坐标增量及边长标注于图上，如图 10-7 中 x_c、y_c、s_1、s_2 等。

2. 现场放样

1) 在 O 点安置仪器（经纬仪或全站仪），瞄准 B 点定向，沿 OB 方向测设水平距离 y_c 得 Ⅰ 点，测设水平距离 (y_c+s_2) 得 Ⅱ 点，并在现场标定 Ⅰ、Ⅱ 点；

2) 将仪器搬至 Ⅰ 点进行安置，以 B 点定向，测设直角，并沿所测设的方向线测水平距离 x_c 得 C 点，测设水平距离 (x_c+s_1) 得 D 点，并在现场标定 C、D 点；

3) 将仪器搬至 Ⅱ 点进行安置，以 O 点定向（选择长边定向），测设直角，并沿所测设的方向线测水平距离 x_c 得 F 点，测设水平距离 (x_c+s_1) 得 E 点，并在现场标定 E、F 点；

4) 检核：

角度检核：分别在 C、D、E、F 点安置仪器，观测四个内角、并与 90° 比较，较差应满足限差要求。

距离检核：分别测量四条边长，将测量值与对应的设计值 s_1、s_2 比较，其相对误差应满足限差要求。

三、全站仪坐标放样法

利用全站仪的"点位放样"功能可进行待定点位的测设，而且不需要事先计算放样元素，只要提供坐标即可，操作十分方便。放样过程如下：

1. 在 A 点安置全站仪，并输入测站点坐标；
2. 输入后视点 B 的坐标，进行后视定向，在定向确认前应仔细检查是否精确照准；
3. 输入放样点坐标后，仪器将显示瞄准放样点应转动的水平角和水平距离；
4. 放样：首先切换至角度状态，旋转照准部，显示水平角差值 dHR（$dHR=\beta_{测}-\beta_{算}$），当 $dHR=0°00'00''$ 时，表示该方向即为放样点的方向。然后观测员指挥持镜人将棱镜安置在视准轴方向上。照准棱镜后切换至距离状态开始测量，显示测量距离与放样距离之差 dHD（$dHD=D_{测}-D_{算}$）。当 $dHR=0$ 并且 $dHD=0$ 时，棱镜中心即为所放样的点位；
5. 投点：当 $dHR=0$ 并且 $dHD=0$ 时，就可以利用光学对中器向地面投点。
6. 检核：重新检查仪器的对中、整平和定向，然后测定放样点的坐标，并将测定值与设计值进行比较，确保较差满足精度要求。

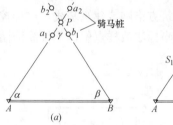
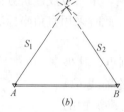

图 10-8 交会法
（a）角度前方交会法；（b）距离交会法

四、交会法

1. 角度前方交会法

如图 10-8（a）所示，先根据待设点 P 的设计坐标和控制点 A、B 的坐标反算方位角并计算夹角 α、β。测设时在 A、B 点上安置经纬仪，互为后视点分别测设 $360°-\alpha$ 和 β 角的方向线，两方向线的交点即为 P 点。此方法适用于不便量距或待设点距控制点较远的地方。交会角 γ 接近于 $90°$ 时，精度较好。为了增加可靠性和提高精度，对重要点位应采用三方向交会法。

2. 距离交会法

适用于待设点至两控制点的距离不超过一整尺并便于量距的地方。如图 10-8（b），先根据待设点的设计坐标和两控制点的坐标反算出两个距离 S_1、S_2。测设时分别以两控制点为圆心、两相应距离为半径在现场画弧线，两弧线的交点即为待设点。此法一般进行两次，第一次因不知交于何处，量距画弧误差较大，交出点位为概略位置，第二次在概略点位的基础上再精确量距交会定点。此法亦是当交角为 $90°$ 时，精度最好。

五、GNSS 测设法

利用城市 CORS 系统提供的服务平台直接进行点位坐标的测设。详见第五章第二节。

思考题与习题

1. 简述利用 DJ_6 光学经纬仪采用盘左盘右分中法进行角度放样的基本步骤。
2. 简述采用往返测设分中法进行距离放样的基本步骤。
3. 何为归化法放样？简述归化法点位放样的步骤。

4. 极坐标法点位测设主要受哪些误差的影响？

5. 下图中 A、B 为测量控制点，P 为设计点，其坐标如下表所示。拟采用极坐标法放样 P 点。试计算放样数据 D 和 β，简述放样步骤？

点号	x	y	备注
A	360.156	472.839	控制点
B	560.120	369.629	控制点
P	495.576	606.431	放样点

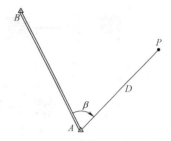

6. 建筑物附近水准点（BM）高程为 49.315m，建筑物室内地坪设计高程（±0.000）为 49.500m。水准仪后视水准点上尺子、读数为 1.654m。试计算前视读数是多少时，尺底高程为设计值，并简述高程放样过程。

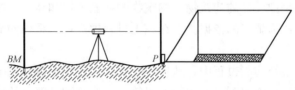

第十一章 建筑施工测量

第一节 概 述

一、施工测量的目的和内容

施工测量的目的是把设计的建筑物、构筑物的平面位置和高程,按设计要求以一定的精度测设在地面上,作为施工的依据。并在施工过程中进行一系列的测量工作,以衔接和指导各工序间的施工。

施工测量贯穿于整个施工过程中。从场地平整、建筑物定位、基础施工,到建筑物构件的安装等,都需要进行施工测量,才能使建筑物、构筑物各部分的尺寸、位置符合设计要求。有些工程竣工后,为了便于维修和扩建,还必须测出竣工图。有些高大或特殊的建筑物建成后,还要定期进行变形观测,以便积累资料,掌握变形的规律,为今后建筑物的设计、维护和使用提供资料。

二、施工测量的特点

测绘地形图是将地面上的地物、地貌测绘在图纸上,而施工放样则和它相反,是将设计图纸上的建筑物、构筑物按其设计位置测设到相应的地面上。

测设精度的要求取决于建筑物或构筑物的大小、材料、用途和施工方法等因素。一般高层建筑物的测设精度应高于低层建筑物,钢结构厂房的测设精度应高于钢筋混凝土结构厂房,装配式建筑物的测设精度应高于非装配式建筑物。

施工测量工作与工程质量及施工进度有着密切的联系。测量人员必须了解设计的内容、性质及其对测量工作的精度要求,熟悉图纸上的尺寸和高程数据,了解施工的全过程,并掌握施工现场的变动情况,使施工测量工作能够与施工密切配合。

另外,施工现场工种多,交叉作业频繁,并有大量土、石方填挖,地面变动很大,又有动力机械的震动,因此各种测量标志必须埋设稳固且在不易破坏的位置。还应做到妥善保护,经常检查,如有破坏,应及时恢复。

三、施工测量的原则

施工现场上有各种建筑物、构筑物,且分布较广,往往又不是同时开工兴建。为了保证各个建筑物、构筑物在平面和高程位置都符合设计要求,互相连成统一的整体,施工测量和测绘地形图一样,也要遵循"从整体到局部,先控制后碎部"的原则。即先在施工现场建立统一的平面控制网和高程控制网,然后以此为基础,测设出各个建筑物和构筑物的位置。

施工测量的检核工作也很重要，必须采用各种不同的方法加强外业和内业的检核工作。

四、准备工作

在施工测量之前，应建立健全的测量组织和检查制度。并核对设计图纸，检查总尺寸和分尺寸是否一致，总平面图和大样详图尺寸是否一致，不符之处要向设计单位提出，进行修正。然后对施工现场进行实地踏勘，根据实际情况编制测设详图，计算测设数据。对施工测量所使用的仪器，工具应进行检验、校正，否则不能使用。工作中必须注意人身和仪器的安全，特别是在高空和危险地区进行测量时，必须采取防护措施。

第二节 建筑场地施工控制测量

在勘测时期已建立有控制网，但是由于它是为测图而建立的，未考虑施工的要求，控制点的分布、密度和精度，都难以满足施工测量的要求。另外，由于平整场地控制点大多被破坏。因此，在施工之前，建筑场地上要重新建立专门的施工控制网。

在大中型建筑施工场地上，施工控制网多用正方形或矩形格网组成，称为建筑方格网（或矩形网）。在面积不大又不十分复杂的建筑场地上，常布置一条或几条基线，作为施工测量的平面控制，称为建筑基线。下面分别简单地介绍这两种控制形式。

一、建筑方格网

1. 建筑方格网的坐标系统

在设计和施工部门，为了工作上的方便，常采用一种独立坐标系统，称为施工坐标系或建筑坐标系。如图 11-1 所示，施工坐标系的纵轴通常用 A 表示，横轴用 B 表示，施工坐标也叫 A、B 坐标。

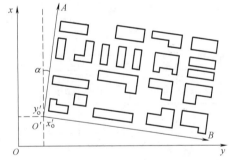

图 11-1 测量坐标系与施工坐标系

施工坐标系的 A 轴和 B 轴，应与厂区主要建筑物或主要道路、管线方向平行。坐标原点设在总平面图的西南角，使所有建筑物和构筑物的设计坐标均为正值。施工坐标系与国家测量坐标系之间的关系，可用施工坐标系原点 O' 的测量系坐标 x'_0、y'_0 及 $O'A$ 轴的坐标方位角 α 来确定。在进行施工测量时，上述数据由勘测设计单位给出。

2. 建筑方格网的布设

（1）建筑方格网的布置和主轴线的选择

建筑方格网的布置，应根据建筑设计总平面图上各建筑物、构筑物、道路及各种管线的布设情况，结合现场的地形情况拟定。如图 11-2 所示，布置时应先选定建筑方格网的主轴线 MN 和 CD，然后再布置方格网。方格网的形式可布置成正方形或矩形，当场区面

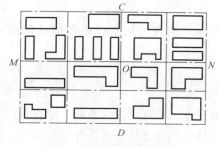

图 11-2 建筑方格网的布置

积较大时，常分两级。首级可采用"十"字形、"口"字形或"田"字形，然后再加密方格网。当场区面积不大时，尽量布置成全面方格网。

布网时，如图 11-2 所示，方格网的主轴线应布设在厂区的中部，并与主要建筑物的基本轴线平行。方格网的折角应严格成 90°。方格网的边长一般为 100～200m；矩形方格网的边长视建筑物的大小和分布而定，为了便于使用，边长尽可能为 50m 或它的整倍数。方格网的边应保证通视且便于测距和测角，点位标石应能长期保存。

(2) 确定主点的施工坐标

如图 11-3，MN、CD 为建筑方格网的主轴线，它是建筑方格网扩展的基础。当场区很大时，主轴线很长，一般只测设其中的一段，如图中的 AOB 段，该段上 A、O、B 点是主轴线的定位点，称主点。主点的施工坐标一般由设计单位给出，也可在总平面图上用图解法求得一点的施工坐标后，再按主轴线的长度推算其他主点的施工坐标。

(3) 求算主点的测量坐标

当施工坐标系与国家测量坐标系不一致时在施工方格网测设之前，应把主点的施工坐标换算为测量坐标，以便求算测设数据。

如图 11-4 所示，设已知 P 点的施工坐标为 (A_P, B_P)，坐标转换可按下式计算：

$$\left.\begin{array}{l} x_P = x'_o + A_P \cdot \cos\alpha - B_P \cdot \sin\alpha \\ y_P = y'_o + A_P \cdot \sin\alpha + B_P \cdot \cos\alpha \end{array}\right\} \quad (11-1)$$

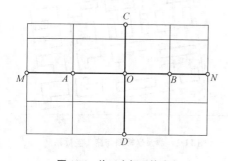

图 11-3 施工坐标系的确定

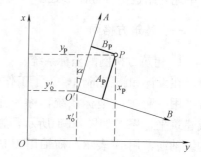

图 11-4 主点施工坐标的确定

3. 建筑方格网测设

图 11-5 中的 Ⅰ、Ⅱ、Ⅲ 点是测量控制点，A、O、B 为主轴线的主点。首先将 A、O、B 三点的施工坐标换算成测量坐标，再根据它们的坐标反算出测设数据 D_1、D_2、D_3 和 β_1、β_2、β_3，然后按极坐标法分别测设出 A、O、B 三个主点的概略位置，如图 11-6，以 A'、O'、B' 表示，并用混凝土桩把主点固定下来。混凝土桩顶部常设置一块 10cm×10cm 的铁板，供调整点位使用。由于主点测设误差的影响，致使三个主点一般不在一条直线上，因此需在 O' 点上安置经纬仪，精确测量 $\angle A'O'B'$ 的角值 β 与 180°之差超过限差时应进行调整调整时，各主点应沿 AOB 的垂线方向移动同一改正值 δ，使三主点成一直线。δ 值可按式 (11-2) 计算。

$$\delta = \frac{a \cdot b}{2(a+b)} \times \frac{180° - \beta}{\rho} \tag{11-2}$$

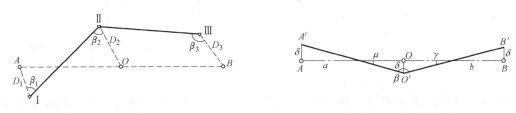

图 11-5　主轴线主点的测设　　　　　图 11-6　三个主点的调整

移动 A'、O'、B' 三点之后再测量 $\angle AOB$，如果测得的结果与 $180°$ 之差仍超限，应再进行调整，直到误差在允许范围之内为止。

A、O、B 三个主点测设好后，如图 11-7 所示，将经纬仪安置在 O 点，瞄准 A 点，分别向左、向右转 $90°$，测设出另一主轴线 COD，同样用混凝土桩在地上定出其概略位置 C' 和 D'，再精确测出 $\angle AOC'$ 和 $\angle AOD'$，分别算出它们与 $90°$ 之差 ε_1 和 ε_2，并计算改正值 δ_1 和 δ_2，将 C'、D' 改正至正确位置。

C、D 两点定出后，还应实测改正后的 $\angle COD$，它与 $180°$ 之差应在限差范围内。然后精密丈量出 OA、OB、OC、OD 的距离，在铁板上刻出其点位。

主轴线测设好后，分别在主轴线端点上安置经纬仪，均以 O 点为起始方向，分别向左、向右侧设出 $90°$ 角，这样就交会出田字形方格网点。为了进行校核，还要安置经纬仪于方格网点上，测量其角值是否为 $90°$，并测量各相邻点间的距离，看它是否与设计边长相等，误差均应在允许范围之内。此后再以基本方格网点为基础，加密方格网中其余各点。

二、建筑基线

建筑基线的布置（如图 11-8）也是根据建筑物的分布，场地的地形和原有控制点的状况而选定，建筑基线的布设形式通常有 "一"、"+"、"T" 及 "L" 字形，如图 11-9 所示。

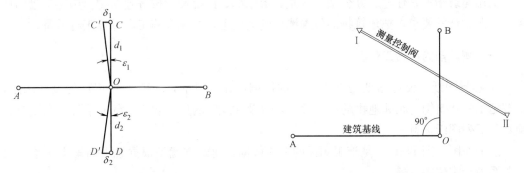

图 11-7　垂直主轴线的轴线测设　　　　　图 11-8　建筑基线的布置

了解施工的建筑物与相邻地物的相互关系，以及建筑物的尺寸和施工的要求等。建筑基线应靠近主要建筑物，并与其轴线平行，以便采用直角坐标法进行测设。

为了便于检查建筑基线点有无变动，基线点数不应少于三个。

根据建筑物的设计坐标和附近已有的测量控制点，在图上选定建筑基线的位置，求算

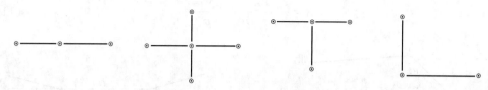

图 11-9　建筑基线的布设形式

测设数据，并在地面上测设出来。如图 11-7 所示，根据测量控制点Ⅰ、Ⅱ，用极坐标法分别测设出 A、O、B 三个点。然后把经纬仪安置在 O 点，观测∠AOB 是否等于 90°，其不符值不应超过 ±24″。丈量 OA、OB 两段距离，分别与设计距离相比较，其不符值不应大于 1/10000。否则，应进行必要的点位调整。

三、测设工作的高程控制

在建筑场地上，水准点的密度应尽可能满足安置一次仪器即可测设出所需的高程点。而测绘地形图时敷设的水准点往往是不够的，因此，还需增设一些水准点。在一般情况下，建筑方格网点也可兼作高程控制点。只要在方格网点桩面上中心点旁边设置一个突出的半球状标志即可。

在一般情况下，采用四等水准测量方法测定各水准点的高程，而对连续生产的车间或下水管道等，则需采用三等水准测量的方法测定各水准点的高程。

此外，为了测设方便和减少误差，在一般厂房的内部或附近应专门设置 ±0.000 水准点。但需注意设计中各建、构筑物的 ±0.000 的高程不一定相等，应严格加以区别。

第三节　民用建筑施工中的测量

民用建筑指的是住宅、办公楼、食堂、俱乐部、医院和学校等建筑物。施工测量的任务是按照设计的要求，把建筑物的位置测设到地面上，并配合施工以保证工程质量。

一、测设前的准备工作

1. **熟悉图纸**　设计图纸是施工测量的依据，在测设前，应熟悉建筑物的设计图纸，了解施工的建筑物与相邻地物的相互关系，以及建筑物的尺寸和施工的要求等。测设时必须具备下列图纸资料。

总平面图（图 11-10）是施工测设的总体依据，建筑物就是根据总平面图上所给的尺寸关系进行定位的。

建筑平面图（图 11-11），给出建筑物各定位轴线间的尺寸关系及室内地坪标高等。基础平面图，给出基础轴线间的尺寸关系和编号。

基础详图（即基础大样图），给出基础设计宽度、形式及基础边线与轴线的尺寸关系。

还有立面图和剖面图，它们给出基础、地坪、门窗、楼板、屋架和屋面等设计高程，是高程测设的主要依据。

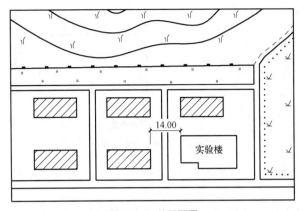

图 11-10 总平面图

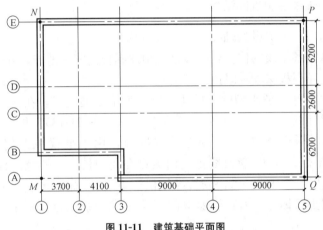

图 11-11 建筑基础平面图

2. **现场踏勘** 目的是为了解现场的地物、地貌和原有测量控制点的分布情况，并调查与施工测量有关的问题。

3. **平整和清理施工现场** 以便进行测设工作。

4. **拟定测设计划和绘制测设草图** 对各设计图纸的有关尺寸及测设数据应仔细核对，以免出现差错。

二、民用建筑物的定位

建筑物的定位，就是把建筑物外廓各轴线交点（如图 11-11 中的 M、N、P 和 Q）测设在地面上，然后再根据这些点进行细部放样。下面介绍根据已有建筑物测设拟建建筑物的方法。测设时，要先建立建筑基线作为控制。

如图 11-12 所示，首先用钢尺沿着宿舍楼的东、西墙，延长出一小段距离 s 得 a、b 两点，用木桩标定之。将经纬仪安置在 a 点上，瞄准 b 点，并从 b 沿 ab 方向量出 14.240m 得 c 点（因教学楼的外墙厚 37cm，轴线偏里，离外墙皮 24cm），再继续沿 ab 方向从 c 点起量 25.800m 得 d 点，cd 线就是用于测设教学楼平面位置的建筑基线。然后将经纬仪分别安置在 c、d 两点上，后视 a 点并转 90。沿视线方向量出距离 $s+0.240$m，得 M、Q 两点，再继续量出 15.000m 得 N、P 两点。M、N、P、Q 四点即为教学楼外廓定位轴线的

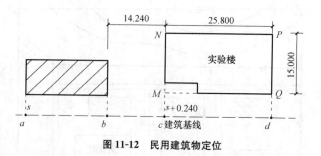

图 11-12　民用建筑物定位

交点。最后,检查 NP 的距离是否等于 25.800m,$\angle N$ 和 $\angle P$ 是否等于 90°。误差在 1/5000 和 1′之内即可。

如现场已有建筑方格网或建筑基线时,可直接采用直角坐标法进行定位。

三、龙门板和轴线控制桩的设置

建筑物定位以后,所测设的轴线交点桩(或称角桩),在开挖基槽时将被破坏。施工时为了能方便地恢复各轴线的位置,一般是把轴线延长到安全地点,并作好标志。延长轴线的方法有两种:龙门板法和轴线控制桩法

1. 龙门板——适用于一般小型的民用建筑物。为了方便施工,在建筑物四角与隔墙两端基槽开挖边线以外约 1.5～2.0m 处钉设龙门桩(如图 11-13)。桩要钉得竖直、牢固,桩的外侧面与基槽平行。根据建筑场地的水准点,用水准仪在龙门桩上测设建筑物 ±0.000 标高线。根据 ±0.000 标高线把龙门板钉在龙门桩上,使龙门板的顶面在一个水平面上,且与 ±0.000 标高线一致。安置经纬仪于 N 点,瞄准 P 点,沿视线方向在龙门板上定出一点,用小钉标志,纵转望远镜在 N 点的龙门板上也钉一小钉。同法将各轴线引测到龙门板上。

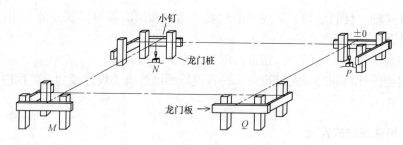

图 11-13　龙门板定位

2. 轴线控制桩——是设置在基槽外基础轴线延长线上的控制桩,作为开槽后各施工阶段确定轴线位置的依据(见图 11-14)。轴线控制桩离基槽外边线的距离根据施工场地的条件而定。如果附近有已建的建筑物,也可将轴线投设在建筑物的墙上。为了保证控制桩的精度,施工中往往将控制桩与定位桩一起测设,有时先控制桩,再测设定位桩。

四、基础施工的测量工作

基础开挖前,根据轴线控制桩(或龙门板)的轴线位置和基础宽度,并顾及到基础挖深应放坡的尺寸,在地面上用白灰放出基槽边线(或称基础开挖线)。

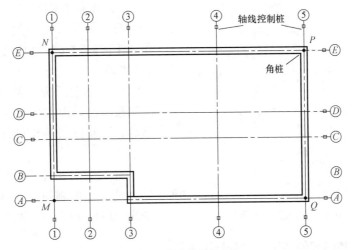

图 11-14 轴线控制桩定位

开挖基槽时,不得超挖基底,要随时注意挖土的深度,当基槽挖到离槽底 0.3~0.5m 时,用水准仪在槽壁上每隔 2~3m 和拐角处钉一个水平桩,如图 11-15 所示,用以控制挖槽深度及作为清理槽底和铺设垫层的依据。

垫层打好后,根据控制桩在垫层上用墨线弹出墙中线和基础边线称为摆底。由于整个墙身砌筑均以此线为准,是确定建筑物位置的关键环节,所以要在严格校核后方可砌筑基础和墙身。

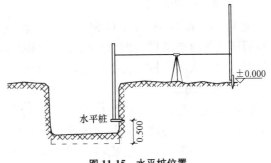

图 11-15 水平桩位置

第四节 工业建筑工程施工中的测量

一、工业厂房控制网测设

工业厂房一般均采用厂房矩形控制网作为厂房的基本控制,下面着重介绍依据建筑方格网,采用直角坐标法进行定位的方法。

图 11-16 中 M、N、P、Q 四点是厂房最外边的四条轴线的交点,从设计图纸上已知 N、Q 两点的坐标。T、U、R、S 为布置在基坑开挖范围以外的厂房矩形控制网的四个角点,称为厂房控制桩。

根据已知数据计算出 $H—I$、$J—K$、$I—T$、$I—U$、$K—S$、$K—R$ 等各段长度。首先在地面上定出 I、K 两点。然后,将经纬仪分别安置在 I、K 点上,后视方格网点 H,用盘左盘右分中法向右测设 90°角。沿此方向用钢尺精确量出 $I—T$、$I—U$、$K—S$、$K—R$ 等四段距离,即得厂房矩形控制网 T、U、R、S 四点,并用大木桩标定之。最后,检查

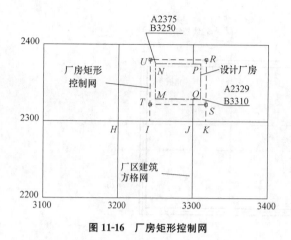

图 11-16 厂房矩形控制网

$\angle U$、$\angle R$ 是否等于 $90°$，$U—R$ 是否等于其设计长度。对一般厂房来说，角度误差不应超过 $\pm 10''$ 和边长误差不得超过 $1/10000$。

对于小型厂房，也可采用民用建筑的测设方法，即直接测设厂房四个角点，然后，将轴线投测至轴线控制桩或龙门板上。

对大型或设备基础复杂的厂房，应先测设厂房控制网的主轴线，再根据主轴线测设厂房矩形控制网。

二、厂房柱列轴线的测设和柱基施工测量

1. 柱列轴线的测设

图 11-17 所示，A、B、C 和 ①、②、③……等轴线均为柱列轴线。检查厂房矩形控制网的精度符合要求后，即可根据柱间距和跨间距用钢尺沿矩形网各边量出各轴线控制桩的位置，并打入大木桩，钉上小钉，作为测设基坑和施工安装的依据。

2. 柱基的测设

柱基测设就是根据基础平面图和基础大样图的有关尺寸，把基坑开挖的边线用白灰标示出来以便挖坑。为此安置两架经纬仪在相应的轴线控制桩（如图 11-17 的 A、B、C 和 ①、②、③……等点）上交出各柱基的位置（即定位轴线的交点）。

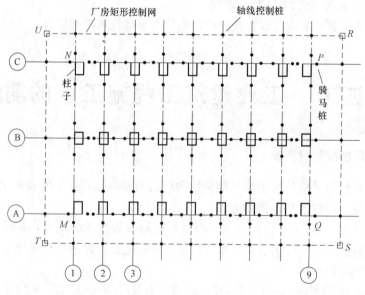

图 11-17 柱列轴线的测设

图 11-18 所示，是杯型基坑大样图。按照基础大样图的尺寸，用特制的角尺，在定位轴线④和⑤上，放出基坑开挖线，用灰线标明开挖范围。并在坑边缘外侧一定距离处订设

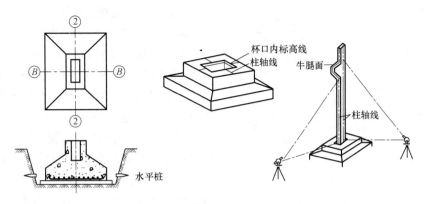

图 11-18 柱基测设

定位小木桩，钉上小钉，作为修坑及立模板的依据。

在进行柱基测设时，应注意定位轴线不一定都是基础中心线，有时一个厂房的柱基类型不一尺寸各异，放样时应特别注意。

3．基坑的高程测设

当基坑挖到一定深度时，应在坑壁四周离坑底设计高程 0.3～0.5m 处设置几个水平桩，如图 11-17 所示，作为基坑修坡和清底的高程依据。此外还应在基坑内测设出垫层的高程，即在坑底设置小木桩，使桩顶面恰好等于垫层的设计高程。

4．基础模板的定位

打好垫层之后，根据坑边定位小木桩，用拉线的方法，吊垂球把柱基定位线投到垫层上，用墨斗弹出墨线，用红漆画出标记，作为柱基立模板和布置基础钢筋网的依据。立模时，将模板底线对准垫层上的定位线，并用垂球检查模板是否竖直。最后将柱基顶面设计高程测设在模板内壁。

三、工业厂房构件的安装测量

装配式单层工业厂房主要由柱、吊车梁、屋架、天窗架和屋面板等主要构件组成。在吊装每个构件时，有绑扎、起吊、就位、临时固定、校正和最后固定等几道操作工序。下面着重介绍柱子、吊车梁及吊车轨道等构件在安装时的校正工作。

（一）柱子安装测量

1．柱子安装的精度要求

1）柱脚中心线应对准柱列轴线，允许偏差为 ±5mm；

2）牛腿面的高程与设计高程一致，其限差为：

柱高在 5m 以下为 ±5mm；柱高在 5m 以上为 ±8mm；

3）柱的全高竖向允许偏差值为 1/1000 柱高，但不应超过 20mm。

2．吊装前的准备工作

柱子吊装前，应根据轴线控制桩，把定位轴线投测到杯形基础的顶面上，并用红油漆标明，同时还要在杯口内壁，测出一条高程线，从高程线起向下量取一整分米数即到杯底的设计高程。

在柱子的三个侧面弹出柱中心线，每一面又需分为上、中、下三点，并画小三角形

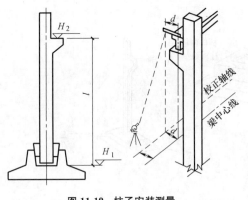

图 11-19 柱子安装测量

"▼"标志,以便安装校正。

3. 柱长的检查与杯底找平

通常柱底到牛腿面的设计长度 l 加上杯底高程 H_1 应等于牛腿面的高程 H_2 (图11-19)。但柱子在预制时,由于模板制作和模板变形等原因,不可能使柱子的实际尺寸与设计尺寸一样,为了解决这个问题,往往在浇筑基础时把杯形基础底面高程降低 2～5cm,然后用钢尺从牛腿顶面沿柱边量到柱底,根据这根柱子的实际长度,用 1:2 水泥砂浆在杯底进行找平,使牛腿面符合设计高程。

4. 安装柱子时的竖直校正

柱子插入杯口后,首先应使柱身基本竖直,再令其侧面所弹的中心线与基础轴线重合。用木楔或钢楔初步固定,然后进行竖直校正。校正时用两架经纬仪分别安置在柱基纵横轴线附近,如图 11-18 所示,离柱子的距离约为柱高的 1.5 倍。先瞄准柱子中心线的底部,然后固定照准部,再仰视柱子中心线顶部。如重合,则柱子在这个方向上就是竖直的。如果不重合,应进行调整,直到柱子两个侧面的中心线都竖直为止。

出于纵轴方向上柱距很小,通常把仪器安置在纵轴的一侧,在此方向上,安置一次仪器可校正数根柱子,如图 11-19 所示。

(二) 吊车梁和房架的安装测量

安装前先在梁顶面和梁两端弹出中心线,安装时用此中心线与牛腿上的梁中心线相重合初步定位,然后用经纬仪进行校正。测法是根据柱轴线用经纬仪在地上放出一条与吊车梁中心线相平行,距离为 d (如 1.00m) 的校正轴线,如图 11-19 所示。校正时用撬杠移动吊车梁,使吊车梁中线至校正轴线一律等于 d 为止。

安装吊车轨前,要用水准仪检查梁顶标高,各放置轨道垫板处均要实测,以决定各垫板厚度。轨道安装后,可将水准尺直接放在轨顶上进行检测,每隔 3m 测一点,误差应在 ±3mm 以内。最后用钢尺实量吊车轨道间距,误差应在 ±5mm 以内。

房架安装是以安装好柱子为依据,使房架中线与柱中线对齐。为检查房架竖直情况,可用吊垂球或用经纬仪校正。

思考题与习题

1. 建筑施工测量的目的是什么?其主要内容包括哪些?
2. 建筑施工测量的原则是什么?建筑施工测量有何特点?
3. 建筑施工测量的平面控制主要有哪几种方法?
4. 何为建筑方格网、何为建筑基线?各适用于何种场合?
5. 简述民用建筑施工中龙门板和轴线控制桩的设置方法。
6. 简述工业建筑工程施工厂房柱列轴线的测设和柱基施工测量的方法。

第十二章 道路工程测量

第一节 概　　述

道路工程测量主要包括新建和改、扩建道路（含桥梁、隧道、互通式立体交叉桥）等建设工程项目中的测量工作。在平面或纵断面上，道路均由直线和曲线构成。道路工程测量的任务是为道路的勘测、设计、施工提供必要的资料并保障施工质量。

道路工程测量工作内容包括平面控制测量、高程控制测量、带状地形图测绘、中线测量、纵断面测量和横断面测量等内容。

道路工程测量通常分以下三个阶段进行，即道路初测阶段、道路定测阶段和施工阶段的测量。

道路初测阶段的测量是根据初步拟定的路线方案和比较方案，进行实地选线时的测量工作。其内容有道路选线、平面控制测量、水准测量和带状地形图测绘等。

道路定测阶段的测量主要包括定线测量、中线测量和纵横断面测量等工作。定线测量就是把图纸上设计的道路中线在实地上标定出来，也就是把道路的交点、转点测设到地面上。中线测量则是根据定线中已经钉好的交点、转点，详细测设直线和曲线，即在地面上详细钉出中线桩，而后据此进行纵横断面测量。

施工阶段测量任务是保证各种建、构筑物，其中包括路基、路面、桥梁、涵洞、隧道等按设计位置准确施工。此外尚需进行竣工测量和变形监测。

第二节 道路初测阶段的测量

一、道路选线

道路选线也叫插大旗。所谓插大旗就是用红白两色的小旗在实地标出路线的走向。插旗工作通常由道路工程师执行，测量工程师参与，按选定的方案结合实际地质、地形条件，选出路线的大致位置。旗帜插在道路的交点和转点上，为初测导线测量指出前进方向。初测导线应尽可能接近将被选定的路线位置。

二、平面控制测量

平面控制测量可以采用三角测量、三边测量、GNSS 测量和导线测量等。其目的是为地形测量、中线测量提供测量平面控制。道路平面控制测量，通常采用导线测量。

三、水准测量

道路初测阶段的水准测量通常分两阶段进行,即基平测量和中平测量。

1. 基平测量是沿道路布设水准点,建立高程控制网。一般每隔 2km 设立一个水准点,地形复杂地区每 1km 设一个点,在大桥、隧道洞口附近应增设一个点。

水准点高程必须和国家水准点连测,取得国家统一高程。要求每隔约 30km 与国家水准点连测一次,以进行检核。

2. 中平测量在初测阶段的任务主要是测定导线点及中桩和加桩的高程。

水准测量等级的确定,应符合《工程测量技术规程》的规定。见表 12-1。

水准测量等级 表 12-1

等级	适 用 工 程	路线最大长度
三等	2000m 以上特大桥、4000m 以上特长隧道、较长线路自流管道	50km
四等	高速公路、一级公路、1000~2000m 特大桥、2000~4000m 长隧道、城市特大立交桥、城市道路、管线工程、	15km
等外	二级及二级以下公路、1000m 以下桥梁、2000m 以下隧道、堤防、河道整治	10km

四、带状地形图测绘

测绘带状地形图的目的是为设计人员进行纸上定线和绘制路线平面图提供依据。因此测图比例尺和测图宽度应按设计要求而定,并且应充分利用现有各种大比例尺基本地形图。地形图可选用全站仪数字成图法、平板仪测绘法或光电测距仪测记法等。

第三节 路线中线测量

路线的转折点称为交点(JD)。当相邻两交点间距较长或因地形条件影响而不通视时,则在两交点间的中线上设立方向点,称为转点(ZD),如图 12-1 所示。交点和转点的测设可以依据初测阶段布设的导线(初测导线)进行。

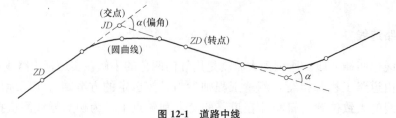

图 12-1 道路中线

一、交点测设

交点测设是将设计好的道路交点测设到实地上。测设方法有多种,可根据定位条件和现场情况进行选择,本节介绍常用的穿线法和拨角法两种方法。

1. 穿线法

此法适用于地形不太复杂,且定测中线靠近初测导线的路段。测设步骤如下:

(1) 室内选点

在带状地形图上,根据纸上设计路线与初测导线的相互关系,选择定测中线的转点位置。其位置应选择地势较高,且相互通视的地方,在每条直线段上通常最少选择三个转点,以便检核。

图 12-2 中,C_1、C_2、……为初测导线点,JD_4、JD_5、……为纸上设计的交点。从初测导线上作垂线与图纸上路线相交得 ZD_1、ZD_2……,作为定测中线的转点。按比例尺在图上量取支距 l_1、l_2……。根据纸上设计路线与初测导线的相互关系和支距长度,即可进行现场放线。

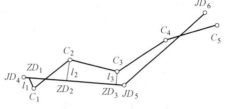

图 12-2 初测导线点与道路交点

(2) 现场放线和穿线

在初测导线点上安置经纬仪或十字方向架,根据导线边定向,测设直角,沿垂线方向量取支距 l,即可确定转点位置。转点放出后,用仪器检查它们是否位于同一直线上。如果偏差不大,则可适当调整其位置,并用标志固定下来,如果偏差较大,则需根据实际情况进行调整或重测,这一过程称为穿线。

(3) 定交点

如图 12-3 所示,用穿线法测设出两相邻直线段中线 ZD_1、ZD_2、ZD_3 和 ZD_4、ZD_5、ZD_6,其转折点 JD_6 可用延长两直线相交得出,即为交点位置。具体做法是用经纬仪延长直线段 ZD_1-ZD_3,在交点 JD_6 前后各钉设一个骑马桩 a、b,同理定出 c、d 桩,桩顶定出标志,则 ab 连线与 cd 连线的交点即是所求路线的交点 JD_6。

2. 拨角法

拨角法是首先在设计图上图解其交点的坐标,通过坐标反算求取各交点上两相交直线的偏角(或称转角)及相邻交点间的距离,而后去现场直接拨角量距测设交点。

拨角法测设交点的具体步骤如下:

(1) 在设计图上量取各设计交点 A、B、C……的坐标(见图 12-4),依次填入测设数据计算表 12-2。

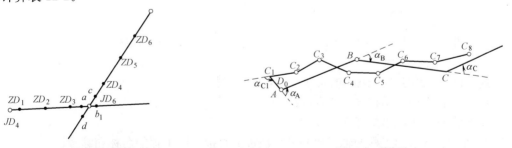

图 12-3 现场放线和穿线   图 12-4 拨角法

(2) 在表中计算相邻点间的坐标差 Δx、Δy。

(3) 计算各边的方位角和距离。

(4) 按下式计算偏角:

$$\alpha_j = \alpha_{j,j+1} - \alpha_{j-1,j}$$

(5) 在现场将仪器安置在起点 C_1 上，找出起始边方向 C_1C_2，而后拨 $180°-\alpha_{c1}$ 角，量取距离 C_1A，即可确定 A 点。用类似方法连续放出各交点。拨角时需注意的是：当偏角为右偏时，应拨 $180°+\alpha_j$；左偏时，应拨 $180°-\alpha_j$。

测设数据计算表　　　　　　　　　　　　　表 12-2

点号	坐标		坐标差		方位角 α_{ij}	距离 D_{ij}(m)	偏角 α_j
	x	y	Δx	Δy			
c_2					224°25′06″		247°25′42″
c_1	3365.13	1070.24	−31.13	+34.76	131°50′48″	46.06	288°12′05″
A	3334	1105	+257	+446	60°02′53″	514.75	51°21′54″
B	3591	1551	−220	+561	111°24′47″	602.60	
C	3371	2112					
…	…	…	…	…	…	…	…

二、中线桩的设置

用于标定道路中心线位置的桩称为中线桩，简称中桩。除标定路线平面位置外，还标记从路线起点至该桩的水平距离的中桩，称为里程桩。因此一般中桩又称里程桩。

里程桩常用 4+284.26 形式来表示，此数表示该桩距道路的起点是 4284.26m。在中线上每隔 20m 或 50m 钉一个中桩，钉在 20m 或 50m 的整倍数处，称为整桩。一般在直线段上设 50m 整桩，在曲线段上设 20m 整桩。其中整百米的中桩称百米桩，整公里的中桩称公里桩。

除整桩外，在道路中线上有时还要钉加桩。如在道路通过地形变化处，要钉地形加桩；在地质构造变化处，要加地质加桩；在道路与其他地物交叉处要加地物加桩等。

里程桩常用一面刨光的木板钉在点位上，桩上写明里程数，字面朝着道路起点，桩顶露出地面 20~30cm。

除里程桩外，在道路中线上还要钉出一些特出的桩位，比如：示位桩、指示桩、固定桩等。

三、中线桩的分类

中线桩分为三大类：示位桩或控制桩，里程桩，指示桩或固定桩。

（一）示位桩或控制桩

这类桩主要用于控制道路的实地位置，它们分别是：

1. 交点桩，用汉语拼音 JD 表示；
2. 转点桩，用汉语拼音 ZD 表示；
3. 桥梁、隧道等工程的轴线控制桩，在桩上直接写明工程的名称和编号；
4. 直圆点，是指单圆曲线起点，用汉语拼音 ZY 表示；
5. 圆直点，是指单圆曲线终点，用汉语拼音 YZ 表示；
6. 曲中点，是指圆曲线中点，用汉语拼音 QZ 表示；
7. 直缓点，是指直线与缓和曲线的吻接点，用汉语拼音 ZH 表示；

8. 缓圆点，是指圆曲线与缓和曲线的吻接点，用汉语拼音 YH 表示；
9. 圆缓点，是指缓和曲线与圆曲线的吻接点，用汉语拼音 HY 表示；
10. 缓直点，是指缓和曲线与直线的吻接点，用汉语拼音 HZ 表示（见图 12-5）；
11. 公切点，是指复曲线中的主副曲线的吻接点，用汉语拼音 GQ 表示等。

（二）里程桩有下列几种（见图 12-6）

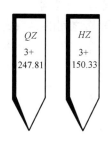

图 12-5 示位桩或控制桩

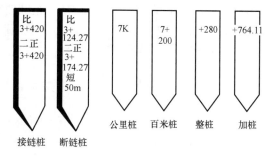

图 12-6 里程桩

1. 20m 和 50m 整桩；
2. 地形加桩；
3. 地质加桩；
4. 地物加桩；
5. 百米桩和公里桩；
6. 接链桩。在比较线或改线的起点上设置的桩志；
7. 断链桩。由于比较线或改线的里程计算发生差错而产生里程的断续，表示里程断续前后关系的桩志，称为断链桩。

（三）指示桩和固定桩（见图 12-7）

用于指明其他桩的位置的桩志称为指示桩。常见的有交点指示桩、转点指示桩等。用于保护其他桩的桩志称为固定桩。

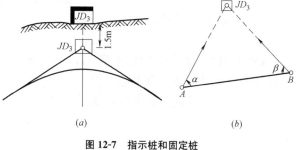

图 12-7 指示桩和固定桩
（a）交点指示桩；（b）转点固定桩

第四节 单圆曲线元素的计算和主点测设

单圆曲线简称圆曲线。圆曲线测设一般分两步进行。第一步，测设曲线上起控制作用的点位，称主点测设；第二步，根据主点测设曲线上其他各点，称辅点测设或详细测设。在实地测设之前必须进行曲线元素的计算和主点里程的推算。

一、圆曲线元素的计算

在图 12-8 中，ZY、YZ 和 QZ 为曲线控制点，称曲线三主点，又称"三 Z"点。

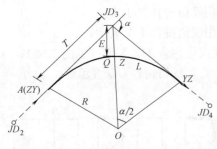

图 12-8 圆曲线主点测设

T——圆曲线切线长度；
L——圆曲线长度；
E——外矢距；
J——超距或切曲差。

T、L、E、J 称圆曲线元素。α 是路线偏角，R 是圆曲线半径，它们是曲线的基本要素。

圆曲线元素与其基本要素之间的关系式如下：

$$T = R \cdot \tan \frac{\alpha}{2}$$

$$L = R \cdot \alpha \cdot \frac{\pi}{180°}$$

$$E = R\left(\sec \frac{\alpha}{2} - 1\right)$$

$$q = 2T - L$$

圆曲线元素通常用预先编制的《公路曲线测设用表》，以 $R=100$m 和 α 为引数查取，也可根据公式直接计算求得。上式中的 ρ 是测量中的一个常数，$\rho = 206265''$。

二、主点里程推算

圆曲线主点里程根据交点里程进行推算。由图 12-8 可写出：

$$ZY = JD - T$$
$$YZ = ZY + L$$
$$QZ = YZ - L/2$$

上列推算用下式进行检核

$$QZ + J/2 = JD$$

【例 12-1】 设某圆曲线的半径 $R=100$m，偏角 $\alpha_y = 40°20'$，交点里程为 $3+135.12$。试计算曲线元素，并推算主点里程。

根据上式计算或查表求得曲线元素如下：

$$T = 36.73\text{m}$$
$$L = 70.40\text{m}$$
$$E = 6.53\text{m}$$
$$J = 3.06\text{m}$$

为便于检核，主点里程通常采用竖式推算，过程如下：

```
JD      3+135.12
−T         36.73
ZY      3+098.39
+L         70.40
YZ      3+168.79
−L/2       35.20
QZ      3+133.59
+J/2        1.53
JD      3+135.12   （检校无误）
```

三、圆曲线主点测设步骤

1. 测设曲线起点（ZY）。在交点 JD_3 上安置仪器照准后方交点 JD_2（见图12-8），沿视线方向量取切线长度 T，得 ZY 点，并打桩固定之。

2. 测设曲线终点（YZ）。将望远镜照准前方交点 JD_4，沿视线方向量取切线长度 T，得 YZ 点，并打桩固定之。

3. 测设曲中点（QZ）。将望远镜照准角平分线方向，并量取外矢距 E，得 QZ 点，并打桩固定之。

第五节　单圆曲线的详细测设

圆曲线的三个主点通常不能反映其整个形状，尤其在曲线较长时更是如此。为了满足施工需要，在主点之间尚需按一定间距以辅点加密。这一工作称为详细测设或辅点测设。圆曲线的详细测设通常采用下列两种方法。

一、偏角法

偏角法测设的基本原理是：把仪器安置在曲线主点上（在特殊情况下也可安置在已测设好的辅点上），用极坐标法测设辅点。

图12-9是在曲线起点上安置仪器，用偏角法测设曲线辅点的示意图。图中 P_1、P_2 是待测设的辅点；P_1、P_2 至曲线起点之间的弧长为 $AP_1=l_1$，$AP_2=l_2$；弦长为 C_1、C_2；偏角为 Δ_1、Δ_2。由图可知，只要求出 Δ_1、Δ_2 和 C_1、C_2 即可按极坐标法测设 P_1 和 P_2。因此，Δ_1、Δ_2 和 C_1、C_2 称为测设数据。

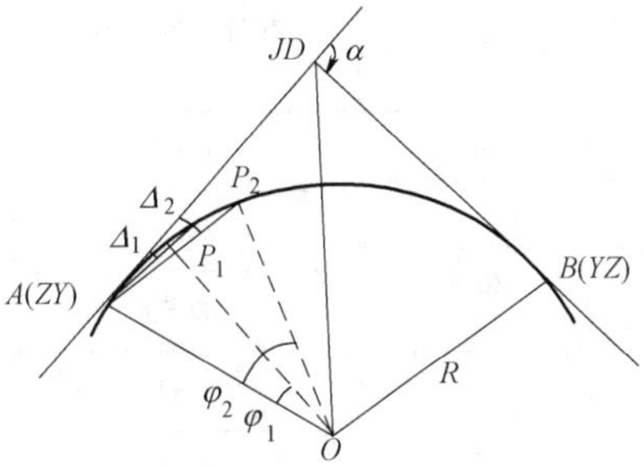

图12-9　偏角法测设

1. 计算弦长 C 值

根据图12-9，按平面三角原理可写出

$$C=2R\times\sin\frac{l}{2R}$$

$$\phi=(l/R)\times\rho \tag{12-1}$$

式中 ϕ 为与 l 相应的中心角；l 是辅点 P 至曲线起点之间的弧长。ρ 是测量中的一个常数，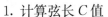$\rho=206265''$

用泰罗级数展开式（12-1），并取至三次项后得

$$C=l-(l^3/(24R^2)) \tag{12-2}$$

由上式可得弧长与弦长之差值 δ 为

$$\delta=l-C=l^3/(24R^2) \tag{12-3}$$

δ 称为弦弧差。通常根据上式，以 R 和 l 为参数编制成表，称弦弧差表，收编在《公路曲

线测设用表》中，以备查用，也可按上式进行计算。

2. 计算偏角 Δ 值

根据圆心角与弧长的关系可写出

$$\Delta = \frac{\varphi}{2} = \frac{l}{2R} \times \frac{180°}{\pi} \tag{12-4}$$

在道路测量中，偏角值通常按上式，以 R 和 l 为参数编制成表，称为圆曲线偏角累计表。

查表时，若以曲线起点 ZY 为极坐标原点，在路线右转时查正拨偏角，左转时查反拨偏角。若以曲线终点 YZ 为极坐标原点，则拨角方向正好与上面相反。

测设道路曲线时，若辅点的桩号采用 20m 的整倍数，则称为整桩号法。此时，由于曲线起（终）点的桩号通常不是 20m 的整倍数，因此第一个里程桩与曲线起点之间的弧长以及最后一个里程桩与曲线终点之间的弧长均为小于 20m 的弧段。它们分别称为第一分弧和第二分弧。

若从第一个辅点开始，按 20m 间距设置一点，直至最后一个辅点，则称等桩距法。

【例 12-2】 试根据【例 12-1】计算圆曲线偏角法测设数据。

利用公式或从《公路曲线测设用表》中查《圆曲线偏角累计表》及《弦弧差表》所得数据列于下表 12-3 中。

圆曲线偏角法测设数据 表 12-3

桩 号	相邻点间弧长 l	弦长 C	偏角累计值（正拨）	偏角累计值（反拨）
(ZY)3+098.39	1.61	1.61	0-27-40	359-32-20
3+100	20.0	19.97	6-11-26	353-48-34
3+120	13.59	13.58	10-05-02	349-54-58
(QZ)3+133.59				
3+140	6.41	6.41	11-55-13	348-04-47
3+160	20.0	19.97	17-38-59	342-21-01
(YZ)3+168.79	8.79	8.79	20-10-05	339-49-55

注：1. 第三栏中弦长由相应的弧长减去弦弧差 δ 后求得。
2. 在实际操作中测设点位只量取相邻间的水平距离，因此表中给出的是相邻间的弦长。
3. 表中的正拨偏角指的是从起始方向（ZY）开始沿顺时针方向的拨角值；反拨偏角指的是从（YZ）方向逆时针的拨角值。

3. 偏角法测设步骤

图 12-10 表示路线右偏时，在曲线起点上安置仪器测设的情形。

(1) 在 ZY 点上安置仪器，将度盘读数调到零后照准 JD 点，依次瞄准 QZ 和 YZ，检查度盘读数是否等于 $\alpha/4$ 和 $\alpha/2$。如果误差小于 $\pm 1'30''$，即可视为无误。

(2) 转动照准部，将度盘读数对准 $0°27'40''$，沿视线方向量取 1.61m，钉上木桩，此即第一个辅点 P_1。

(3) 将度盘读数对准 $6°11'26''$。用钢尺零点对准 P_1 点，用测钎固定在读数为 19.97m 处并将测钎移动到视线上然后钉木桩，此即第二个辅点 P_2。

(4) 依此类推，逐个钉设其他辅点。必须指出，每次量距均以钉好的最后一点作为起点，其长度为相邻点间的弦长。

(5) 测设完最后一个辅点，如图中的 P_n 点和曲线终点，如图中的 YZ' 后，检查其误差是否超过下列允许偏差。

纵向允许偏差 v（沿切线方向偏差）为曲线全长的 $1/1000 \sim 1/2000$；横向允许偏差 u（沿法线方向的偏差）为 $\pm 10 \mathrm{cm}$。

如果测设误差没有超过上列允许偏差，则认为测设精度合格，而无需进行调整。如果超出了上列允许偏差，则必须首先检查测设数据是否有误，而后确定重新测设的方案。

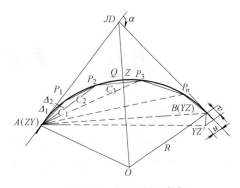

图 12-10 偏角法测设步骤

二、切线支距法

切线支距法是以曲线起点或终点作为坐标原点，以切线作为 X 轴，曲线半径作为 Y 轴，利用辅点坐标 x 和 y 设置曲线。该法亦称直角坐标法。

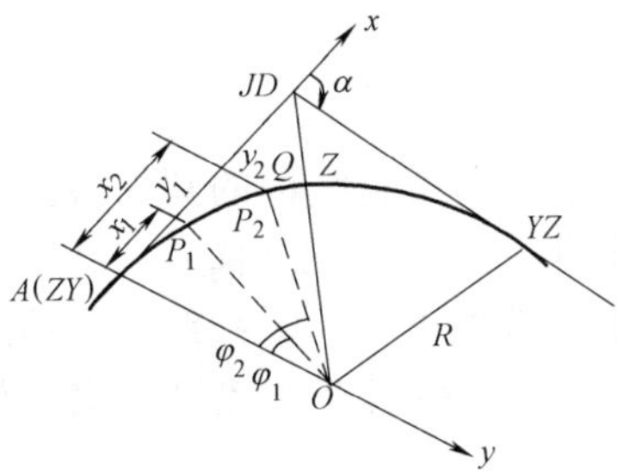

图 12-11 中，P_1、P_2 为曲线铺点，其坐标计算公式如下：

$$\left.\begin{array}{l} x_i = R \cdot \sin\varphi_i \\ y_i = R - R \cdot \cos\varphi_i \end{array}\right\} \quad (12\text{-}5)$$

$$\varphi_i = \frac{l_i \cdot 180°}{R \cdot \pi} \quad (12\text{-}6)$$

图 12-11 切线支距法

式中 l 为相应辅点 P 至曲线起（终）点之间的弧长。φ 为 l 所对的圆心角。

辅点坐标可以按上式计算，也可以从《公路曲线测设用表》中查取。在实地测设以前，需列出测设数据表（见表 12-4），其形式如下：

圆曲线切线支距法测设数据表　　　　表 12-4

桩　号	曲线长	X(m)	Y(m)
(ZY)4+530.61			
4+540	9.39	9.33	0.88
4+550	19.39	18.91	3.72
(QZ)4+553.91	23.30	22.47	5.33

本法的测设步骤与普通直角坐标测设方法相同。

三、利用全站仪和 GNSS 系统进行圆曲线主、辅点测设

利用全站仪和 GNSS 系统中实时动态测量系统可以很方便地进行圆曲线主、辅点测设，详见第十章第二节。

第六节　其他圆曲线类型简介

一、回头曲线

山区公路建设中，为争取高度在展线时需采用回头曲线。回头曲线实际是由三条圆曲线构成，其主曲线的偏角一般接近或大于 $180°$，其他两条为副曲线。见图 12-12。

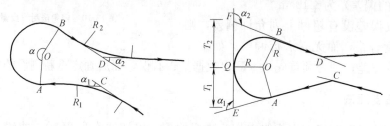

图 12-12　回头曲线

二、立交圆曲线

立交线路上的曲线是一个半径为 R 的连接立体交叉的上下两条直线段的圆曲线。该曲线不在同一水平面上，它由高度为 h_1 的平面均匀地上升到高度为 h_2 的平面。

图 12-13 表示用立交圆曲线连接的立交公路。JD' 为上下线的交点。下线经 JD' 通过 ZY 点、QZ 点至 YZ 点进入上线。设计时应给定曲线半径 R。选线时在实地钉出交点桩 JD'，测量转角 α'。

三、复曲线

由两个或两个以上不同半径的同向圆曲线连接而成的曲线称复曲线。其中给定半径的曲线称主曲线，半径未定的曲线称副曲线。

图 12-14 中的 ZY 至 GQ 之间的曲线称主曲线，其半径 R_1 在设计时给定；GQ 至 YZ 之间的曲线称副曲线，其半径 R_2 为待定。

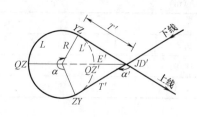

图 12-13　立交圆曲线

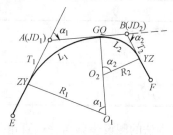

图 12-14　复曲线

四、反曲线

反曲线实际上是复曲线的一种类型，它由两个半径相同（或不同）而方向相反的圆曲线连接而成（参见图 12-15）。

两个圆曲线如果位于同一平面上，中间不设超高，则它们之间通常直接连接。否则，应在两图 12-15 曲线之间设直线缓和段或超高缓和曲线。

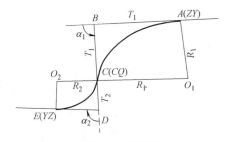

图 12-15　反曲线

第七节　缓和曲线的测设

汽车沿曲线方向行驶时会产生离心力，影响车身的横向稳定性，使旅客感觉不适。离心力过大，还会发生车辆倾覆事故。

为克服离心力的影响，道路曲线部分修成向内倾斜的横坡，使外侧路面提高，称为超高。超高的数值取决于曲线的半径的大小。半径愈大，超高越小；半径越小，超高越大。

如果道路的直线段和圆曲线段直接连接，则连接点处的半径应有二个，即直线的半径 ∞ 和圆曲线的半径 R，与此相应的超高分别为零和 h。因此，此处路面形成一个车辆难于越过的台阶。

为解决这个问题，在直线和圆曲线之间插入一段半径由 ∞ 逐渐减小到 R 的曲线，这种曲线称缓和曲线。缓和曲线上的超高由零逐渐增加到 h。

常见的缓和曲线插入直线与圆曲线之间，但也有插入复曲线之间、反曲线之间和其他曲线之间的。我国道路采用的缓和曲线是回旋曲线，又称辐射螺旋线。

一、缓和曲线的长度及其基本要素

回旋曲线的特性是，曲线上任意一点的半径与该点至起点的曲线长度成反比，用公式表示如下：

$$R' = \frac{c}{l} \tag{12-7}$$

在缓和曲线与圆曲线的吻接点上：

$$R = \frac{c}{l_s} \tag{12-8}$$

因此

$$c = R \cdot l_s \tag{12-9}$$

式中　R——圆曲线半径；

R'——缓和曲线上任意一点的半径；

l_s——缓和曲线全长；

l——缓和曲线上任意一点至起点之间的曲线长度；

c——比例常数。

在我国道路设计中，采用的比例常数 c 按下式计算：

$$c \geq 0.035v^2 \tag{12-10}$$

式中 v 是行车速度。

将上式代入式（12-8），得

$$l_s \geq 0.035v^2/R \tag{12-11}$$

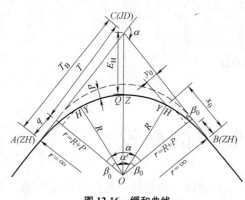

图 12-16 缓和曲线

图 12-16 是直线与圆曲线之间插入缓和曲线后的示意图。图中虚线表示原来的圆曲线。在插入缓和曲线后，圆曲线向内移动了一个 p 值，并使直线段缩短了 q 值。

圆曲线内移的方法有两种：一种是圆心不动，将曲线平行内移一个 p 值，即让半径减小 p；另一种是将圆心沿角平分线方向内移，而半径不变，使原圆曲线在 ZY 点和 YZ 点内移一个 p 值。在道路测量中常采用前一种方法，其效果与后一种方法相同。

缓和曲线的基本要素有以下六项：

p——圆曲线内移值；

q——圆曲线内移后原切线的增长值或直线段的减小值；

β_0——缓和曲线起点和终点上切线的交角，称缓和曲线角；

t_0——缓和曲线起、终点上切线的交点至曲线起点的距离；

x_0、y_0——缓和曲线终点的横、纵坐标。

缓和曲线基本要素的计算公式推证如下：

1. β_0 的计算公式

图 12-17 中，dl 为缓和曲线上任意一点弧长的微量，与此相应的切线角 β 的微量为 $d\beta$。

根据中心角、弧长和半径的关系可写出：

$$d\beta = \frac{dl}{R} \tag{12-12}$$

将（12-9）式代入上式得：

$$d\beta = l/(Rl_s)dl \tag{12-13}$$

取积分后变为：

$$\beta = l^2/(2Rl_s) \tag{12-14}$$

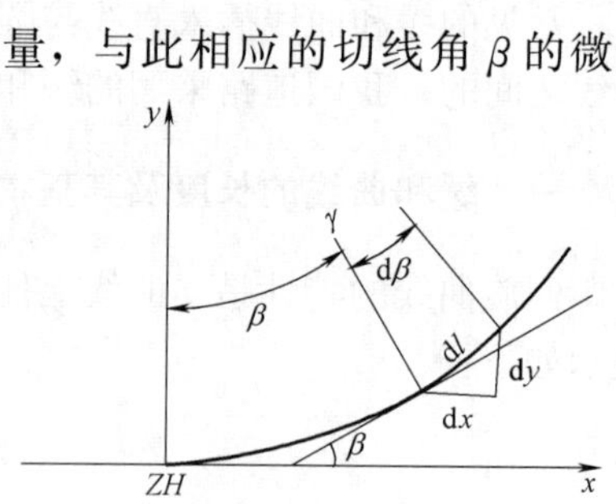

图 12-17 β_0 的计算

对于缓和曲线终点：

$$\beta = \beta_0, l = l_s$$

因此

$$\beta_0 = l_s/2R \tag{12-15}$$

以角度为单位表示（12-14）和（12-15）两式为

$$\beta = l^2/(2Rl_s)\rho$$

$$\beta_0 = l_s/(2R)\rho \tag{12-16}$$

2. x_0、y_0 的计算公式

按图 12-16 可写出

$$\left.\begin{array}{l} dx = dl \times \cos\beta \\ dy = dl \times \sin\beta \end{array}\right\} \tag{12-17}$$

式中 dy，dx 为纵横坐标微量。将 $\sin\beta$ 和 $\cos\beta$ 按级数展开，并以（12-16）式入，经积分后得：

$$y = l^3/(6Rl_s)$$
$$x = l - l^5/(40R^2l_s^2) \tag{12-18}$$

当 $l = l_s$ 时，上式变为缓和曲线终点的纵横坐标公式

$$y_0 = l_s^2/(6R)$$
$$x_0 = l_s - l_s^3/(40R^2) \tag{12-19}$$

3. p 值的计算公式

按图 12-16 可写出

$$p = y_0 - (1 - \cos\beta_0)R \tag{12-20}$$

按级数展开上式中的 $\cos\beta_0$，并将（12-16）和（12-19）两式代入后得

$$p = l_s^2/(24R) \tag{12-21}$$

4. q 值的计算公式

按图 12-16

$$q = x_0 - R\sin\beta_0 \tag{12-22}$$

展开式中的 $\sin\beta_0$，并将（12-16）和（12-19）两式代入后得

$$q = l_s/2 - l_s^3/(240R^2) \tag{12-23}$$

5. t_0 值的计算公式

按图 12-16

$$t_0 = x_0 - y_0\cot\beta_0 \tag{12-24}$$

展开式中的 $\cot\beta_0$，将（12-16）和（12-19）两式代入后得

$$t_0 = 2l_s/3 + l_s^3/(360R^2) \tag{12-25}$$

二、缓和曲线元素的计算

1. 切线长度 T_H 的计算公式

按图 12-16 得：

$$T_H = q + T = q + (R+p)\tan(\alpha/2) = T + t \tag{12-26}$$

2. 曲线长度的计算公式

圆曲线长应为：

$$L_y = R(\alpha - 2\beta_0) \times (1/\rho) \tag{12-27}$$

曲线全长为：

$$L_H = L_y + 2l_s \tag{12-28}$$

3. 外矢距 E_H 的计算公式：

$$E_H=(R+p)\sec(\alpha/2)-R=E+e \quad (12\text{-}29)$$

4. 切曲差 J_H 的计算公式：

$$J_H=2T_H-L_H=J+d \quad (12\text{-}30)$$

上列各式中的 T、E、J 为原圆曲线的元素，t、e、d 称为缓和曲线尾加数。

三、缓和曲线的主点里程推算和测设

缓和曲线里程采用竖式推算如下：

$$
\begin{array}{c}
JD \\
\underline{-T_H} \\
ZH \\
\underline{\pm l_s} \\
HY \\
\underline{\pm l_y} \\
YH \\
\underline{\pm l_s} \\
HZ \\
\underline{-T_H/2} \\
QZ \\
\underline{-J_H/2} \\
JD
\end{array}
$$

缓和曲线的主点测设方法与圆曲线主点测设方法基本相同，唯一的不同点是多了 HY 和 YH 两个主点。该两点可以根据它们的坐标 y_0 和 x_0，用切线支距法测设。

四、缓和曲线的详细测设

直线与圆曲线之间的缓和曲线段的详细测设通常采用切线支距法和偏角法。

（一）切线支距法

以 ZH 或 HZ 为原点，切线为 x 轴，垂直于切线的方向为 y 轴，建立施工坐标系。缓和曲线上任意一点在此坐标系中的坐标按下式计算：

$$y=l^3/(6Rl_s)$$
$$x=l-l^5/(40R^2l_s^2)$$

缓和曲线按切线支距法的测设方法与圆曲线的测设方法相同。

圆曲线段上任意一点的坐标按下式计算（参看图 12-18）

$$\left.\begin{array}{l} x_i=q+R\cdot\sin\varphi_i \\ y_i=p+R-R\cdot\cos\varphi_i \end{array}\right\} \quad (12\text{-}31)$$

圆曲线段的详细测设仍在 ZH 或 HZ 为原点的施工坐标系中进行。

圆曲线段的详细测设也可把仪器安置在 HY 或 YH 点，按单圆曲线的测设方法进行。此时要求找出 HY 或 YH 点上的切线方向。

由图 12-18 可知，HY 点上的切线与横坐标轴相交于 N 点，而 N 点至 ZH 的距离 t。可按（12-25）式计算：

$$t_0 = (2l_s/3) + (l_s^3/(360R^2))$$

（二）偏角法

图 12-19 中，p 为缓和曲线上任意一点；i 为测设 p 点时的偏角；β 为其切线角；t_0 为 HY 点偏角，称总偏角；β_0 称缓和曲线角。

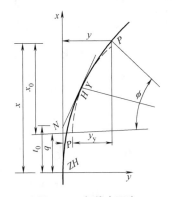

图 12-18 切线支距法

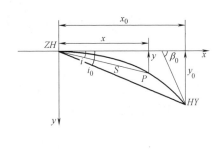

图 12-19 偏角法

按图示三角关系可写出

$$\mathrm{Sin}\, i = y/s \tag{12-32}$$

由于 i 角很小，上式可写成

$$i = (y/s)\rho \tag{12-33}$$

或

$$i = (y/l)\rho \tag{12-34}$$

式中用 l 近似代替 s，其中 l 是弧长，s 弦长。

用（12-18）式代入上式后得

$$i = l^2/(6Rl_s)\rho \tag{12-35}$$

将（12-35）和（12-16）两式相比较后可写出

$$i = \beta/3$$

$$i_0 = \beta_0/3 \tag{12-36}$$

综合后可得：

$$i = (l/l_s)^2 i_0 \tag{12-37}$$

缓和曲线上任意一点偏角可按前式计算，也可以按上式计算。在道路测量中将上式编制成表，使用时以 R，l_s 和 l 为引数查取 i 值。

【例 12-3】 设某圆曲线的半径 $R=300$m，偏角 $\alpha_y=30°22′$，交点 JD 的里程为 15＋086.72。要求在直线和圆曲线之间插入缓和曲线。缓和曲线的长度选定 $l_s=70$m。试计算偏角法测设数据。

【解】 1. 根据 $R=300$m，$l_s=70$m，查缓和曲线要素表或按公式计算得：

$$q = 34.984,\ p = 0.680,\ \beta_0 = 6°41′04″$$

2. 根据 $\alpha_y = 30°22′$，$R = 300$m，查圆曲线函数表或按公式计算得：

$$T = 27.138 \times 3 = 81.414$$
$$L = 53.000 \times 3 = 159.000$$
$$E = 3.617 \times 3 = 10.857$$

3. 根据 $R=300\text{m}$，$l_s=70\text{m}$，$\alpha_y=30°22'$ 查缓和曲线尾加数表或按公式计算得：

$$t=35.169$$
$$e=0.705$$
$$d=0.337$$

4. 计算缓和曲线元素

$$T_H=T+t=116.583$$
$$E_H=E+e=11.562,$$
$$J_H=J+d=4.168$$
$$L_y=L-l_s=89.000$$
$$L_H=L_y+2l_s=229.000$$

5. 主点里程推算

JD	15+086.72
$-T_H$	116.58
ZH	14+970.14
$+l_s$	70.00
HY	15+040.14
$+L_y$	89.00
YH	15+129.14
$+l_s$	70.00
HZ	15+199.14
$-L_H/2$	114.50
QZ	15+084.64
$+J_H/2$	2.09
JD	15+086.73（校核无误）

6. 查缓和曲线偏角表及圆曲线偏角累计表或按公式计算得各测设数据，见表 12-5。

缓和曲线偏角法测设数据　　　　　　　表 12-5

桩　号	缓和曲线弧长（桩距）	缓和曲线累计偏角	圆曲线段弧长（桩距）	圆曲线段累计偏角
(ZH)14+970.14		不		
980.14	10.00	0-02-04		
990.14	20.00	0-10-55		
15+000.14	30.00	0-24-33		
010.14	40.00	0-43-39		
020.14	50.00	1-08-13		
030.14	60.00	1-38-13		
(HY)15+040.14	70.00	2-13-41		不
060.14			20.00	1-54-35
080.14			40.00	3-49-11
(QZ)15+084.64			44.50	4-14-58
089.14			40.00	3-49-11
109.14			20.00	1-54-35

续表

桩　号	缓和曲线弧长（桩距）	缓和曲线累计偏角	圆曲线段弧长（桩距）	圆曲线段累计偏角
(YH)15+129.14	70.00	2-13-41		不
139.14	60.00	1-38-13		
149.14	50.00	1-08-13		
159.14	40.00	0-43-39		
169.14	30.00	0-24-33		
179.14	20.00	0-10-55		
189.14	10.00	0-02-44		
(HZ)15+199.14		不		

7. 偏角法的测设步骤与圆曲线偏角法测设方法相同。

五、道路中桩测设的限差

依据《工程测量技术规程》的规定，道路中桩测设的限差要求见表12-6。

线路中线桩位与曲线测设的限差　　　　表12-6

线段类别		主要线路	次要线路	山地线路
直线	纵向相对误差	1/2000	1/1000	1/500
	横向偏差(cm)	2.5	5	10
曲线	纵向相对闭合差	1/2000	1/1000	1/500
	横向偏差(cm)	5	7.5	10

第八节　高速公路线型简介

高速公路同其他公路一样，由直线和曲线构成，但在弯道上的平面线型以回旋曲线为主。回旋曲线不仅用于连接直线和圆曲线，而且连接不同半径或相同半径的两个圆曲线，连接圆曲线和另一个回旋曲线等。常见的线型有下列几种。

一、基本线型

这类线型和前面讨论的缓和曲线相同，它由直线——回旋曲线——圆曲线——回旋曲线——直线构成，但前后两段回旋曲线多数可以相同，也可以不同，要由实际地形条件而定。

二、卵形曲线

它通常用于插入两个不同半径的圆曲线之间。两个圆曲线延长后，形成大圆包着小圆，而且不同心。因此回旋曲线既和大圆相切，又与小圆相切，使在小圆上行驶的车辆平稳地过渡到大圆上，或者相反。

图 12-20（a）中，YH 与 HY 之间的曲线段是回旋曲线。

图 12-20（b）表示二重卵形曲线。它由第一回旋曲线 YH_1——HY_1、圆曲线 HY_1——YH_2 和第二回旋曲线 YH_2——HY_2 构成。完整的曲线是由一个大圆套住两个小圆构成。

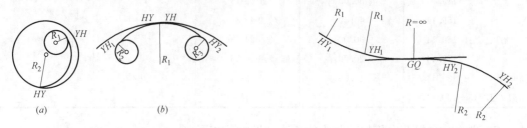

图 12-20　回旋曲线与卵形曲线
（a）回旋曲线；（b）卵形曲线

图 12-21　S 形曲线

三、S 形曲线

它是用两个回旋曲线插入两个方向相反的圆曲线之间。这两个回旋曲线的参数可能相同，也可能不同。两个圆曲线的半径也不尽相等。

图 12-21 中，YH_1——GQ 和 GQ——HY_2 是两条回旋曲线，它被插入圆曲线 HY_1——YH_1 和 HY_2——YH_2 之间。

四、凸形曲线

它是由两条回旋曲线在半径最小的点上相互连接而成，又称三角形曲线。根据现场的地形条件，凸形曲线可布置成对称型和非对称型。

图 12-22 中，ZH 至 GQ 之间的曲线为第一回旋曲线；GQ 至 HZ 之间的曲线为第二回旋曲线。GQ 点是这两段回旋曲线的半径最小处。

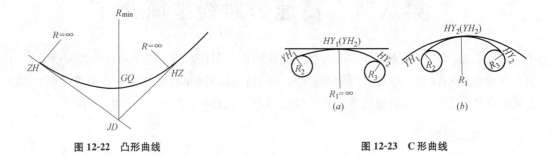

图 12-22　凸形曲线

图 12-23　C 形曲线

五、C 形曲线

此类曲线由两条吻合的回旋曲线插入两个圆曲线之间。这两个圆位于一条直线的同一侧，如图 12-23（a）所示，或位于一个大圆的同一侧，如图 12-23（b）所示。曲线的组合顺序为：YH_1——HY_1（YH_2）——HY_2，其中 HY_1 与 YH_2 是同一点，它位于直线上或半径为 R_1 的大圆上。

第九节 竖 曲 线

同平面线型一样，道路的立面线型也是由直线和曲线构成，不过直线又分为水平线和倾斜线两种。水平线和倾斜线之间，倾斜线与倾斜线之间要用曲线连接，以保证行车平稳和安全。这类起连接作用的曲线称为竖曲线。

我国道路采用的竖曲线为圆曲线。

图 12-24 表示由竖曲线连接两条坡率为 i_1 和 $-i_2$ 的倾斜直线。

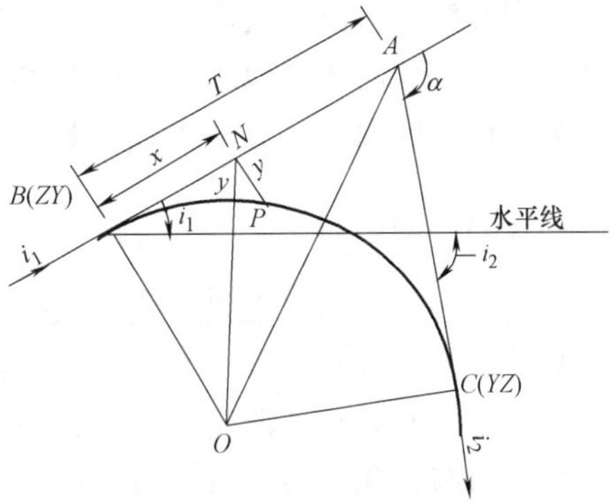

按图中的几何关系：
$$\alpha = i_1 - i_2 \tag{12-38}$$

根据圆曲线元素计算公式可以导出竖曲线元素的计算公式如下：

1. 竖曲线切线长度：
$$T = R\tan(\alpha/2) \cong R((\alpha_1 - \alpha_2)/2) \tag{12-39}$$

2. 竖曲线长度

因 α 角很小，可以采用
$$L = \alpha T \tag{12-40}$$

3. 外矢距 E

由于 α 角很小，纵坐标 y 的方向可以近似地认为与半径方向一致，也可把 y 视作 P 点与 N 点之间的高差。在直角三角形 BON 中
$$(y+R)^2 = R^2 + x^2 \quad \text{或} \quad y^2 + 2Ry = x^2 \tag{12-41}$$

上式中 y 值与 x 值相比，是个很小的值，因此可以略去其二次项，此时
$$y = x^2/(2R) \tag{12-42}$$

在 A 点处，因为 $x=T$，$y=E$，所以
$$E = T^2/(2R) \tag{12-43}$$

实际计算中，x 可视为曲线上任意一点 P 至 ZY 或 YZ 点的水平距离。

切线上的高程称为未计竖曲线高程，用 H' 表示；竖曲线上的高程称为设计高程，用 H 表示。因此，路线设计高程等于未计竖曲线高程加改正数 y。用公式表示为
$$H = H' \pm y \tag{12-44}$$

式中 y，对于凸形竖曲线取"—"；对于凹形竖曲线取"+"。在计算和测设时，分别以 ZY 和 YZ 作为起点，逐点向 A 点方向推进。

图 12-24 竖曲线

第十节 路线纵横断面测量

路线纵断面测量又称中桩高程测量，其任务是测定中线上各里程桩的地面高程，以便

绘制中线纵断面图。

纵断面测量同其他测量一样，遵循"从整体到局部"的原则，通常分两阶段进行。第一阶段是基平测量，其目的是沿路线设置水准点，建立高程控制，第二阶段是中平测量，其目的是测定所有中桩的地面高程。

一、中桩加桩的确定

当中线穿越铁路、公路、桥涵、建构筑物、水域、沟渠和地形变化等处应设加桩；线路过河穿过桥面时，应以现有河床为准；高差大于 0.3m 的坡、坎上下应加点。

纵断桩距应由设计方提供或与其商定，通常直线部分 50m，曲线部分 20～30m；

二、纵断面测量

纵断面测量使用水准仪或全站仪按图根水准测量（包括图根光电测距三角高程测量）精度要求沿中线逐桩进行，并检查里程桩号。使用全站仪测量时，作业前应检测竖盘指标差，作业时宜及时对仪器高检测并记录；

纵断面高程测量时，每安置一次仪器应尽可能测定视距范围内的全部中桩的地面高程。视距一般不超过 150m。在一个站上开始测量前，应首先选好转点位置，以为下一次迁站作好准备。转点应设置在比较稳定的地方，并做上标记，以便在可能出现返工时进行分段检核，减少返工工作量。

在一个站上开始观测时，首先观测后前转点上的水准尺，读数至毫米；而后观测中桩上的水准尺，读数至厘米。相邻水准点高差与纵断检测的较差不应超过 2cm；中桩高程误差要求不超过 ±10cm。

当线路穿越房屋密集的居民地、建筑区时，可将中线展绘在地形图上并对地形图修测后，从地形图上择录纵断，但设计依据的重要高程点位必须现场实测桩号和高程；

图 12-25 中，P_1、P_2、P_3、……为测站，ZD_1、ZD_2 为转点，BM_3 为水准点。在 P_1 站上的观测程序如下：

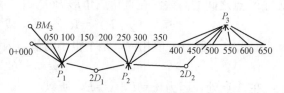

图 12-25 纵断面测量

后视 BM_3、前视 ZD_1、中视 0+000、050、……150；而后将仪器搬到下一站 P_2 上继续观测，直至测至下一个水准点为一测段。测段内的高程闭合差要求不超过 ±50$\sqrt{L}$mm（L 为水准线段长，以 km 为单位）。若闭合差在允许误差范围内，则认为合格，且无需进行调整或平差。

【例 12-4】 试计算表 12-7 中各中桩的高程，并作检核计算。

表 12-7

测点	后视	前视	中视	高程	视线高	备注
BM_3	1.579			48.900	50.479	
2+050			2.60	47.88		
2+100			3.56	46.92		
2+150			4.11	46.37		

续表

测点	后视	前视	中视	高程	视线高	备注
ZD_1	1.428	1.235		49.244	50.672	
2+250			4.58	46.09		
2+300			4.72	45.95		
2+350			2.72	45.95		
2+400			2.71	47.96		
2+450			1.68	48.99		
2+500			1.65	49.01		
2+550			2.64	48.03		BM_4 的高程
BM_4		1.621		49.051		$H_4=49.064$

$\sum a = 3.007$

$\dfrac{-\sum b = 2.856}{\sum h = +0.151}$ $H'_4 = 49.051$ $H'_4 = 49.051$
$-H_s = 48.900$ $H_4 = 49.064$
$\sum h = +0.151$ $f_k = -0.013\text{m} = -13\text{mm}$

$f_{n允} = \pm 50 \sqrt{0.4} = \pm 36\text{mm} > 13\text{mm}$

三、纵断面图的绘制

纵断面图表示路线中线上地面起伏的现状,它是道路设计的重要资料之一。

1. 纵断面图的内容

(1) 路线里程。路线里程按比例标在横坐标轴线上,一般只标出公里桩和百米桩的位置。公里桩用符号表示,并注明公里数;百米桩只写数字 1~9。

(2) 地面高程。地面高程指的是中桩地面高程,以纵坐标表示。

(3) 平面线型。由直线和曲线构成,根据中线测量资料绘成路线平面示意图。

(4) 其他内容。标明竖曲线的位置和元素,水准点、桥梁、涵洞的位置,与路线相交的各种管道、道路等人工构筑物。

(5) 坡度、坡长、坡率。坡度 用斜线表示,向上为正,向下为负。平线表示水平路线。坡度线上注明坡率和水平距离。

(6) 设计高程。这里指的是未计竖曲线高程,即设计坡度线上的高程。

前四项是测量资料,由测量人员提供,后两项是道路设计人员根据测量资料所进行的设计内容。

2. 纵断面图的绘制

(1) 比例尺。里程比例尺通常采用 1/5000、1/2000 和 1/1000;高程比例尺取里程比例尺的十倍,即 1/500、1/200 和 1/100。

(2) 确定起始高程的位置。起始高程位置应选择在横坐标轴以上 1~2cm 为宜。高程为 10cm 的整倍数应定在厘米方格纸的粗线上。

(3) 设计高程的计算方法。设计高程按下式计算:

$$H'_B = H'_A + s \times i$$

式中 H'_A 为已知点 A 的设计高程,H'_B 为待定点 B 的设计高程,s 为 A、B 两点的水平距离或桩距;i 为 A、B 两点之间的坡率。

(4) 用符号或注字,将水准点、桥梁、涵洞、竖曲线、交叉管道等内容表示在纵断面线上方的相应里程处（图 12-26）。

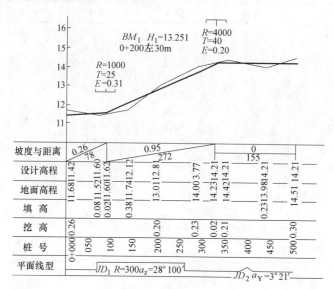

图 12-26 纵断面图

四、横断面测量

横断面测量是测定与路线中线正交方向上一定范围内的地形和地物，目的是绘制横断面图，以满足路基、防护工程设计，土石方量计算以及施工测设的需要。横断面测量范围一般为中线两侧各 20～30m。路线中桩处通常均需测量横断面。

横断面测量时，首先要确定横断面的方向，而后测量地貌、地物特征点的距离和高程。横断面测量可直接记录高程或高差，高程或高差的读数取至 1cm，距离读数取至 1dm。

1. 横断面方向的测定

横断面的方向，在直线部分应与中线垂直，曲线部分应在法线上；横断面测量的宽度应由设计方提供或与其商定。

（1）直线段上横断面方向的测定

在直线段上测量横断面方向，通常使用方向架（见图 12-27）。测量时将方向架立于中桩 A 上，用一对指针瞄准相邻的中桩 B，此时另一对指针即指向横断面方向 P。

（2）圆曲线上横断面方向的确定

测定圆曲线上的横断面方向，最简单的办法是利用方向架进行等桩距定法线求中法。实施步骤如下（参看图 12-28）：

1）将方向架立于中桩 A 点上，用一对指针瞄准前方的中桩 B，在另一时指针方向上确定一点 O'，并量取 AO' 的距离，设为 S。

2）转动方向架将一对指针瞄准后方等桩距的中桩 D（即 $AB=AD$），而后在另一对指针的方向上确定一点 O''，使 $AO''=AO'=S$。

3）连接 O' 和 O''，并求其中点 O。此时 AO 即为中桩 A 上的横断面方向。

（3）缓和曲线上横断面方向的测定

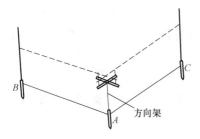

图 12-27 方向架法

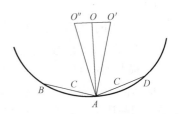

图 12-28 等桩距定法线求中法

测定缓和曲线上横断面方向需要利用仪器，其关键是确定切线方向。确定缓和曲线上任一点的切线方向时，可以利用前视中桩的偏角或后视中桩的偏角。这些偏角可从《公路曲线测设用表》中查取。

图 12-29 中，中桩 A 处的法线方向 AO，即为 A 处的横断面方向。测设前首先查取 A 至 B 的后视偏角 δ_B 和 A 至 C 的前视偏角 δ_C。

实际测量时，将仪器安置在 A 点上瞄准 B 点，把度盘读数调到 $0°00'00''$，而后正拨 $90°-\delta_B$ 角，即得 A 点处的横断面方向。

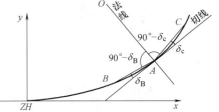

图 12-29 缓和曲线上横断面方向的测定

用类似方法，根据 C 点确定 A 点处的横断面方向，以作检核。

2. 横断面测量方法

横断面测量可采用水准仪或全站仪测量，量距可用皮尺。横断面应与纵断点相互对应。当线路穿越房屋密集的居民地、建筑区时，可将中线展绘在地形图上并对地形图修测后，从地形图上择录横断。但重要的高程点位必须现场实测高程。

对于图择横断面，横距误差不应大于所用地形图上 0.5mm，对设计中线起控制作用的地物或地貌点，其横断面必须现场实测或实量中线至控制地物（如铁路、桥、涵等）的距离；高程误差可按上条要求放宽两倍执行。

(1) 水准仪测量法

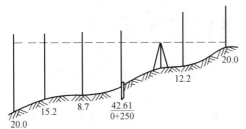

图 12-30 横断面测量

如图 12-30 所示，将水准仪安置在中线附近通视良好的地方，观测立于中桩处地面上的水准点作为后视，而后用视线高法逐个测定横断面方向上地面变坡点与中桩之间的高差和水平距离。高差最小读数到 cm，量距到 dm。记录格式见表 12-8。

横断测量手簿　　　　　　　　　　　　　　　　　　表 12-8

高差／距离 (左侧)			后视读数／桩号	(右侧) 高差／距离	
$\dfrac{-1.37}{20.0}$	$\dfrac{-0.91}{15.2}$	$\dfrac{+0.15}{8.7}$	$\dfrac{1.88}{0+250}$	$\dfrac{+1.24}{12.2}$	$\dfrac{+1.54}{20.0}$
...	...	...	...	...	...

227

(2) 杆皮尺法

本法常用于山区横断面测量。如图 12-31 所示，用皮尺量取水平距离，用花杆估测高差。距离和高差的读数均至分米。记录格式与上表相同。

3. 横断面图的绘制

横断面图是路基设计的重要资料之一，通常绘在一方格纸上。横断面的水平距离和高程采用同一比例尺，常用的比例尺为 1∶100 和 1∶200。

图 12-32 表示连续 5 个中桩处的横断面图。

图 12-31　杆皮尺法　　　　　　　　　　图 12-32　横断面图的绘制

4. 横断面测量的精度要求

对于实测横断面，明显地物点的水平距离误差不应大于断面图上 ± 1mm；断面总宽度大于 100m 时，其水平距离误差不应大于 1/300。测点高程与中桩高程之差，明显地物点不应大于 ± 10cm，地形点不应大于 ± 30cm，山地不应大于一个基本等高距。同一横断面需转点施测时应闭合至相邻横断面的中桩高程，闭合差不应大于 $\pm 10\sqrt{n}$cm（n 为转站数），山地可放宽两倍。

第十一节　道路施工测量

道路路线经过初测、定测以后，设计单位就可以根据这些资料进行设计，而后交给施工单位施工，这个阶段的测量工作叫做施工测量。而在施工之前，首先要检查控制桩、里程桩是否被损坏或丢失，如果部分桩位已经找不到了，那么就要先恢复全线的控制桩和里程桩。检查无误后始能进行路基、路面及其他结构工程的测量。

一、路线中桩的检查与恢复

1. 恢复交点桩

如个别交点桩丢失，可利用前后已知导线点进行恢复。如果丢失若干个连续交点桩，则必须根据定测资料，从已经找到的交点桩开始，逐个进行恢复，直到完成为止。由于在角度和边长的测量中存在误差，最后一个测设出来的交点桩可能与它原来位置不符，产生闭合差。这时应使用调整导线闭合差的办法进行调整。

调整完毕后，在恢复后的各交点上测量导线的折角和边长，视其是否和定测数据一致。如果差别过大，则需重新调整交点的桩位，一般要反复调整多次，才能符合要求。

2. 恢复转点桩

转点桩的恢复一般和交点桩恢复同时进行。由于交点桩需要进行多次调整，转点桩的位置不可能一次确定下来。

3. 恢复中桩

交点桩和转点桩恢复后，要先用钢尺丈量来恢复直线段上的中桩，如 50m 桩、100m 桩和公里桩以及重要的控制桩。而后根据定测资料恢复曲线段上的中桩。如果交点桩恢复后，其偏角有较大变化，则需重新选择曲线半径，计算曲线元素，设置新的中桩。

二、路基边桩的测设

路基边桩是用于标明路基施工边线的木桩，它是路基边坡与地面相交的坡顶点或坡脚点。边桩测设的中心问题是确定中桩至边桩的距离。测设方法有图解法和解析法两种。

1. 图解法

在厘米方格纸上绘出各中桩处的横断面图同时绘出路基的设计断面。这样，路基的坡顶点或坡脚点到中桩的水平距离可从图上直接量取。而后在实地上沿着横断面方向测设所量距离，并钉上木桩，即为路基边桩。

图 12-33 (a) 表示路堤，Z_1 是中桩，B 是路基的宽度，A、C 是路基边桩，设置在路堤的坡脚点上，l 是中桩至坡脚点的水平距离。

图 12-33 (b) 表示路堑。图中 Z_2 是中桩，E、F 是边桩，指示坡顶点的位置。

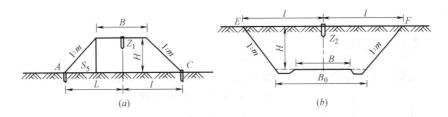

图 12-33　图解法

(a) 路堤；(b) 路堑

图中的 $1:m$ 为边坡率，它用下式表示：$1:m=H:S$，其中 H 为填挖高度。

2. 解析法

解析法是根据路基中心填挖高度 H 及边坡率 $1:m$ 来计算边桩离路基中心的距离 l 的方法。

图 12-34 表示修筑在平坦地段的路堤和路堑。其测设公式如下。

对路堤：$$l=B/2+m\times H$$
对路堑：$$l=B_0/2+m\times H$$

如果路基修筑在倾斜地面上，则边桩的测设公式为（参看图 12-34）。

对路堤：
$$l_1=B/2+m\times(H-h_1)$$
$$l_2=B/2+m\times(H-h_2)$$

对路堑：
$$l_1=B_0/2+m\times(H-h_1)$$
$$l_2=B_0/2+m\times(H-h_2)$$

式中 h_1 是上坡脚点或上坡顶点与中桩间的高差，h_2 是下坡脚点或下坡顶点与中桩间的高差。

显然，上列各式中的 B、B_0、H、m 均为设计值，h_1 和 h_2 是未知值。因此，按这些公式不能直接求出 l_1 和 l_2。

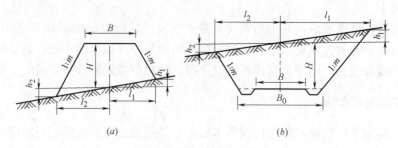

图 12-34 解析法
(a) 路基；(b) 路堑

在实践中，常采用逐步趋近法解决。该法的操作步骤如下：
1) 假定一个 l 值，或从横断面图上量取 l 的概值，设为 l'。
2) 在实地测设 l'，并实测其高差得 h'。
3) 将 h' 代入上列公式中，求得 l''。
4) 如果 $l''=l'$，则说明假定的 l' 是正确的。如果 $l''>l'$，则说明假定的 l' 太短，反之则过长。此时应重新假定 l 值，并重复上述测设和计算步骤，直到 l 和 h 值满足上列公式为止。

三、路基边坡的测设

路基边坡测设的目的是控制边坡施工按设计坡率进行。在道路施工中，路基边坡的测设常采用下列两种方法：

1. 绳索竹竿法

在中线上每隔一定距离沿横断面方向竖起竹杆，拉上绳索，按设计坡率把路基测设出来，如图 12-35 所示。用绳索竹杆法测设路堤既简单又直观，方便施工。

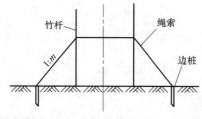

图 12-35 绳索竹杆法

2. 边坡样板法

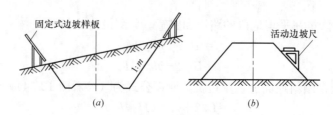

图 12-36 边坡样板法
(a) 固定式；(b) 活动式

边坡样板法可分活动式和固定式两种。固定式样板常用于路堑的测设，设置在路基边桩外侧的地面上。样板按设计坡率制作。以控制路堑边坡的施工。图 12-36 (a) 表示设置固定式样板的地点和控制边坡率的方法。

活动式样板称活动边坡尺,它既可用于路堤,又可用于路堑的测设。图 12-36（b）表示利用活动边坡尺测设路堤的情形。

四、路面的测设

路面测设是为开挖路槽和铺筑路面提供测量保障。

1. 路槽测设步骤

1）根据路面设计图每隔 10m 测设一个横断面,钉设路槽边桩（参看图 12-37）。

2）用水准仪抄平,使路槽边桩桩顶高程等于铺筑后的路面标高。

3）在路槽边桩和中桩旁钉上木桩。用水准仪抄平,使桩顶高程等于槽底的设计标高。这类桩志称为路槽底桩,由于它们是在路槽开挖前设置的,因此需挖坑埋设。

2. 路面测设

为了顺利排水,路面一般筑成拱形,称路拱。路拱通常采用抛物线形。

按图 12-38 所示的坐标系,写出抛物线公式如下:

$$x^2 = 2Py$$

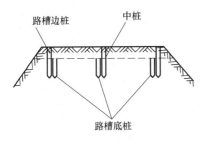

图 12-37　路槽测设

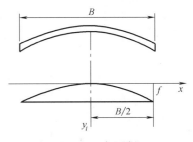

图 12-38　路面测设

当 $x=B/2$ 时,$y=f$,将它们代入上式得:

$$2P = B^2/4f$$

将上式代回前式得:

$$y = (4fx^2)/B^2$$

式中 f 为拱高,B 为路面宽度,它们是设计给定的。所以上式可写作

$$y = Kx^2$$

其中

$$K = 4f/B^2$$

式中 x 是横距,代表路面上任意一点离中桩的距离；y 是纵距,代表路面上任意一点与中桩之间的高差。因此,在路面施工时只要知道路面上任意一点离中桩的距离,即可求出该点与中桩之间的高差,以控制路面施工的高程。

思考题与习题

1. 试述道路建设三阶段测量的主要任务。

2. 设在某交点上测量的右折角为 72°24′12″,试计算其偏角,并说明是左偏还是右偏。

3. 什么是基平测量和中平测量？论述其测量方法和精度要求。

4. 绘图并列出单圆曲线的元素计算公式。

5. 设某圆曲线的偏角 $α_y=31°28′$，$R=200m$，交点里程桩号为 $13+241.78$。试求曲线元素。推算主点里程桩号，并列出其偏用法测设数据（要求每隔 20m 设置一个整桩）。

6. 什么是回头曲线、立交圆曲线？绘图说明其用途。

7. 为什么要设置缓和曲线，它有什么特点？列公式说明其曲线元素。

8. 设某圆曲线的半径 $R=300m$，偏角 $α_y=30°18′30″$，交点 JD 的里程为 $7+324.25$。要求在直线与圆曲经之间插入缓和曲线。缓和曲线长度选定为 $l_s=70m$。试计算其基本要素和曲线元素，推算主点里程，并列出偏角法测设数据和切线支距法测设数据。

9. 什么是竖曲线，它有什么用途？

10. 什么是路线纵断面测量？论述其测量方法和步骤。

11. 绘图说明平坦地区路基边桩的测设方法。

12. 完成表 12-9 计算，并作检核计算。

表 12-9

测点	水准尺读数			高程	视线高	备注
	后视	前视	中视			
BM_4	1.191			42.314		
0+300			1.62			
+350			1.90			
+400			0.62			
+420			1.03			
+440			0.91			
ZD_1	2.162	1.006				
+460			0.50			
+480			0.52			
+500			0.82			
+520			1.20			
+540			1.01			
+560			1.06			
ZD_2	1.421	1.521				
+580			1.48			
+600			1.55			
+620			1.56			
+640			1.57			
+660			1.77			
+680			1.97			
ZD_3	1.724	1.388				
+700			1.58			
+720			1.53			BM_5 的高程
+740			1.57			$H_5=43.626$
BM_5		1.281				

第十三章 管道工程测量

第一节 概 述

管道是城镇、工矿企业设施的重要组成部分，管道工程主要包括给水、排水、燃气、暖气、电缆、输油以及各种化学液体管道等。这些管道大多修建在建筑物密集的城区和工矿企业，纵横交错，上下穿插，比较复杂。从设置情况来看，有沿地表敷设、地下敷设和架空敷设，也有单线敷设和集于沟管敷设等。

管道工程测量是为各种管道设计和施工服务的测量工作。管道工程测量的任务和内容是：

1) 中线测量：根据设计要求在地面上定出管道中心线的位置。
2) 纵断面测量：测绘管道中心线的地面高低起伏情况。
3) 横断面测量：测绘管道中心线两侧的地面高低起伏情况。
4) 带状地形图测绘：测绘管道中心线附近的带状地形图（俗称条图）。
5) 施工测量：根据定线成果和设计要求，测设施工过程中所需的点位。
6) 竣工测量：测绘竣工管道位置，检查施工质量，为管道使用期间的管理、维修及扩建提供依据。

由上述内容可看出，管道工程测量许多内容与十二章内容有类似之处，故本节采取与上述内容对照的方式讲述。

第二节 管道工程中线测量

管道的中线即管道设计中心线，管道中线测量的任务是将设计的管道中心线位置在实地标定出来。管道的中心线是由起点、转折点和终点等主点依次连接而成，管道中线测量主要包括主点的测设以及沿管道中线方向进行中线测设。由于管线的转折方向都是用弯管来控制，所以管道工程测量中一般不需要测设曲线。

一、管道主点测设

管道主点的测设和建筑物定位类似，属于点的平面位置测设，其作业流程通常包括两方面工作，即主点测设数据准备和现场测设实施。

首先，根据现场的实际情况、仪器设备和测设精度要求等，拟定测设方法、计算放样数据。放样数据可以用图解法或解析法求得，如果设计图纸为 Auto CAD 数字图，则可利用 CAD 的查询功能直接获得放样数据。

1. 放样数据准备

（1）图解法

当管道设计图的比例尺较大，且管道主点附近有已知控制点或明显参照物时，可用图解法计算测设数据。如图 13-1 所示，井 1、井 2 两点为检查井位置，A、B、C 点为图上设计的管道主点。现要测设这三个主点，可先从图上量出 a、b、c、d、e 的长度。再按设计图的比例尺将这些长度换算为实地距离，即为测设数据。

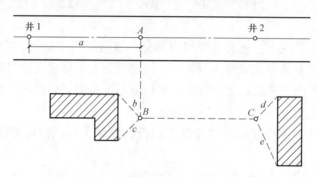

图 13-1　图解法

（2）解析法

当管道主点的坐标已知，且管道附近有已知控制点时，可用解析法解算测设数据。

如图 13-2 所示，管道附近已布设了导线，各导线点的坐标已在控制测量中求得。管道起点、转折点 1、转折点 2 及管道终点的坐标可从设计图中求得。

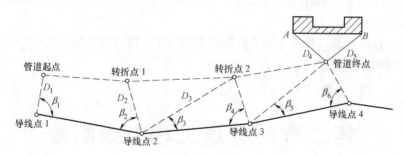

图 13-2　解析法

（3）利用 Auto CAD 查询

目前工程设计广泛采用计算机辅助设计（Auto CAD）技术，其图形成果通常以 CAD*.DWG 图形文件形式提供。此时，可利用 CAD 的查询功能直接获得放样数据，不仅方便，而且精确。

在利用 CAD 获取放样数据时，由于 CAD 采用的是笛卡尔坐标系，工程测量使用的是高斯直角坐标系，因此，在输入（展绘）测量控制点时，应先输入横坐标 y，再输入纵坐标 x。查询坐标输出时，CAD 的纵坐标 Y 为测量的纵坐标 x，因此只需将 CAD 坐标调换位置即可。

2. 主点测设

如图 13-2 所示，根据导线点坐标和管道主点坐标反算测设数据 β_1、D_1、β_2、D_2、β_3、D_3，则可在导线点 1 由 β_1、D_1 采用极坐标法测设出管道起点。同法，可测设出管道转折点 1、转折点 2 和管道终点。当测设距离较长、量距不方便时，可采用交会法测设。

目前全站仪使用已经普及，利用全站仪测设主点，不仅精度高，而且方便、灵活，可大大提高工作效率。

二、中线测量

管道中线测量包括三项主要内容，即中线桩测设、转向角测量、管线里程桩条图绘制。

1. 中线桩测设

管线主点在实地标定后，即管线的走向已经确定。为了计算管线长度和绘制纵断面图，还需要沿管道中线方向每隔一段距离测设中线桩（里程桩），根据不同的管线，里程桩的间距可以为 20m、30m、50m 等，按固定桩间距设置的中线桩称为整桩，当管道穿过重要地物（如管道穿过铁路、公路等）或遇到地形坡度变化处需要设置加桩。

中线桩测设时，可用经纬仪配合钢尺，也可以用全站仪测设。

2. 转向角测量

在管线中线转折点上，利用经纬仪或全站仪现场实测线路转线角。

3. 管线里程桩条图绘制

中线桩测设以后，需要施测中线两侧一定宽度的条图（带状图），作为工程平面布置的依据，比例尺为通常为 1∶500。条图的测绘一般可采用数字测图技术，也可以将中线桩作为控制点施测。选用何种测绘方法，应根据工程规模、设计方法等因素来确定。

第三节 管道纵、横断面测量

管道纵横断面测量方法与前述道路纵横断面测量相似。纵断面测量一般采用水准测量视线高法施测，即在前、后视之间插入中视点（或称为中间点）。如图 13-3，中间的直线是管道中心线，线上分位点注记为里程桩号。在第 1 测站，以水准点 BM_1 为后视点，以高程转点 TP_1 为前视点，该测站观测了 5 个里程桩，图中 5 条虚线即为中视点。视线高程和地面点高程计算公式如下：

$$\begin{aligned} &\text{视线高程} & H_{视} &= H_{后} + a_{后} \\ &\text{中视点高程} & H_{中} &= H_{视} - b_{中} \\ &\text{前视点（转点）高程} & H_{转} &= H_{视} - b_{前} \end{aligned} \qquad (13\text{-}1)$$

在观测时每根尺进行一次读数，前、后视读数到毫米，中视读数到厘米。

实测中应特别注意做好与其他地下管线交叉的调查工作，要准确地测出管线交叉处的桩号、原有管线的高程和管径。

管道的横断面测量方法与道路横断面测量方法相同。当管径较小、地面变化不大、埋深较浅时，一般不做横断面测量。

纵断面图的绘制是纵断面测量的重要工作，是管道设计的基础图件。管道纵断面图绘

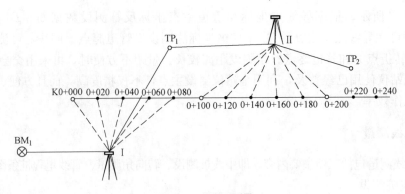

图 13-3 纵断面测量

制方法与前述道路纵断面图绘制方法相同。见图 13-4。

管道纵断面图绘制通常是在毫米格网纸上手工绘制，也可用 Auto CAD 或数字测图软件编辑，然后用绘图仪绘制。管道纵断面图的横轴为水平距离，比例尺一般为 1：2000，纵轴为高程，比例尺一般放大 10～20 倍。

横断面图可在毫米格网纸上绘制，也可根据测量数据利用计算机绘制。横断面图绘制时通常水平比例尺与高程比例尺相同。

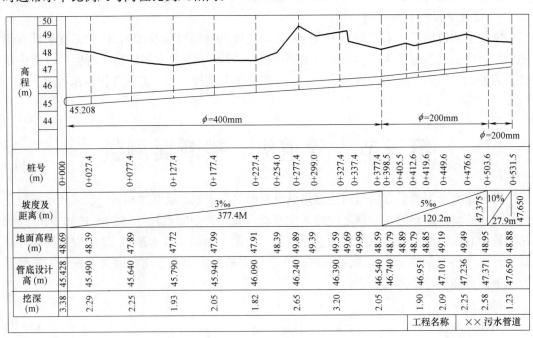

图 13-4 管道纵断面图

第四节 管道工程施工测量

管道工程施工测量在开工前的准备工作，除应熟悉图纸和现场情况，校核中线，定施工控制桩外，在引测水准点时，应同时校测现有管道出入口和与本线交叉管线的高程，若与设计图上数据不符时，要及时和设计单位研究解决。现就管道施工过程中的主要测量工作分述如下。

一、槽口放线

槽口放线的任务是根据设计要求的埋深和土层情况、管径的大小等计算出开槽宽度，并在地面上定出槽边线位置，作为开槽的依据。

当横断面比较平坦时，如图 13-5（a）。槽口宽度的计算方法为：

半槽口宽度 $\qquad B/2 = b/2 + m \times h \qquad$ (13-2)

式中　B——开槽宽度；

　　　b——槽底宽度；

　　　h——中线上的管槽挖深；

　　$1:m$——管槽边坡坡度。

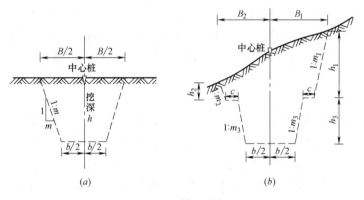

图 13-5　槽口放线
（a）横断面平坦时；（b）横断面高度变化大

当横断面高度变化较大时，中线两侧槽口宽度就不一致，应分别计算或根据横断面图图解法求出，如图 13-5（b）。

半槽口宽度 $\qquad B_1 = b/2 + m_1 h_1 + m_3 h_3 + c$

$\qquad\qquad\qquad\quad B_2 = b/2 + m_2 h_2 + m_3 h_3 + c$

式中 c 为饯台宽度。

二、坡度控制标志的测设

管道的埋设均有高程和坡度的要求，因此在开槽前后应设置控制管道中线和高程的施标志，一般有以下两种测法：

（一）坡度板法

1. 埋设坡度板

坡度板法是控制中线和构筑物的位置，并掌握管道设计高程的常用方法，一般采用跨槽埋设，如图 13-6。

坡度板应根据工程进度要求及时埋设，当槽深在 2.5m 以内时，应于开槽前，在槽上口

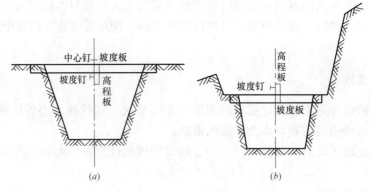

图 13-6 坡度板法

(a) 槽深 2.5m 以内；(b) 槽深 2.5m 以上

每隔 10~15m 埋设一块，如图 13-6 (a)。遇检修井、支线等构筑物时，应加设坡度板。当槽深在 2.5m 以上时，应待槽挖到距槽底 2m 左右时，再于槽内埋设坡度板，如图 13-6 (b)。

坡度板埋设要牢固，土质松软时，应用木桩或砖石等挤牢，坡度板不得露出地面，应使其顶面近于水平。坡度板埋好后，应将管道中心线投在上面并钉中心钉，再将里程桩号或检修井等附属构筑物桩号写在坡度板的侧面。用机械开槽时，坡度板应根据工程进度在挖完土方后及时埋设。

2. 测设坡度钉

为了控制管道的埋设，使之符合设计坡度，在已钉好的坡度板上测设坡度钉，以便施工时具体掌握槽底和基础面施工高程。如图 13-7 所示，在坡度板上中心钉的一侧钉一高程板，高程板侧面测设一个无头钉或扁头钉，称为坡度钉，使各坡度钉的连线平行管道设计坡度线，并距槽底设计高程为一整分米数，称为下反数，利用这条线来控制管道坡度和高程。

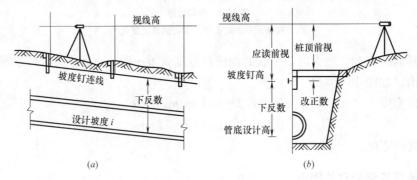

图 13-7 测设坡度钉

测设坡度钉的方法灵活多样，最常用的是"应读前视法"。图 13-7 表示"应读前视法"的计算原理。其步骤如下：

(1) 后视水准点、求出视线高。

(2) 选定下反数，计算坡度钉上立尺的"应读前视"：

$$应读前视 = 视线高 - (管底设计高程 + 预定下反数)$$

式中，下反数是根据现场情况选定的，一般要求使坡度钉钉在不妨碍工作和使用方便的高度上，表 13-1 中选用的下反数为 2.000m；

管底设计高程可从纵断面图中查出。

(3) 立尺于坡度板顶，读出板顶前视读数，算出钉坡度钉需要的调整数。

$$调整数＝板顶前视－应读前视$$

式中，调整数为"＋"时，表示自板顶向上量数定钉；

调整数为"－"时，表示自板顶向下量数定钉。

(4) 钉好坡度钉后，立尺于所钉坡度钉上，检查实读前视与应读前视是否一致，误差在±2mm以内，即认为坡度钉位置可用。

(5) 第一块坡度板的坡度钉定好后，即可根据管道设计坡度和坡度板的间距，依次推算出第 i 块坡度板上的应读前视，按上法测设各板的坡度钉。

表13-1是图13-8所示污水管线施工时的一段实测记录，表中：

视线高：49.992＋1.346＝51.338m

0＋177.4 处应读前视＝51.338－(47.440＋2.000)＝1.898m

坡度钉测设记录　　　　　　　　　　　　　　　　表 13-1

工程名称：××污水　　日期：××年×月×日　　观测：李××
仪器型号：S_3-0864　　天气：晴　　　　　　　　记录：张××

测点 (桩号)	后视读数	视线高	板顶前视	高程	管底设计高程	下反数	应读前视	改正数 +	改正数 −	备注
BM$_2$	1.346	51.338		49.992						
井10 0＋177.4			1.912		47.440	2.000	1.898	0.014		
167.4			2.000				1.928	0.072		
157.4			1.806		$i=-3‰$		1.958		0.152	
147.4			1.816				1.988		0.172	
137.4			1.885				2.018		0.133	
井11 0＋127.4			1.918		47.290	2.000	2.048		0.130	
BM$_1$			0.834	50.504						已知高程为50.502

计算校核：51.338－(47.290＋2.000)＝2.048
测量校核：闭合差＝50.504－50.502＝0.002　　　　　　　　　　　符合限差要求

以后各块坡度板的应读前视，可利用第一块板应读前视、坡度 i 和距离推算：

0＋167.4 处应读前视＝1.898＋3‰×10＝1.928m

0＋157.4 处应读前视＝1.928＋3‰×10＝1.958m

经上述工作后，所钉各坡度钉的连线即为与管道设计坡度平行、相距为下反数(2.000m)的一条坡度线。

(6) 为防止观测或计算中的错误，每测一段后应附合到另一个水准点上进行校核。

(7) 测设坡度钉时应注意以下几点：

1) 坡度钉是施工中掌握高程的基本标志，必须准确可靠，为防止误差超限或发生错误，应经常校测，在重要工序（例如打混凝土基础、稳管等）前和雨、雪天后，更要仔细做好校核工作；

2) 在测设坡度钉时，除本段校测外，还应联测已建成管道或已测好的坡度钉，以防止因测量错误造成各段无法衔接的事故；

3) 在地面起伏较大的地方，常需分段选取合适的下反数，这样，在变换下反数处，需要钉两个坡度钉；为了防止施工中用错坡度钉。通常采用钉两个高程板的方法，如图 13-8。

4) 为了便于施工中掌握高程，在每块坡度板上都应写好高程牌或写明下反数。下面是一种高程牌的形式。

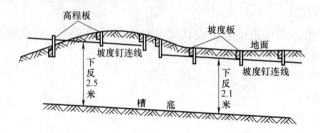

0+177.4 高程牌	
管底设计高程	47.440
坡度钉高程	49.440
坡度钉至管底设计高	2.000
坡度钉至基础面	2.050
坡度钉至槽底	2.150

图 13-8　钉两个高程板的方法

（二）平行轴腰桩法

当现场条件不便采用坡度板法时，对精度要求较低的管道可用平行轴腰桩法控制管道的中线和坡度，其步骤如下：

1. 测设平行轴线桩

开工前先在中线一侧或两侧平移钉一排平行轴线桩，桩位于槽线外，如图 13-9（a）中之 A，其与中线的轴距为 a，各桩间距约在 20m 左右，在检修井附近的轴线桩均应与检修井位置对应。

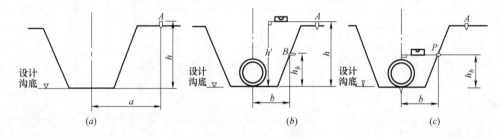

图 13-9　平行轴腰桩法

（a）测设平行轴线桩；（b）控制槽底高程、钉腰桩；（c）引测腰桩高程

2. 测出 A 轴各桩的高程

并依对应的沟底设计高程，计算各对应比高 h，列表表示。

3. 控制槽底高程

如图 13-9（b），制作一边可伸缩的直角尺，检量槽底比高 h'。

4. 钉腰桩

为了比较准确地控制管道中线的高程，在槽坡上（距底约 1 米左右）再钉一排与 A 轴对应的平行轴线桩 B，其与中线的间距为 b，这排桩称为腰桩，如图 13-9（b）。

5. 引测腰桩高程

如图 13-9（c），测出各腰桩高程后，用各桩高程减去相对应的管底设计高程，得出各腰桩与设计管底的比高 h_b 并列表表示，用各腰桩的 b 和 h_b 即可控制埋设管道的中线和高程。

三、顶管施工测量

在管道穿越铁路、公路、河流或建筑物时，由于不能或不允许开槽施工，常采用顶管施工方法。此外，如为了克服雨季和严冬对施工的影响，减轻劳动强度和改善劳动条件等方面，也常采用顶管施工。顶管施工技术随着机械化程度的提高而不断发展和广泛采用。

采取顶管施工时，应在欲顶管的两端先挖工作坑，在坑内安装导轨，将管材放在导轨上，用顶镐将管材沿管线方向顶进土中，然后将管内土方挖出，成为管道，如图 13-10 所示。具体测量步骤如下。

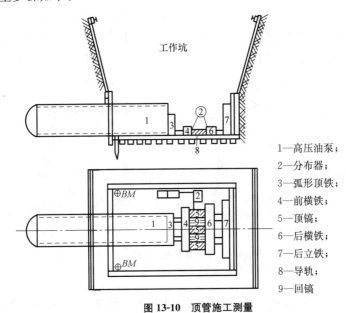

1—高压油泵；
2—分布器；
3—弧形顶铁；
4—前横铁；
5—顶镐；
6—后横铁；
7—后立铁；
8—导轨；
9—回镐

图 13-10 顶管施工测量

1. 中线桩的测设

中线桩是工作坑放线和测设坡度板中心钉的依据，测设时应按设计图纸的要求，根据中线控制桩，用经纬仪将顶管中线桩分别测设在工作坑的前后，使前后两桩互相通视，并与已建成的管线在一条直线上。测设中线桩，如需穿过障碍物时，测量工作应有足够的校核，中线桩要钉牢，并妥善保护以免丢失或碰动。

中线桩钉好后，即可根据他定出工作坑的开挖边界。工作坑的底部尺寸一般为 4m×6m 或 5m×7m，工作坑的开挖边界可根据其深度及开槽坡度算出，然后撒白灰线作为施工依据。

2. 坡度板和水准点的测设

当工作坑开挖到一定深度时，在其两端应牢固地埋设坡度板，并在其上测设管道中线（钉中心钉），再按设计要求在高程板上测设坡度钉。中心钉是管材顶进过程中的中线依据，坡度钉用于控制挖槽深度和安装导轨。坡度板应单独埋设，不要与撑木等连在一起，其位置可选在管顶以上，距槽底 1.8~2.2m 处为宜。

工作坑内的水准点，是安装导轨和管材顶进过程中掌握高程的依据。一般在坑内顶进

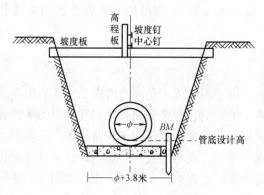

图 13-11 坡度板和水准点的测设

起点的一侧钉设一大木桩,使桩顶或桩一侧小钉的高程与顶管起点管内底设计高相同(见图 13-11)。为确保水准点高程准确,应尽量设法由施工水准点一次引测(不设转点),并需经常校测,其高程的误差应不大于±5毫米。

3. 顶进过程中的测量工作

(1) 中线测量

如图 13-12(a)所示,以坡度板中心钉连线为依据,挂好两个垂球,拉一小线以两垂球线为准延伸于管内,在管内安置一个水平尺,其上有刻划和中心钉,通过拉入管内的小线与水平尺上的中心钉比较,可知管中心是否偏差,尺上中心钉偏向那一侧,即表明管道也偏向那个方向;为了及时发现顶进的中线是否有偏差,中线测量以每顶进 0.5m 量一次为宜。

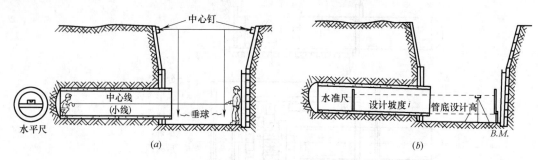

图 13-12 顶进过程中的测量
(a) 中线测量;(b) 高程测量

此法在短距离顶管(一般在 50m 以内)是可行的,结果也较可靠。当距离较长时(大于 100m),可在中线上每 100m 设一工作坑,分段施工,或采取激光导向仪定向。

(2) 高程测量

以工作坑内水准点为依据,按设计纵坡用比高法检验,例如 5‰ 的纵坡,每顶进 1.0m 就应升高 5m,该点的水准应读数就应小 5m;表 13-2 为某污水管道在顶管施工中的一段实测记录。

顶管施工测量记录   表 13-2

井号	里程	中心偏差	水准点读数	应读数	实读数	高程误差	备注
井8	0+380.0	0.000	0.522	0.522	0.522	+0.000	$i=5‰$
	+380.5	右 0.002	0.603	0.601	0.602	−0.001	
	+381.0	右 0.002	0.519	0.514	0.516	−0.002	
	+381.5	左 0.001	0.547	0.540	0.541	−0.001	
	………	………	………	………	………	………	
	+400.0	左 0.004	0.610	0.514	0.510	+0.004	

记录表 13-2 反映了顶进过程中的中线及高程情况,是分析施工质量的重要依据。根

据规范要求，施工中应做到：

  高程偏差：高不得超过设计高程 10mm，低不得低于设计高程 20mm；

  中线偏差：不得超过设计中线 30mm；

  管子错口：一般不得超过 10mm，对顶时不得超过 30mm。

思考题与习题

1. 管道工程测量的任务和内容有哪些？
2. 简述管道主点测设的作业流程和测设方法。
3. 管道工程施工测量开工前的准备工作有哪些？
4. 管道施工过程中的坡度控制标志的测设方法有哪些？
5. 坡度板有何作用？坡度板埋设有何要求？
6. 简述坡度板法测设的基本步骤。
7. 简述平行轴腰桩法测设的基本步骤。
8. 何为顶管测量？简述顶管测量的工作步骤和要求。

第十四章 测绘在城市规划管理中的应用

第一节 概 述

"规划是龙头，测绘是基础"。测绘是城市规划、建设重要的前期和基础性工作，贯穿于城市规划建设的各个方面。随着社会经济的快速发展，城市建设日新月异，城市规划正发生着重大变革。测绘技术的发展和应用，为信息时代的城市规划创造了有利的条件。GPS卫星定位系统、基础地理信息系统（GIS）、遥感技术（RS）等高新技术的开发和应用，为各项城市建设工程的顺利完成提供了可靠的保证。以3S技术为代表的测绘技术在城市规划中得到了综合应用。

城市建设规划，牵涉到城市的地理位置、环境、地形、地貌、水文、地质、气象、人口、物产以及城市发展的历史，几乎所有的城市规划内容都要通过地图表现出来。测绘为城市规划提供不同比例尺地形图和专题地图，城市大比例尺地形图是城市规划的基础资料，是城市规划的基本图件。国家基本比例尺地形图是经济建设和社会发展的基本用图，我国确定的国家基本图的比例尺系列为1∶100万、1∶50万至1∶5000等8种，城市建设与管理所使用的基本地形图比例尺主要有1∶500、1∶1000、1∶2000、1∶5000和1∶10000等5种，在城市规划中各阶段对城市地形图的比例尺有不同的要求，1∶10000和1∶5000比例尺地形图主要用于城市总体规划、城镇体系规划和土地利用总体规划，1∶5000到1∶2000用于小区建设规划和工程初步设计，1∶1000、1∶500多用于小区建设详细规划和工程施工图设计。这一系列的地形图是编制城市规划图件的工作底图。

第二节 城市规划测量是城市规划建设的保障

城市规划测量是实施城市规划的第一步，城市规划测量由当地规划测量主管部门报送技术方案，经审查同意后方可施测。规划测量应当执行统一的城市平面坐标系统和高程系统。在实施城市规划过程中，规划测量诸如征地、放线、验线等基础工作极为重要，只有在城市规划中严格实施城市测量，才能确保城市规划的连续性、完整性和统一性，确保规划的正确执行和实施。城市规划测量的主要内容包括：建设用地规划测量，规划道路定线测量、竣工测量等。城市建设用地规划测量是按照城市规划行政主管部门下达的定线、拨地设计条件进行。规划道路定线测量是根据城市交通规划，把城市道路中线、道路边线、道路红线在实地上标定出来。竣工测量是落实城市规划的保障。

一、建设用地拨地测量

根据规划要求在实地确定建筑用地边界,即宗地权属界桩的测设过程,这项工作称为拨地测量。他是根据土地管理部门依法将国有土地划拨给使用者,由城市规划测量单位根据城市规划、设计的要求将建筑用地范围和界线测设到实地,作为建设、施工以及土地权属等管理的法律依据。拨地测量工作涉及的内容包括了土地产权、土地范围、土地类别划分等,这些内容的成果具备法律作用。

二、规划道路定线测量

城市规划道路定线指根据城市道路系统规划,确定城市道路的空间位置,主要包括道路中线测量,规划道路红线测量等。他是为城市详细规划、各种市政工程的定线和拨地测量提供依据,在城市建设中起控制和保障作用。平行于道路中线的两旁建筑用地的边界线称为规划道路红线。红线设计就是具体确定道路红线的平面位置和主要控制点标高,确定广场和交叉口的总体布置。规划红线的放样是城市测量的一项重要工作,他保证道路两旁的建筑用地与规划红线平齐。道路及路上的管线设施,沿路建筑物,都要根据红线位置在空间上相互协调地进行建设;各种建筑物不得侵入道路红线。

三、建筑物定位放线和验线

1. 建筑红线

建筑红线,也称"建筑控制线",指城市规划管理中,控制城市道路两侧沿街建筑物或构筑物(如外墙、台阶等)靠临街面的界线。建筑红线由规划道路红线和建筑控制线组成。道路红线是城市道路(含居住区级道路)用地的规划控制线;建筑控制线是建筑物基底位置的控制线。基底与道路邻近一侧,一般以道路红线为建筑控制线,如果因城市规划需要,主管部门可在道路线以外另订建筑控制线,一般称后退道路红线建造。任何建筑都不得超越给定的建筑红线。

2. 建筑物定位放线

建筑物定位放线时,当以城市测量控制点或场区平面控制网定位时,应选择精度较高的点位和方向为依据;当以建筑红线定位时,应选择沿主要街道且较长的建筑红线为依据;当以原有建(构)筑物或道路中线定位时,应选择外廓(或中线)规整且较大的永久性建(构)筑物或较长的道路中线为依据。

3. 建筑物验线

是指经批准的建筑设计方案,在实地放线定位以后的复核工作。工程验线时主要检查建筑物界桩点位位置是否正确,检查建筑物的形状是否与批准的建筑设计图相符,检查建筑物外沿边线退让线是否符合规划设计要求。

四、竣工测量

竣工测量是建筑物竣工后所进行的一项城市规划实施管理阶段的测量工作,他是城市基础测绘信息实时更新的一种有效手段。竣工测量是城市规划建设中的一项重要环节,是严格执行城市总体规划,及时、准确地反映建设状况,为城市规划、设计、建设和管理提供可靠资料和依据的重要工作。

竣工测量的内容一般包括竣工建筑物及周边现状图测绘、建筑物与道路控制红线和用地红线等规划要素关系的标定、与周边建筑物关系的标定等。竣工测量是确保城市基本地形图现实性的一种动态更新的重要手段，测量成果的精度必定较普通的地形图测绘要高，其表示的内容必定要更加丰富和详尽。规划行政管理部门以此作为行政审批的依据，将竣工测量的结果与报建材料对照，以确定该项目是否有移位、超面积建设、不按设计图纸施工等违规建设行为，保证规划意图的严格实施，维护规划的权威性和科学性。

第三节 移动道路测图技术

一、移动道路测量原理

移动道路测量系统（Mobilk Mapping System，MMS）代表着当今世界尖端的测绘科技，是具备国际先进水平的我国自主研发的高科技测绘产品，他是在机动车上装配 GPS（全球定位系统）、CCD（视频系统）、INS（惯性导航系统）或者航位推算系统等先进的传感器和设备（图 14-1），在车辆高速行进之中，快速采集道路及道路两旁地物的空间位置数据和属性数据，这些影像连同汽车的轨迹坐标数据和姿态数据并同步存储在车载计算机中，经事后编辑处理，可计算得出立体影像中的目标地物的空间坐标（如：道路中心线坐标、地形特征点坐标等）和几何尺寸（如：路宽、桥高、坡度和转弯半径等），同时也

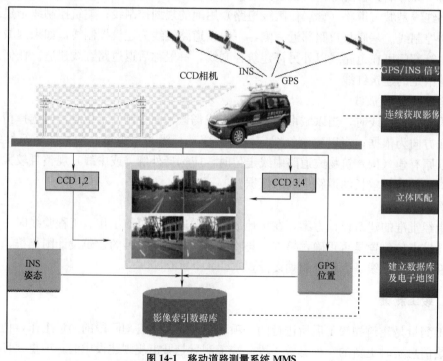

图 14-1 移动道路测量系统 MMS

可提取相应的地物属性数据。移动道路测量定位发展迅速,已经逐渐成为城市道路基础数据采集的有效手段。如今,MMS已被公认为是最快捷、最方便的基于道路的地理信息系统(GIS)数据采集工具。基于 MMS生成的地理数据产品既可满足测绘、交通、铁路、公安、城市管理等众多企、事业用户,同时也适用于汽车导航、个人定位服务(LBS)等市场中的广大个人用户。

二、移动道路组织结构

移动道路测量系统发展迅速,已经逐渐成为城市道路基础数据采集的有效手段。图14-2 为我国自主研发的 LD2000-RM 型移动道路测量系统的组织结构。

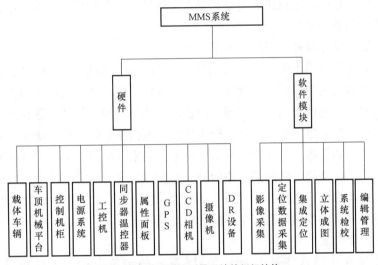

图14-2 移动道路测量系统的组织结构

1. 移动道路测量系统的硬件部分(图14-3)

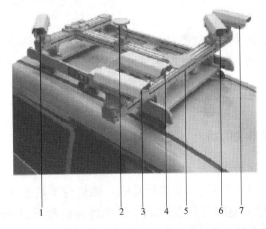

图14-3 移动道路测量系统的硬件
1—温控防护罩、CCD 相机 4;2—GPS 接收机天线;3—温控防护罩、
CCD 相机 2;4—温控防护罩、摄像机;5—车顶机械平台;6—温控
防护罩、CCD 相机 3;7—温控防护罩、CCD 相机 1

载体车辆选用现代江淮商务旅行车，此车规格能够适应城市道路测量的需要，做到在舒适作业的情况下，高效率、高质量地完成作业任务。计算机选用稳定性高，硬盘容量大，做到能够尽可能稳定有效地完成外业采集任务。相机采用数码相机，数码相机具有高速、高动态、实时存储、实时传输、程序控制的特点。

卫星定位系统选用拓普康、天宝、徕卡系列双频测量型接收机。用于 GPS 参考站定位测量的接收机，标称精度不得低于 $5mm+1\times10^{-6}D$，根据不同作业要求可以选配。航位推算（Dead Reckoning-DR）装置，采用陀螺仪组合加速度计的形式。

2. 移动道路测量系统的软件模块

移动道路测量系统的软件模块在整个数据采集及其处理过程中都起着举足轻重的作用，记录定位定姿数据、近景摄影测量数据、属性数据，并与后期的近景摄影测量数据处理、成果编辑管理密不可分。

（1）立体影像采集软件、空间数据采集软件

空间数据软件主要用于采集 GPS 定位数据、航位推算数据、音/视频数据和属性记录装置数据，同时将这些数据同步保存到计算机。软件还能够导入已有地图供导航使用，并且能够监视数据采集硬件的工作状态等。涉及内容包括：硬件管理、数据同步、数据采集工程管理、定位数据采集、航位推算数据采集、音频视频数据采集、属性数据采集、矢量平台和硬盘空间控制等等。立体影像采集软件主要用来获取道路两旁的立体影像，以近景摄影测量的方式来解决测量获取的立体像对，达到采集道路边线、道路中心线、兴趣点、地物属性的目的，为城市道路普查工作、导航数据生产工作、城市可视化建设服务。图 14-3 即是与地球真实的物理信息完全匹配的地球全息图。

（2）定位定姿集成处理软件

定位定姿集成处理软件是 Leador MMS 系统的定位定姿和航位推算数据处理模块，主要用于 GPS 动态差分解算和航位推算处理。做集成处理的目的是提高定位定姿精度。

（3）多源数据测量成图软件

多源数据测量成图软件是移动道路测量系统的道路摄影测量处理模块，也是道路数据处理工作的最主要模块之一。多源数据测量成图软件主要用于近景影像地理参考处理、道路中心线测量、地形特征点测量、道路属性如道路宽度、坡度和转弯半径的测量、属性编辑等。

三、移动道路测量系统的功能

1. 位置测量

运用 GPS 定位、CCD 视频技术和惯导技术，测量行车轨迹并推算道路中心线和边线坐标，并可从 CCD 影像中提取目标点精确位置坐标，精度可达 1m 以内。另外，还可进行目标点间相对位置关系的解算，精度可达厘米级。

2. 属性记录

通过专门的属性记录器，将上百种道路标记（红绿灯，立交桥，加油站等）设置成直观醒目的按钮，作业时只需轻轻一按，即可将矢量化的属性信息录入车载电脑。另配有手

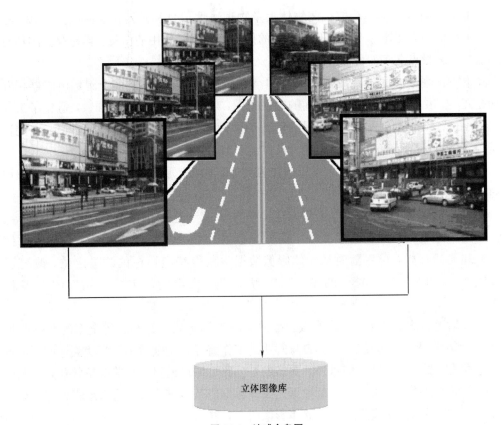

图 14-4 地球全息图

写/语音输入装置作为补充属性录入。另外，测量车上还装备高速 CCD 系统及音频系统，全过程记录目标属性，从而形成闭环的属性记录检验系统，保证了地物属性输入的完整性和品质。

3. 三维图像获取

除坐标数据和矢量数据之外，还可获得连续作业过程中的可量算三维图像数据。

4. 数据融合与利用

在最大限度地采集了各种道路综合信息之后，通过系统提供的友好的数据处理软件，可方便地将各种位置数据，属性数据以及图像进行后处理，最后存储在开放式的数据库中，并可输出形成各种适应于不同需要的数字地图成果，如导航电子地图、地球全息图（图 14-4）。

5. 精准导航功能

由于数据成果系由 MMS 系统所配备的高精度的 GPS、INS 和 CCD 等设备采集而成，故也可运用于原系统实现精准车载导航。

四、移动道路测量系统的特点和优势

1. 他是一种动态测量技术。在运动载体上搭载动态定位测量装置，在载体运动过程中完成任务定位测量。

2. 他是一种动态瞬间获取被测物体大量物理属性信息和几何信息的测量手段。在运动过程中获取的立体影像有被测目标最大的信息（可重复使用的信息，容易存储的信息），特别适合于测量点众多的目标。

3. 他是一种多传感器集成定位测量和空间信息采集的技术。多个测量传感器相互协调和补充，扩展了系统的时间和空间的覆盖范围，增加了测量空间的维数，避免了工作盲区，获得了单个测量传感器不能获得的信息。由于引入多余观测，多传感器集成空间数据相互融合，提高了系统工作的稳定性、可靠性和容错能力。

4. 他是一种地面遥感技术，可以非接触测量目标，获取目标的空间位置，同时提取目标的各种属性信息。

5. 移动道路测量技术综合了动态定位测量快速和近景摄影测量信息量大的特点，加快了测量速度，从而提高了野外空间数据获取的效率。获取的可量测实景影像使得数据处理灵活多样，可以随时从立体影像数据中获得特定目标的测量定位，改变了以往按照外业、内业工序测量的模式，实现了"一次测量，多次应用"的按需测量模式。

6. 移动道路测量技术是一个高效快捷的GIS数据采集工具和一种全新的GIS数据采集手段。移动道路测量系统具有其自身鲜明的工作特点，特别适用于带状测量成图信息采集。他的采集要素除了几何信息外，更多的是公路、城市道路，铁路等带状要素的属性信息，可方便快捷地对所采集的矢量数据、属性数据以及多媒体数据进行编辑处理，获得各种所需的专题数据。采集道路近景立体影像信息，获取道路及道路两旁设施的纹理、道路宽度、中心线、地形特征点等相关信息，为道路专题图制作、地形图修测、数字三维城市的建立，城市规划和管理等提供地理空间信息数据。

五、移动道路测量系统应用实例

1. 移动道路测量系统在科技奥运中的应用

奥林匹克森林公园和奥运场馆建设日新月异，采用传统的测绘技术无法做到实时、直观的工程建设监测，采用移动道路测量系统获取的可量测真三维图像、实景影像、多媒体视频和360°全景图片，使得对象的表达更为全面和直观，从而实现奥运场所设施动态普查和进度监控，见图14-5。MMS在作业过程中拍摄的图像均为连续可量算的三维图像，尤其对于重点关注的线路、地区和部位，均可将其实景图像拍摄下来存放在数据库中，可容许各级用户通过连接到服务器的计算机沿着道路，点击任何位置就可以浏览所需要查看目标的实景图像，达到"可视化的目标管理"水平。此外，MMS采集的数据可以实现可视化的警备路线管理，为重点警用路线提供任意方向的实景影像和视频的浏览、查看、测量等功能，并和实际地图数据相匹配，为决策人员提供辅助决策，进行可视化安全线路的选取规划、安全距离计算、布防位置设计等，被应用于国家安全部门奥运安保。

2. 移动道路测图系统在北京市西城区道路普查工作的应用

近年来，随着城区大开发、大建设步伐的加快，新建、改建道路日趋增多，同时由于

图 14-5 移动道路测量奥运场馆动态监测

道路资料存在不全、图纸与实际不符、市政设施情况不清等问题,给日常养护工作带了诸多不便。为加强道路及附属设施养护管理,掌握道路及附属设施的完好状况,建立科学、规范的市政设施养护体系,实现资源共享,对于提高市政设施管理、养护效率,科学、规范地进行城市道路管理、养护具有十分重要的意义。

历年来道路普查工作速度慢、效率低、周期长,普查结束后,道路现状已发生很大的变化,无法满足道路普查要求信息准确、及时的目的。存在着很大的质量隐患,人为因素较多,由于检查的工作量大,无法对普查数据有一个闭环的质量检查体系,直接造成普查数据存在较大的偏差,影响普查效果。与之相比,移动道路测图系统则具有明显优势。

1. 快速量测地物,内业处理生成普查指标数据
2. 道路路面可视化记录与全要素采集,覆盖道路普查的全部要素
3. 测绘道路普查数字地图,进行电子地图数据更新
4. 建立城市道路可视化立体影像库

采用移动道路测量系统进行北京西城区道路普查任务,完成城市道路普查要求的各种要素采集、处理,数字成果满足城市道路普查方案要求,并对已有道路电子地图数据进行更新、修测,建立了可视化的城市立体影像库,见图 14-6~图 14-8。

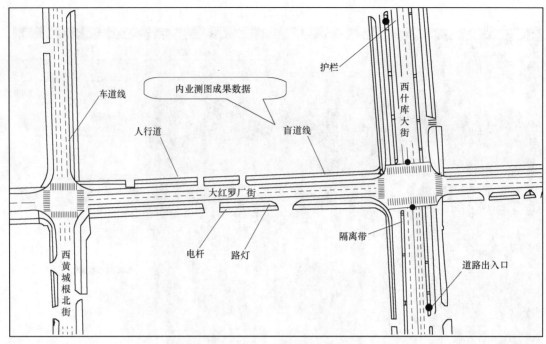

图 14-6 电子地形图

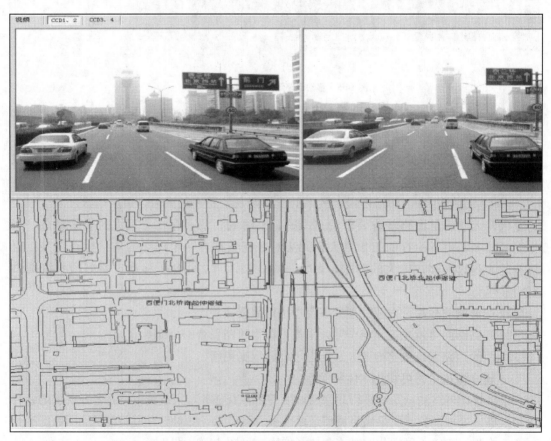

图 14-7 城市道路可视化立体影像图

图 14-8 城市道路普查成果发布管理系统

第四节 GIS 在城市规划中应用

地理信息系统（Geographic Information System，简称 GIS）是一门集计算机科学、信息学、地理学等多门科学为一体的新兴学科，他是在计算机软件和硬件支持下，运用系统工程和信息科学的理论，科学管理和综合分析具有空间内涵的地理数据，以提供对规划、管理、决策和研究所需信息的空间信息系统。从应用角度讲，GIS 由计算机系统、地理数据库和用户组成，通过对地理数据的集成、存储、检索、操作和分析，生成并输出各种地理信息，从而为土地利用、资源评价与管理、环境监测、交通运输、经济建设、城市规划以及政府部门行政管理提供新的知识，为工程设计和规划、管理决策服务。

一、地理信息系统的组成

地理信息系统支持对空间数据的采集、管理、处理、分析、建模和显示等功能，是一个硬件、软件、地理数据和人才的集合体，GIS 的应用系统由五个主要部分构成，即硬件、软件、数据、人员和方法。

1. GIS 硬件系统：用以存储、处理、传输和显示地理信息空间数据。计算机系统和一些外部设备、网络构成 GIS 硬件环境。一个典型的 GIS 硬件系统除计算机外，还包括数字化仪、扫描仪、绘图仪、打印机等外部设备。根据硬件配置规模的不同可分为简单型、基本型、网络型。

2. 系统软件：软件是指 GIS 运行所必需的各种程序，是地理信息系统的核心，用于执行空间数据的编辑、组织、分析处理、存储等 GIS 功能的各种操作。GIS 软件种类繁多，可分为专业软件、数据库软件、系统管理软件等。目前比较流行的软件有如国外的 ARC/INFO、MapInfo、GEOMEDIA，国内的知名软件主要有 GEOSTAR、MAPGIS、SUPERMAP 等。

3. 空间数据：空间数据是 GIS 系统的操作对向，他具体描述地理实体的空间特征和属性特征以及时间特征。基本的数据类型包括空间数据和非空间数据。空间数据通常以三维坐标或二维坐标来表示。空间数据描述地理空间实体的位置、大小、形状、方向以及几何拓扑关系。空间数据的表达可以采用栅格和矢量两种形式。非空间数据包括各个地理单元的社会、经济或其他专题数据，是对地理实体专题内容的广泛、深刻的描述。

4. GIS 的应用人员：GIS 应用人员包括系统开发人员和 GIS 技术的最终用户，他们的业务素质和专业知识是 GIS 工程及其应用成效的关键。人是 GIS 中重要的构成因素，仅有系统软件、硬件和数据还构不成完整的地理信息系统，需要人进行系统组织、管理、维护和数据更新，应用程序开发并采用地理分析模型提取多种信息，为地理研究和地理决策服务。GIS 只是一种技术手段和工具，他的作用在很大程度上取决于用户的水平、技能和经验。

GSI 应用模型的构建和选择也是系统应用成败关键的重要因素，虽然 GIS 为解决各种现实问题提供了有效基本工具，但对于某一专门应用目的，必须通过构建专门的应用模型。这些模型是客观世界中相应系统经由观念世界到信息世界的映射，反映了人类对客观世界利用改造的能动作用，并且是 GIS 技术产生社会经济效益的关键所在，也是 GIS 生命力的重要保证，因此在 GIS 技术中占有十分重要的地位。

二、GIS 的基本功能

一个 GIS 软件系统应具备五项基本功能，即数据获取、数据编辑、数据存储与管理、空间查询与空间分析、可视化表达与输出。

1. 数据采集与输入

数据采集与输入是将系统外部的原始数据传输给系统内部，并将这些数据从外部格式转换为系统便于处理的内部格式的过程。对多种形式、多种来源的信息，可实现多种方式的数据输入，如图形数据输入、栅格数据输入、GPS 测量数据输入、属性数据输入等。

2. 数据编辑与处理

数据编辑与处理主要包括图形编辑属性和数据更新。图形编辑主要包括图形编辑、图形整饰、图形变换、图幅拼接、投影变换、误差校正和建立拓扑关系等功能。属性编辑通常与数据库管理结合在一起完成，主要包括属性数据的修改、删除和插入等操作。

数据更新是以新的数据项或记录来替换数据文件或数据库中相应的数据项或记录，他是通过修改、删除和插入等一系列操作来实现的。由于地理信息具有动态变化的特征，所获取的数据只反映地理实体一定时间范围内的特征，随着时间的推进，数据会随之发生改变。

3. 数据的存储与管理

数据的有效组织与管理，是 GIS 系统应用成功与否的关键。数据的存储与管理是指数据存取和数据管理的各种控制，主要提供空间与非空间数据的存储、查询检索、修改和更新的能力。矢量数据结构、光栅数据结构、矢量栅格一体化数据结构是存储 GIS 的主要数据结构。目前广泛使用的 GIS 软件大多数采用空间分区、专题分层的数据组织方法，用 GIS 管理空间数据，用关系数据库管理属性数据。

4. 空间查询与分析

空间查询与分析是 GIS 的核心，也是 GIS 有别于其他信息系统的本质特征。地理信息系统的空间分析可分为三个层次的内容：

（1）空间检索：包括从空间位置检索空间物体及其属性、从属性条件检索空间物体；

（2）空间拓扑叠加分析：实现空间特征（点、线、面或图像）的相交、相减、合并等，以及特征属性在空间上的连接；

（3）空间模型分析：如数字地形高程分析、BUFFER 分析、网络分析、图像分析、三维模型分析、多要素综合分析及面向专业应用的各种特殊模型分析等。

综合分析功能可以提高系统评价、管理和决策的能力，分析功能可在系统操作运算功能的支持下建立专门的分析软件来实现。

5. 可视化表达与输出

中间处理过程和最终结果的可视化表达是 GIS 的重要功能之一。数据显示是指中间处理过程和最终结果的屏幕显示。通常以人机交互方式来选择显示的对象与形式，对于图形数据，根据要素的信息密集程度，可选择放大或缩小显示。输出是将 GIS 的产品通过输出设备（包括显示器、绘图机、打印机等）输出。GIS 不仅可以输出全要素地图，也可以根据用户需要，分层输出各种专题图、各类统计图、图表及数据等。

除上述五大功能外，还有用户接口模块，用于接收用户的指令、程序或数据，是用户和系统交互的工具，主要包括用户界面、程序接口与数据接口。由于地理信息系统功能复杂，且用户又往往为非计算机专业人员，用户界面是地理信息系统应用的重要组成部分，使地理信息系统成为人机交互的开放式系统。

三、GIS 在城市规划管理中的应用

GIS（地理信息系统）作为集测绘学、环境科学、城市信息学、地球管理科学和计算机技术等为一体的综合性学科，是对描述地理环境信息的地理坐标及相关信息进行采集、贮存、管理、分析和制图，并与计算机软件相结合的综合性技术系统。城市规划和管理是 GIS 的一个重要应用领域，他具有查询、计算、统计、空间分析等功能，利用 GIS 技术可进行城市规划的辅助设计、工程选址、规划控制、辅助决策等工作。随着城市规划管理办公自动化的发展，GIS 在其中的应用将日益普及，尤其是三维 GIS 技术的发展和应用，为城市规划提供了任意角度、任意方向的可视化空间分析模型。通过加载地理信息专题图，为城市规划提供丰富的信息，多角度、任意场景的变换使得规划师对城市的空间感悟以及城市的轮廓有了更深入的了解。目前，GIS 在城市规划建设管理中的应用主要有以下

几个方面。

1. 城市规划信息的查询管理

基于城市基本地形图建立城市地里信息系统，对城市整体或分区域建立空间模型，将城市规划相关的数据，如基础地形数据、用地许可资料、规划指标、规划成果图、文档资料等输入计算机中的数据库，利用 GIS 的空间查询功能对这些信息进行查询、检索、统计、显示、输出，实现管理的自动化、规范化和标准化，为城市总体规划编制提供直观、详细、完整的科学信息。

2. 土地资源利用的规划管理

利用 GIS 技术的海量存储数据和强大的图形操作功能，对土地管理实现集成化，可以即时方便地了解城市土地利用状况及土地权属界线等信息，使城市规划用地更具科学性和透明性，给城市土地的合理使用以强大支持。

3. 基于 GIS 的专题分析

城市用地规划平衡分析、城市规划技术指标分析、城市规划路网分析、城市规划绿地分析、城市居住人口规模及其分布状况分析、超市布局与居住人口空间关系分析、城市土地级差地租的评价等。这些主要利用了 GIS 的空间量测、空间分析功能，如建立缓冲区、拓扑叠加、特征提取、邻域分析等，加大了分析的深度和广度，提供城市的实时信息，为城市规划、管理提供了先进的现代化技术手段。

4. 辅助城市总体规划及详细规划

运用遥感数据和 GIS 对城市地理空间信息强大的管理和分析功能，能准确计算人口密度和建筑容量，进行有关城市总体规划的各项技术经济指标分析，完成城市规划、道路拓宽改建过程中拆迁指标计算，从而有效确定各类用地性质，辅助城市用地选择和建设项目合理选址；确定详细规划范围内的道路红线、道路断面以及控制点的坐标、标高；合理安排各项工程管线、工程构筑物的位置和用地等等。运用 GIS 技术可以极大提高城市规划的科学性、准确性和工作效率，指导规划的编制和具体城市规划方案设计，辅助政府作出城市建设发展决策。

5. 交通调查与模拟分析

利用 GIS 进行城市交通小区出行分布的数据建库，可以对现状路网密度、出行距离和时间、交通可达性、公交服务半径进行合理性评价，结合专业软件能进行城市交通的规划预测、出行分布和流量分配，开展交通环境容量影响评价。利用遥感数据进行道路勘测设计，可以快速完成对路线所经区域的地形、地貌、河流、建筑以及交通网系的概要判读。利用虚拟现实技术和三库一体（影像数据库、矢量图形库、数字高程模型）技术可以进行道路方案的仿真表现和环境模拟，实现全方位、立体化、多层次的规划和评价新模式。

6. 规划红线管理

道路红线是道路用地与城市其他用地得角的分界线，道路红线的宽度即为道路的规划路幅宽，他为道路及市政管线设施用地提供了法定依据。规划用地红线是规划管理工作中的一种重要数据，正确定位、描述规划城市道路和路面特征（道路坐标、道路宽度、横断面等）对于规划部门尤为重要。利用 GIS 用地红线辅助设计、查询统计、图形输出、记录历史变更等功能，他的主要作用体现在以下几个方面：

（1）提供方便的辅助设计工具绘制用地红线、标注用地红线、分割及合并用地红线按一定的比例输出的建筑红线，道路红线。

（2）利用 GIS 技术对用地红线的属性进行管理，可以方便地进行图形、属性互动查询及用地红线图相关的统计工作。

（3）可以利用 INTERNET 技术，针对用地红线进行网上发布及网上远程办公，提高政府办公效率及办公透明度。

第五节　遥感技术

遥感技术（Remote Sensing，简称 RS）是一门建立在空间科学、电子技术、光学、计算机技术、信息论等新技术科学以及地球科学理论基础上的综合性技术，为现代前沿科学技术之一，具有宏观、动态、综合、快速、多层次、多时相的优势。在新技术迅猛发展的今天，遥感技术伴随着航空、航天技术的发展而不断提高与完善，服务领域不断扩展，显示出极其广泛的应用价值、良好的经济效益和巨大的生命力。

遥感是通过不与物体、区域或现象接触获取调查数据并对数据进行分析得到物体、区域或现象有关信息的一门科学和技术。他是一门自 20 世纪 60 年代发展起来的新兴学科。由于遥感信息所具有的多源性，丰富和扩充了常规野外测量所获取数据的不足和缺陷，以及在遥感图像处理技术上的巨大成就使人们能够从宏观到微观的范围内快速而有效地获取和利用多时相、多波段的地球资源与环境的影响信息并进而为改造自然、为人类造福服务。应用遥感技术进行环境调查和监测指导环境评价是获取环境信息和进行环境研究的一种新的信息源和新的技术方法。目前有数十种空间和地面遥感器和遥感系统在运行，从而构成一个多手段、多层次的全球性立体探测系统为环境研究发送各种自然的和社会的信息资料入自然条件、自然资源、生态环境状况、城市规划、灾害现象等开辟了研究全球和区域能量和物质的分布及其变化研究的新途径。当前遥感形成了一个从地面到空中，乃至空间，从信息数据收集、处理到判读分析和应用，对全球进行探测和监测的多层次、多视角、多领域的观测体系，成为获取地球资源与环境信息的重要手段。

一、遥感技术的特点

1. 同步获取大范围数据资料

遥感用航摄飞机飞行高度为 10km 左右，陆地卫星的卫星轨道高度达 910km 左右，从而，可及时获取大范围的信息。例如，一张陆地卫星图像，其覆盖面积可达 3 万多 km^2。这种展示宏观景象的图像，对地球资源和环境分析极为重要。

2. 时效性

卫星围绕地球运转，从而能及时获取所经地区的各种自然现象的最新资料，遥感探测能周期性、重复地对同一地区进行对地观测，有助于人们通过所获取的遥感数据，发现并动态跟踪地球上许多事物的变化，以便更新原有资料，根据新旧资料变化进行动态监测。尤其是在监视天气状况、自然灾害、环境污染甚至军事目标等方面，遥感的运用就显得非常重要。不同高度的遥感平台重复周期不同，陆地卫星每 16 天即可对全球陆地表面成像一遍，NOAA 气象卫星每天能收到两次图像。Meteosat 每 30 分钟获得同一地区的图像。

3. 获取信息受条件限制少

在地球上有很多地方，对于自然条件极为恶劣，人类难以到达，地面工作难以开展的地区，如沙漠、沼泽、高山峻岭等采用不受地面条件限制的遥感技术，特别是航天遥感可方便及时地获取各种宝贵资料。

4. 获取信息的手段多，信息量大

根据不同的任务，遥感技术可选用不同波段和遥感仪器来获取信息。例如可采用可见光探测物体，也可采用紫外线，红外线和微波探测物体。利用不同波段对物体不同的穿透性，还可获取地物内部信息。例如，地面深层、水的下层，冰层下的水体，沙漠下面的地物特性等，微波波段还可以全天候的工作。

二、遥感技术在城市规划中的应用

1. 综合资源调查

快速实现城市范围国土资源与生态环境的多层次、全方位综合调查。利用航空遥感资料，可以迅速地获取城市用地现状，结合不同时期的遥感资料能够客观、准确地了解城市建设成就，动态地分析城市用地的发展趋势，可实现对土地资源利用的适时调查和动态监测，为科学地规划布局城市用地提供基础资料。

2. 为研究城市发展提供基础资料

系统地研究城市资源与环境的空间分布规律及其相互联系、相互制约的关系。通过对不同时期遥感资料的分析，可全面、系统地研究城市发展轨迹和时空变化规律，结合各时期城市建设管理环境等因素，对城市变迁、发展、人文环境变化进行动态分析和研究，国土资源和生态环境的综合整治规划以及城市经济可持续发展规划提供科学依据。

3. 专题地图制作

利用遥感获取的数字化影像可制作"4D"产品——数字正射影像 DOM、数字高程模型 DEM、数字栅格地图 DRG、数字线划地图 DLG，为城市基础地理信息系统提供详实、可靠的数据来源，并使城市规划设计实现人机对话式操作。以遥感资料为基础，可制作城市地形图、交通图等各种专题及综合图件。根据遥感资料，按不同层次、不同内容编制系列基础图件，客观、真实、系统地反映城市的建设成就和存在问题，为制定城市国民经济和社会发展的中长期规划。

思考题与习题

1. 试述城市规划测量的主要内容。
2. 为什么要进行建筑物验线？
3. 竣工测量在城市规划建设的主要作用是什么？
4. 什么是建筑红线，他的主要作用是什么？

5. 试述移动道路测量系统的特点。
6. 什么是 GIS 系统?
7. GIS 具有哪些功能?
8. 试述 GIS 的特点。
9. 试述 GIS 在城市规划管理中的应用。
10. 遥感在城市规划中主要作用是什么?

第十五章 建（构）筑物变形监测

第一节 概　　述

建（构）筑物在施工建设及运营使用阶段，受地基的地质构造不均匀、土壤的物理性质产生不同的塑性、地下水位的变化、大气温度的变化、建（构）筑物本身的动荷重及动荷载（如风力、震动等）等外界条件的影响，都会导致建（构）筑物随时间的推移发生沉降、水平位移、倾斜及裂缝等三维空间位移现象，这些现象统称为变形。建（构）筑物设计时一般都设置有相应的变形伸缩缝，当变形在设计限度内时属正常现象，但超过了设计的最大允许范围就会影响建（构）筑物的正常使用，并危及其自身及人身的安全。因此，需要对施工及运营使用中的建（构）筑物进行定期的变形监测。掌握其变形量、变形发展趋势和规律，以便分析研究产生变形的原因，采取措施，确保建（构）筑物安全使用，同时也为今后建（构）筑物的设计和施工积累相关资料。

一、变形监测的含义、目的及其特点

1. 变形监测的含义

所谓变形监测，就是使用测量仪器和方法定期测定建（构）筑物随时间推移而产生的变形的工作。通过建（构）筑物的变形监测可以直接了解地基、结构受力后的变形量，从而验证结构设计的合理性和施工质量的可靠性。同时随时跟踪建（构）筑物变形趋势，为建（构）筑物的安全作出判断，也为一旦发生工程质量事故提供数据依据。

变形监测属于安全监测。变形监测有内部监测和外部监测两方面。①内部监测的内容有建（构）筑物的内部应力、温度变化的测量，动力特性及其加速度的特性等，一般不由测量工作者完成。②外部变形监测的内容主要有建（构）筑物的沉降监测、水平位移监测、倾斜监测、裂缝监测和挠度监测等，一般由测量工作者完成。内部监测与外部监测之间有着密切的联系，应同时进行，以便互相验证与补充。

2. 变形监测的目的

（1）对重要的建（构）筑物实施变形监测，为建筑单位和施工单位及时提供可靠的数据和信息，用以评定对建（构）筑物本身和周围环境的影响，对可能发生的安全事故及时提供建议，使有关各方面有时间做出反应，避免恶性事故的发生。

（2）通过对建（构）筑物的变形监测可以直接取得基础和结构受力后的变形量，从而对施工质量进行评估和对结构设计的合理性进行验证。

（3）变形监测数据是对施工及运营使用期间的安全做出判断，为后续设计和施工积累相关资料。

3. 变形监测的特点

与一般的测量工作相比，变形监测具有以下特点：

（1）监测精度要求比较高

由于变形本身数值比较小，因此与一般测量工作相比，变形监测必须具有较高的观测精度，所以必须使用精密测量仪器和严密测量平差方法。

（2）重复固定监测

变形监测特别在施工期是随着施工工期同步进行的，一般要求建（构）筑物每增加一层或两层进行一次变形监测，因此变形监测是重复进行的。同时为了保证每次监测都是在相同的观测条件下进行，一般采用"五固定"方法，即：固定观测人员；固定观测仪器；固定观测水准尺；固定观测路线；固定观测方法，以此尽量减弱系统误差的影响和保证成果的可靠性。

二、变形监测的基本方法

变形监测方法可分为以下四种：

（1）常规测量方法：包括精密水准测量、全站仪坐标测量及交会法测量等。

（2）摄影测量方法：包括常规近景摄影测量、三维激光扫描测量等。

（3）物理测量方法：或称物理仪器法，包括各种激光准直仪、倾斜仪、流体静力水准测量及应变计测量等。当使用物理仪器进行变形监测，选用的仪器精度不应低于进行同等变形测量的大地测量仪器精度。

（4）空间测量方法：包括甚长基线干涉测量、卫星激光测距、全球定位系统等。

建（构）筑物变形监测方法的选择要根据建（构）筑物的设计性质、结构、使用状况、监测精度、周围的环境以及对监测的要求来选定。在实际工作中要综合考虑各种测量方法的优劣取长补短。

三、变形监测工作的具体实施

（1）变形监测方案的设计

变形监测之前，首先要设计详细的变形监测方案，他应包括监测对象的基本情况及周围环境的概述、监测的项目任务及目的、业主的精度要求及所执行的规范标准、变形监测网的设计、测量仪器的选择及作业实施方法、观测频率和观测次数、监测成果的提交及数据分析等。

（2）变形控制网的建立

变形控制网由基准网点、工作基点和变形监测点组成。

一般把基准网点和工作基点组成首级网。首级网是变形监测的基础，一般布设在变形区域以外，要求点位埋设稳固，变形极小，其稳定性对变形成果的可靠性起着至关重要的作用。在整个监测期间，要定期对首级网进行观测，以此来判断首级网的稳定性，并由此得到工作基点起算值。

由工作基点和变形监测点组成二级网。工作基点是变形监测路线的起止点，因此一般工作基点布设在靠近观测对象的地方。变形监测点一般布设在建（构）筑物荷重的支撑点上，由测量人员和设计人员协商确定。每次变形观测实际上就是对二级网的观测，由此得到建（构）筑物的变形值。

(3) 测量仪器的选择及作业实施方法

根据观测的精度指标及规范标准要求，确定相应等级的仪器设备。仪器在每次使用之前，须进行严格的检验与校正，确保各项指标达到相应的精度要求。充分考虑施工现场的具体情况和变形监测点的位置，合理布设监测路线，在作业方法上要坚持"五固定"的原则。

(4) 观测频率和观测周期的确定

根据建（构）筑物的重要程度、业主的要求和规范标准的规定，确定观测频率。变形观测的周期应能系统反映监测对象的变形过程，并综合考虑单位时间内变形量的大小、变形特征、观测精度要求及外界因素的影响。监测过程中变形发生显著变化时，应及时增加观测频率。建（构）筑物竣工后一般还要观测一段时间，直到建（构）筑物稳定为止。

(5) 变形观测成果的整理与分析

变形观测在现场采集完数据后，应及时利用变形观测系统软件进行资料的整理、计算，通过计算机可以进行变形数据的处理及分析，并绘制变形监测点历时曲线图。根据数据和曲线图初步分析变形监测点的稳定情况，给出可能出现的突变点。

下面就外部变形监测的内容及测量方法加以介绍。沉降是指建（构）筑物及其基础在垂直方向上的变形（也称垂直位移）。沉降监测就是测定建（构）筑物上所设监测点（沉降点）与基准点（水准点）之间随时间变化的高差之差。水平位移是指建（构）筑物在水平面内的变形，其表现形式为在不同时期平面坐标或距离的变化。建（构）筑物水平位移监测就是测定建（构）筑物在平面位置上随时间变化的移动量。倾斜和裂缝是因为地基的不均匀沉降、温度的变化、外界各种荷载或其他原因所产生的建（构）筑物倾斜或裂缝。

第二节 建（构）筑物的沉降监测

沉降监测是变形监测中的重要内容，也是建（构）筑物变形监测必做项目。

一、建筑物的沉降监测

1. 沉降点位布设

(1) 基准网点和工作基点的布设

基准网点和工作基点是监测建筑物变形值的基准。因此，选点时应注意：

1) 基准点应选设在变形影响范围以外，且便于长期保存的稳定位置。使用时，应作稳定性检查或检验，并应以稳定或相对稳定的点作为测定变形的参考点。

2) 工作基点应选设在靠近观测目标，且便于联测变形点的稳定或相对稳定位置。

3) 为了相互校核并防止由于个别基准点的高程变动造成差错，一般最少布设三个基准点。

基准网点和工作基点的稳定性对最后监测结果至关重要，故在埋设后，建设和施工单位应按照测量单位的要求予以保护。基点附近严禁施工单位在其上堆放物品,尤其是重物,以保证基点稳定及随时正常使用。基点的布设形式见图 15-1。

(2) 监测点的布设

沉降监测点的选择应根据建筑物的大小、结构特点、荷重分布以及地基土层的组合变化等综合因素与设计人员共同确定。为了准确全面地获取建筑物的沉降变形数据,有利于变形观测点的保护和观测方便,一般在结构墙或柱上安设墙面式观测点,见图 15-2。根据监测点的直径,使用相应的钻头,在墙、柱上打孔,然后用手锤将监测点打入孔洞内。监测点埋设结束后,观测单位应向建设单位提供最终监测点平面布置图,以便建设单位知道各个监测点位置,并通知施工单位、使用单位对监测点加以保护。若沉降观测从地下结构施工做起的,转入地上以后,原则上点位的选取还是以对应于地下点为准(保证测量成果的连续性,便于变形分析),见图 15-3。

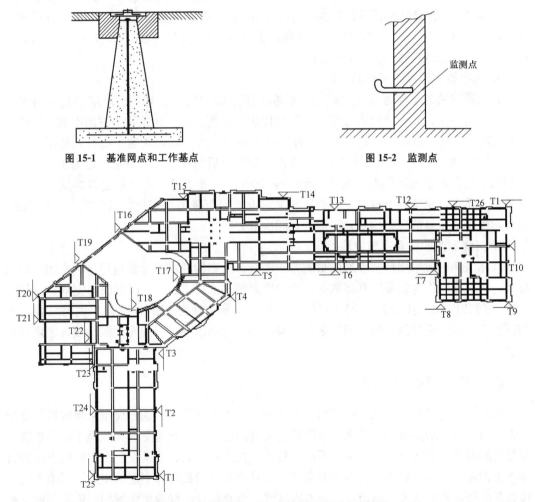

图 15-1 基准网点和工作基点

图 15-2 监测点

图 15-3 ××综合楼工程正负零沉降观测点位示意图

2. 测量仪器的选择

目前,最常用的测量仪器是美国天宝公司生产的 Trimble DiNi12 数字水准仪,见图 15-4。他是集光学技术、编码技术、图像处理技术、传感器技术和计算机技术于一体的高

图 15-4　DiNi12 数字水准仪

科技仪器。DiNi12 提供的 2m 精密水准尺，其标称精度为每千米往返测高差中误差 0.3mm，可用于国家一、二等水准测量及精密工程测量。简便的操作界面和技术上的创新，数字化的自动读数和记录方法消除了人为读数误差和人为记录错误。

DiNi12 数字水准仪的基本原理是利用光的反射，条码尺上的反射光，通过望远镜镜头，并经过分光镜，分光后，一路供人眼观测，另一路被 CCD 线阵接收，进而转换成电信号，经 A/D 电路形成数字信号，在 CPU 的控制下，将拍摄到的条码信息与内存中水准尺的条码信息进行比较和计算（数字图像处理原理），计算成功后将读数存入 PCMCIA 卡。

DiNi12 使用两种记录数据模式，一种模式记录测量原始数据（RM），另一种模式记录计算数据（RMC）。同时，DiNi12 有两种数据格式（与记录模式不是同一个概念），一种是 RECE（M5），另一种是 REC500。

3. 观测频率和观测次数的确定

施工阶段的沉降观测应在基础完工后或地下室砌完后开始观测。高层建筑宜每增加 2~3 层观测一次；工业建筑可按施工阶段分段进行观测。每个建筑物的观测次数不宜少于 5 次。施工过程中如暂时停工，在重新开工时应加测一次。建筑物竣工或投入使用后，可在第一年观测 3~4 次，第二年观测 2~3 次，第三年后每年一次，直至稳定为止。北京地区的稳定性标准是沉降量小于或等于 ±1mm/100d。在监测过程中，如建筑物发生不明原因的沉降异常、建筑物出现严重裂缝、基础附近地面荷载突然变化、基础四周大量积水、长时间连续降雨等情况，均应及时增加观测次数。

4. 沉降监测的作业实施方法

沉降监测一般采用精密水准测量的方法进行。所布设的水准路线应尽量构成闭合环的形式。首次观测作为重要的基础数据，至少要观测两次以上。±0 以下观测完毕，倒到 ±0 以上观测时，±0 上下都要同次观测，以保证变形监测数据的连续性。观测时要做到"五固定"，即固定观测人员，固定观测仪器，固定观测水准尺，固定观测路线，固定观测方法。

二、地下构筑物沉降观测

随着城市化的发展，地下构筑物（地下管线、轨道交通等）的建设越来越频繁。特别是人口与车辆的增多给城市带来了很严重的交通问题，地下轨道交通大规模建设是解决日益恶化的城市交通问题的一个主要手段。然而，在人口密集、建筑设施密布的城市中进行地下工程施工，由于岩土开挖不可避免地产生对岩土体的扰动并引起洞室及周围地表发生位移和变形，当位移和变形超过一定的限度时，势必危及沿线地面建筑物、道路和地下构筑物的安全。因此，地下构筑物工程开挖过程中沿线地表和建筑物的沉降监测，对于地表和周围环境保护以及地下构筑物工程的安全施工都具有十分重要的意义。

下面以轨道交通为例说明地下构筑物施工带来的沉降观测问题。地下管线施工的沉降监测也可类推。对沿线建筑物的沉降监测，所使用的仪器和作业方法与上述介绍相同，不再累述。

1. 沿线地表沉降观测

(1) 地表沿线沉降点位布设

基准网点和工作基点的布设与上述介绍相同。地表沿线沉降点位布设要求：

1) 沿线路中线方向每隔100m设立一个监测点，左右线交错布设；

2) 在暗挖车站位置每40m设立一个监测点，布设三排，车站中线一排，区间线路延长线各一排，见图15-5；

3) 在车站风道处（每车站两处）布设2~3个监测点，其中一点布设在风道与结构结合处；

4) 对于工法变换的部位（如明暗挖结合部），应布设2~3个地表沉降监测点；

5) 对软弱土层、或埋深较浅的区域应对监测断面和测点进行相应的加密。

监测点的埋设，应首先在地面开ϕ100mm的孔，打入顶部磨成椭圆形的ϕ22mm螺纹钢筋（如果是混凝土路面，钢筋底部至少应进入到路面下的路床上20cm，并与路面分离），然后在标志钢筋周围填入细砂夯实，为了防止由于路面沉降带动测点沉降影响监测成果数据，不可用混凝土或水泥固牢，最后还应在监测点上部做上铁盖加以保护。见15-6地表点布设示意图。

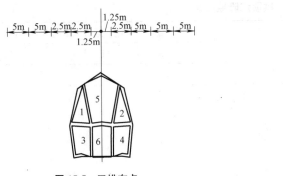

图15-5 三排布点

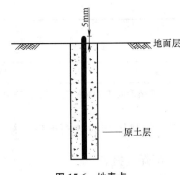

图15-6 地表点

(2) 观测频率的确定

监测频率与施工进度密切配合，针对施工方法制定相应的监测频率。正常施工情况下根据现场监测的实际需要并参照表15-1、表15-2、表15-3确定，当遇跨雨季或其他特殊因素应增加监测频率。水准基点与工作基点联测起初开始观测时，一个月复测一次，三个月以后每三个月观测一次。

暗挖法施工地段监测频率 表15-1

监测项目	施工阶段	监测频率
建(构)筑物沉降 地表道路沉降	1. 开挖面距测量目标前后≤2B 2. 开挖面距测量目标前后≤5B 3. 开挖面距测量目标前后>5B	1次/1~2d 1次/3d 1次/1周

说明：B为隧道开挖跨度，d为天。

盾构法施工地段监测频率 表15-2

监测项目	施工阶段	监测频率
建(构)筑物沉降 地表道路沉降	1. 掘进前后≤20m 2. 掘进前后≤50m 3. 掘进前后>50m	1次/1d 1次/2d 1次/周

明挖法（盖挖法）施工地段监测频率　　　　　　　　　　表15-3

监测项目	施工阶段	监测频率
建（构）筑物沉降 地表道路沉降	1. 围护桩施工 2. 基坑开挖 3. 主体结构施工	1次/周 1次/1～2d 1次/周

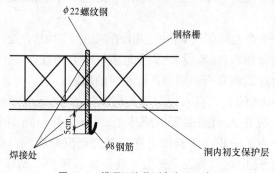

图15-7　拱顶沉降监测点布设示意图

2. 拱顶沉降监测

（1）拱顶沉降监测点的布设

在每条导洞纵深5m处，埋设一个监测点，材料选用$\phi=22$mm螺纹钢，做成直钩状埋设或焊接在拱顶，外露长度5cm，外露部分应打磨光滑，并用红油漆标记统一编号。监测点布设方法详见图15-7。

（2）观测频率的确定

拱顶沉降监测频率　　　　　　　　　　表15-4

序　号	监测项目	测点距开挖面远近的量测时间间隔		
		0～5m	5～15m	>15m
1	拱顶下沉监测	1天	3天	7天

注：变形监测周期可随施工情况和监测情况适当作以调整。

三、沉降监测的数据报表及初步分析

1. 沉降量报表

沉降观测在现场采集完数据后，内业要及时把数据从仪器中导出，利用沉降观测系统软件或人工进行资料的整理、计算。首先计算出本次各点的平差后观测高程，再根据本次和上次同一沉降监测点的高程数据求得差值，计算出相邻两次高差之差，即本次监测点的沉降量，利用Microsoft·Excel形成沉降量报表（部分），见表15-5。

从表中可以了解到：观测次数、观测日期、相邻两次的间隔天数、累计间隔天数、工程进度、监测点个数和点号、本次高程、本次沉降值、累积沉降值。通过计算可以得到平均沉降量和最大差异沉降量。

2. 绘制沉降量曲线图

图表具有较好的视觉效果，可方便用户查看数据的差异、图案和预测趋势。在沉降量曲线图中，可以直接查看到最小沉降点和最大沉降点，当沉降趋势较明显时，可引起用户的注意。可以利用Microsoft Excel的图表功能自动生成沉降量曲线图，在Excel中，图表是和数据表相链接的。横坐标以观测时间为单位，纵坐标以沉降量为单位，见图15-8。

3. 沉降初步分析

从整个监测区间的沉降曲线图可以明显地看出：沉降变化大致可分为2个阶段。

第一阶段为2007-10-15至2008-02-14，期间处于施工阶段，建筑物沉降监测点的沉降变化不稳定，具有起伏变化量大和沉降变化量大的特点。其中最大沉降速率

—0.36mm/d。由此可以得出结论：建筑物在施工期，对其地基的影响是很明显的。

建（构）筑物沉降量表　　　　　　　　　　　　表 15-5

工程名称：××综合楼工程沉降观测

观测序次			第 45 次观测			第 46 次观测			第 47 次观测			第 48 次观测		
观测时间			2008年3月15日			2008年3月30日			2008年4月13日			2008年4月30日		
本次/累计间隔天数(d)			15		563	15		578	14		592	17		609
施工进度			建筑装修			建筑装修			建筑装修			建筑装修		
编号	监测点号	底板编号	本次高程(m)	本次沉降(mm)	累积沉降(mm)	本次高程(m)	本次沉降(mm)	累积沉降(mm)	本次高程(m)	本次沉降(mm)	累积沉降(mm)	本次高程(m)	本次沉降(mm)	累积沉降(mm)
1	T1	D1	51.36349	−0.13	−17.61	51.36333	−0.16	−17.77	51.36319	−1.14	−17.91	51.36329	0.10	−17.81
2	T2	D2	51.37974	−0.35	−15.67	51.37935	−0.38	−16.06	51.37900	−0.35	−16.41	51.37875	−0.25	−16.66
3	T3	D3	51.34497	0.01	−12.55	51.34509	0.12	−12.43	51.34526	0.17	−12.26	51.34495	−0.31	−12.57
4	T4	D4	51.29700	−0.42	−20.37	51.29684	−0.15	−20.53	51.29693	0.09	−20.44	51.29648	−0.46	−20.89
5	T5	D5	51.41213	−0.41	−15.25	51.41197	−0.16	−15.40	51.41159	−0.38	−15.78	51.41112	−0.47	−16.25
6	T6	D6	51.09976	−0.51	−17.90	51.09963	−0.13	−18.03	51.09949	−0.14	−18.18	51.09930	−0.19	−18.37
7	T7	D7	51.12871	−0.30	−8.75	51.12861	−0.10	−8.85	51.12858	−0.04	−8.89	51.12843	−0.15	−9.04
8	T8	D8	50.57429	−0.11	−15.68	50.57427	−0.02	−15.70	50.57430	0.03	−15.67	50.57413	−0.17	−15.84
9	T9	D9	51.34980	−0.30	−20.94	51.34985	0.04	−20.90	51.34978	−0.07	−20.97	51.35019	0.41	−20.56
10	T10	D10	51.75402	−0.15	−27.89	51.75382	−0.20	−28.09	51.75367	−0.15	−28.24	51.75367	0.00	−28.25
11	T11	D11	51.58544	−0.31	−24.25	51.58543	−0.01	−24.27	51.58541	−0.01	−24.28	51.58542	0.01	−24.27
12	T12	D12	51.48609	−0.32	−21.21	51.48599	−0.10	−21.31	51.48584	−0.15	−21.56	51.48612	0.28	−21.18
13	T13	D13	50.88624	−0.21	−14.91	50.88595	−0.29	−15.20	50.88563	−0.31	−15.51	50.88525	−0.39	−15.90
14	T14	D14	51.49109	−0.49	−24.39	51.49082	−0.27	−24.65	51.49028	−0.54	−25.20	51.48997	−0.31	−25.50
15	T15	D15	51.27100	−0.39	−22.41	51.27105	0.06	−22.35	51.27104	−0.02	−22.37	51.27079	−0.25	−22.62
16	T16	D16	51.67306	−0.02	−19.14	51.67288	−0.19	−19.32	51.67247	−0.40	−19.73	51.67273	0.26	−19.47
17	T17	D17	51.33801	−0.20	−15.49	51.33803	0.02	−15.47	51.33820	0.18	−15.30	51.33755	−0.65	−15.95
18	T18	D18	51.42687	−0.40	−19.15	51.42703	0.15	−18.99	51.42719	0.16	−18.83	51.42699	−0.20	−19.03
19	T19	D19	51.46309	−0.45	−23.43	51.46266	−0.44	−23.87	51.46195	−0.71	−24.58	51.46165	−0.30	−24.88
20	T20	D20	51.24098	−0.29	−19.33	51.24088	−0.11	−19.44	51.24062	−0.26	−19.69	51.24084	0.22	−19.47
21	T21	D21	51.47119	−0.50	−18.14	51.47110	−0.10	18.24	51.47104	−0.06	−18.30	51.47098	−0.05	−18.35
22	T22	D22	51.43721	−0.02	20.18	51.43743	0.22	−19.96	51.43781	0.38	−19.58	51.43695	−0.86	−20.44
23	T23	D23	51.42303	−0.41	−14.43	51.42289	−0.15	−14.57	51.42262	−0.26	−14.84	51.42324	0.62	−14.22
24	T24	D24	51.71397	−0.09	−15.18	51.71373	−0.24	−15.42	51.71361	−0.12	−15.54	51.71335	−0.25	−15.80
25	T25	D25	51.69639	0.12	−22.08	51.69589	−0.50	−22.58	51.69548	−0.41	−22.98	51.69561	0.13	−22.85
26	T26	D26	51.59926	−0.29	−21.73	51.59916	−0.09	−21.83	51.59934	0.18	−21.65	51.59906	−0.28	−21.93

观测人：江恒彪　　　　　制表人：赵有山　　　　　审核人：刘运明

注：沉降量数值前带负号的表示下沉。

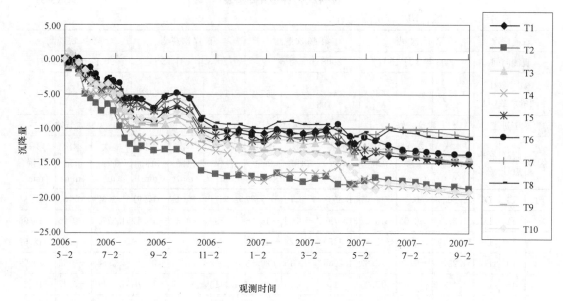

图 15-8　沉降量曲线图

第二阶段为 2008-02-14 至 2008-04-30，期间主要是进行施工装修，从曲线图上可以看到沉降变化曲线已经平滑，沉降量很小，其中前期最大沉降速率－0.04mm/d。后期最大沉降速率为－0.01mm/d。可以得出建筑物的沉降已进入稳定阶段。

从整个监测区间两个阶段的沉降情况看，工程主体施工期间各监测点沉降变化不稳定，但其沉降速率都在规范允许范围内，而工程主体竣工后进入建筑装修阶段，各沉降监测点的沉降速率更小。

由此可见，此建筑物的沉降趋势已趋于稳定。从沉降历时曲线图中可以看出各监测点的累积沉降值亦无明显变化，因此，无需继续对该建筑物进行沉降观测。

第三节　假设检验理论在沉降监测的应用

一、时间序列在建筑物沉降监测数据分析中的应用

时序分析法在动态数据处理中能以较高的精度进行短期预报，因此被广泛应用于社会、经济、自然、工程等领域。鉴于沉降监测序列是一个动态变化序列。时序分析法作为一种动态分析法，能够通过对同一监测项的平稳观测序列进行数据处理，找出监测项的变化特征、变化趋势，用某一代数式去描述监测序列前后之间的数学关系，进而利用这一关系式对未来某一时刻的监测值进行预报，为工程建设的可行性评估、施工监测以及后期维

护提供参考依据。

1. 模型介绍

平稳自回归模型（AR（Autoregressive）模型）：

$$x_t = \varphi_1 x_{t-1} + \varphi_2 x_{t-2} + \cdots + \varphi_p x_{t-p} + a_t \quad t=1, 2, 3, \cdots$$

其中 p 为自回归的阶，φ_1，φ_2，……，φ_p 为自回归系数，假设 $\{a_t\}$ 是白噪声序列，即 a_t 是满足均值为零，方差为 σ_a^2 的正态分布。在假设成立的条件下，可以看出，不同时刻的观测值之间是线性相关的，这是由变形规律所决定的。

2. 模型阶数的确定

通常将对模型阶数 p 的判定称为模型识别，其作用是初步确定序列模型的形状；平稳时间序列的自相关函数和偏相关函数的"截尾"或"拖尾"性可以为模型的识别提供依据。采用样本观测值 $(x_1, x_2, \cdots, x_N)$ 的估值。计算出自相关函数和偏相关函数的估值，可以通过分析判别时间序列的模型类型。对于 $AR(p)$ 序列如果得到的偏相关函数估值在 p 步截尾，可以判断 $\{x_t\}$ 是 $AR(p)$ 序列，其阶数为 p。

应用 F 检验准则判定模型阶数，就是在建立 $AR(p)$ 后，再假定 φ_p 的高阶系数中的某些值取为零，用 F 检验准则来判定阶数降低之后的模型，与原 $AR(p)$ 之间是否存在显著性差异。如果差异显著，则阶数可能还要增大，若其差异不显著，则可认为 p 为理想的阶数，其检验步骤是：

(1) 在初步建立 $AR(p)$ 后，取原假设为：H_0：$\varphi_p = 0$

(2) 计算 $AR(p)$ 的残差平方和 Ω_0 和 $AR(p-1)$ 的残差平方和 Ω_1，并计算

$$F = \frac{\Omega_1 - \Omega_0}{1} \Big/ \frac{\Omega_0}{N-p}$$

其中：N 为样本长度，p 是参数个数，$dr = r_0 - r_1 = p - (p-1) = 1$ 为被检验的参数个数，当 N 充分大时，近似地有：$F \sim (1, N-p)$ 即：近似地服从自由度为 1 和 $N-p$ 的 F 分布。

(3) 给定显著水平 α，查出临界值 F_α，若 $F \leqslant F_\alpha$，则 H_0 成立，可取 $AR(p-1)$ 为合适的模型，否则 H_0 不成立，模型阶数仍有上升的可能。

3. 模型参数估计

最小二乘估计法是大家熟知的一种估计方法。最小二乘估计法是满足某种最优化条件的估计方法，故又被称为精估计，是最常用估计方法。

AR 模型参数的最小二乘估计：设对时间序列 $\{x_t\}$ 有样本观测值 $x_1, x_2, \cdots, x_N$，由 AR 模型 $x_t = \varphi_1 x_{t-1} + \varphi_2 x_{t-2} + \cdots + \varphi_p x_{t-p} + a_t$ 可写出

$$\left.\begin{aligned} x_{p+1} &= x_p \varphi_1 + x_{p-1} \varphi_2 + \cdots + x_1 \varphi_p + a_{p+1} \\ x_{p+2} &= x_{p+1} \varphi_1 + x_p \varphi_2 + \cdots + x_2 \varphi_p + a_{p+2} \\ &\cdots \\ x_N &= x_{N-1} \varphi_1 + x_{N-2} \varphi_2 + \cdots + x_{N-p} \varphi_p + a_N \end{aligned}\right\} \quad (15\text{-}1)$$

若记：
$$Y=[x_{p+1}, x_{p+2}, \cdots\cdots x_N]^T; \varepsilon=[a_{p+1}, a_{p+2}, \cdots\cdots a_N]^T;$$
$$\varphi=[\varphi_1, \varphi_2, \cdots \varphi_p]^T$$
$$A=\begin{bmatrix} x_p & x_{p-1} & \cdots\cdots & x_1 \\ x_{p+1} & x_p & \cdots\cdots & x_2 \\ \cdots & \cdots & & \cdots \\ x_{N-1} & x_{N-2} & \cdots\cdots & x_{N-p} \end{bmatrix}$$

则式（15-1）可变为：
$$Y=A\varphi+\varepsilon \tag{15-2}$$

因此可以得到 AR 模型参数 φ 的最小二乘估计为：
$$\hat{\varphi}=(A^T A)^{-1} A^T Y \tag{15-3}$$

4. 模型的检验

对 $AR(p)$ 模型，应检验这个模型是否具有平稳性。对于模型平稳性的检验，主要是看所建模型的延迟算子方程的根的模是否都大于 1。如果所得方程解的模都大于 1，则认为所建模型是平稳的。否则，则认为是不平稳的。

为判定所建立的模型是否合理，还应检验模型噪声的独立性。在初步建立 $AR(p)$ 模型之后，可以将模型参数的估值 $\hat{\varphi}_j$ 和样本观测值 x_i 代入相应的模型，求得残差 $\hat{a}_t$。这样就得到 a_t 的一个样本序列 $\hat{a}_1, \hat{a}_2 \cdots\cdots \hat{a}_N$。如果所建立的模型是合适的，则这个序列就应该是白噪声序列的样本序列。所以可以通过检验这个序列是否是白噪声序列来检验模型是否合适。

检验序列 $a_1, a_2 \cdots\cdots a_N$（即：$\hat{a}_1, \hat{a}_2 \cdots\cdots \hat{a}_N$）是不是白噪声序列，通常采用自相关检验法，当他们是白噪声序列时，令他们的自协方差函数和自相关函数的估值为：

$$\left. \begin{array}{l} \hat{\gamma}_k(a) = \dfrac{1}{N} \sum\limits_{j=1}^{N-k} a_j a_{j+k} (k=0,1,2,\cdots\cdots K) \\ \hat{\rho}_k(a) = \dfrac{\hat{\gamma}_k(a)}{\hat{\gamma}_0(a)} \end{array} \right\}$$

一般取 $K \approx \dfrac{N}{10}$，当 $a_1, a_2 \cdots\cdots a_N$ 是白噪声序列时，$\sqrt{N}\hat{\rho}_1(a)$ 是 K 个互相独立的标准正态随机变量。于是，由 χ^2 分布的定义可知：

$$Q=N \sum_{j=1}^{K} [\rho_j(a)]^2 \sim \chi^2(K)$$

故可按 χ^2 检验法来检验 Q 是否服从自由度为 K 的 χ^2 分布。根据数理统计的假设检验理论，有原假设：$H_0: Q \sim \chi^2(K)$

在显著水平 α 下，可从 χ^2 分布数值表中查得满足 $P\{\chi^2 < \chi^2_{1-\alpha}(K)\}=1-\alpha$ 的临界值 $\chi^2_{1-\alpha}(K)$。当 $Q \geq \chi^2_{1-\alpha}(K)$ 时，应认为 H_0 不成立，也可以说模型不合适；而当 $Q < \chi^2_{1-\alpha}(K)$ 时，应接受 H_0，即可以说模型是合适的。

5. 预报

就是根据过去和现在的时间序列的样本观测值，对未来某些时刻的随机变量进行估计。对于 $AR(p)$ 序列的预报，由于其中系数 φ_1，φ_2，……φ_p 是已估计得到的确定值，可以看到，当 $l=1$，2，3 时，有

$$\hat{x}_k(1)=\varphi_1\hat{x}_k+\varphi_2 x_{k-1}+\cdots\cdots+\varphi_p x_{k-p+1}$$
$$\hat{x}_k(2)=\varphi_1\hat{x}_k(1)+\varphi_2 x_k+\cdots\cdots+\varphi_p x_{k-p+2}$$
$$\hat{x}_k(3)=\varphi_1\hat{x}_k(2)+\varphi_2 x_k(1)+\cdots\cdots+\phi_p x_{k-p+3}$$

不断递推，可以得到任意 l 步的预报值。

6. 实例分析

本例采用某十四层建筑物上一个沉降监测点的 21 期观测数据，见表 15-6，来详细说明时间序列在沉降数据处理中的应用。

观测次数与高程值 表 15-6

观测次数	高程值(m)	观测次数	高程值(m)	观测次数	高程值(m)
1	51.91603	8	51.91065	15	51.90483
2	51.91558	9	51.91099	16	51.90427
3	51.91515	10	51.91012	17	51.90466
4	51.91420	11	51.90756	18	51.90474
5	51.91123	12	51.90645	19	51.90417
6	51.91115	13	51.90598	20	51.90326
7	51.91119	14	51.90474	21	51.90280

(1) 确定模型的阶数

当 $p=1$：$x_t=\varphi_1 x_{t-1}+a_t$。$\varphi_1$ 的最小二乘估计为：1；求得：$\Omega_1=2.278\times10^{-5}$。

当 $p=2$：$x_t=\varphi_1 x_{t-1}+\varphi_2 x_{t-2}+a_t$。$\varphi_1$，$\varphi_2$ 的最小二乘估计为：

$$\begin{pmatrix}\varphi_1\\\varphi_2\end{pmatrix}=\begin{pmatrix}1.0924\\-0.0924\end{pmatrix}$$

求得：$\Omega_2=1.37737\times10^{-5}$，$F=12.424$，取 $\alpha=0.05$，查表得：$F_\alpha(1,19)=4.38$，$F>F_\alpha$，假设不成立。

当 $p=3$，$x_t=\varphi_1 x_{t-1}+\varphi_2 x_{t-2}+\varphi_3 x_{t-3}+a_t$。$\varphi_1$，$\varphi_2$，$\varphi_3$ 的最小二乘估计为：

$$\begin{pmatrix}\varphi_1\\\varphi_2\\\varphi_3\end{pmatrix}=\begin{pmatrix}1.1083\\-0.3117\\0.2033\end{pmatrix}$$

求得：$\Omega_3=1.322\times10^{-5}$，$F=0.754$，取 $\alpha=0.05$，查表得：$F_\alpha(1,18)=4.41$，$F<F_\alpha$，假设成立。接受假设。模型的阶数为 3。

(2) 模型参数估计：由最小二乘估计得：

$$\begin{pmatrix}\varphi_1\\\varphi_2\\\varphi_3\end{pmatrix}=\begin{pmatrix}1.1083\\-0.3117\\0.2033\end{pmatrix}$$

$AR(3)$ 模型为：$x_t=1.1083x_{t-1}-0.3117x_{t-2}+0.2033x_{t-3}$，求得噪声方差的最小二乘估值为：$\hat{\sigma}_a^2=1.34\times10^{-7}$

(3) 模型的检验：

平稳性检验,由模型方程可得延迟算子的方程:
$$1-1.1083B+0.3117B^2-0.2033B^3=0$$

求解得:$B_1=0.2666+2.2017i$,$B_2=0.2666-2.2017i$,$B_3=1.001$

很容易看出:$|B_2|>1$,$|B_2|>1$,$|B_3|>1$。所以该模型满足平稳性条件,他是一个三阶平稳自回归模型。

白噪声的自相关函数检验:取 $K=2$,假设:H_0:Q、$\chi^2(2)=0.0148$,取 $\alpha=0.05$,$\chi^2_{1-0.05}(2)=\chi^2_{0.95}(2)=0.103$,$Q<\chi^2_{0.95}(2)$,所以接受 H_0,可以说模型是合适的。

(4)预报:
$$x_{21}(1)=1.1083x_{21}-0.3117x_{20}+0.2033x_{19}=51.89774$$
$$x_{21}(2)=1.1083x_{21}(1)-0.3117x_{21}+0.2033x_{20}=51.89210$$
$$x_{21}(3)=1.1083x_{21}(2)-0.3117x_{21}(1)+0.2033x_{21}=51.88733$$

观测高程与预报高程对比 表 15-7

次数	22	23	24	25	26	27
观测值	51.90247	51.90105	51.89947	51.89831	51.89716	51.89527
预报值	51.89774	51.89210	51.8891	51.88277	51.87806	51.87328
误差	0.00473	0.00895	0.01214	0.01554	0.01910	0.02198

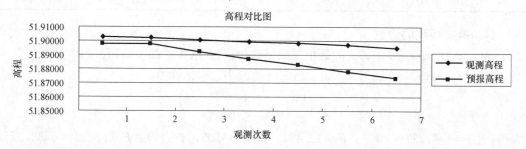

从上面的分析可以看出,随着预报次数的增加,预报值与观测值之间的差值越来越大。一方面说明了该建筑物地基的稳定性;另一方面也说明了使用时间序列在理论上进行预报与建筑物的实际沉降状况还是有一定差距的,并且这种差距会随着预报次数的增加而增加。

从上面的分析可以看出预报沉降量的变化趋势与观测沉降量的变化趋势,基本上保持。一

观测高程的沉降趋势 表 15-8

次数	22	23	24	25	26	27
观测高程	51.90247	51.90105	51.89947	51.89831	51.89716	-51.89527
沉降量	-0.00033	-0.00142	-0.00158	-0.00116	-0.00105	-0.00189

预报高程的沉降趋势 表 15-9

次数	22	23	24	25	26	27
预报高程	51.89774	51.89210	51.8891	51.88277	51.87806	51.87328
沉降量	-0.00034	-0.00564	-0.00477	-0.00456	-0.00471	-0.00477

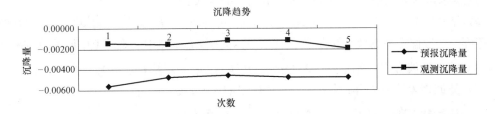

致，因此，我们可以利用时间序列分析方法对建筑物的沉降趋势作出定性的判断，并且在短期内还可以对建筑物的沉降量进行预报，但是，对于精度要求较高、需要进行长期监测的建筑物来说，时间序列分析方法不适合进行定量的预报。只能够从沉降趋势上来进行建筑物的沉降分析。因为，预报值会随着预报次数的增加而呈现线性变化趋势，与观测值之间存在着一定差异。

二、Kalman 滤波在沉降监测动态数据处理中的应用

Kalman 滤波技术是 20 世纪 60 年代初由卡尔曼（Kalman）等人提出的一种递推式滤波算法，他是一种对动态系统进行实时数据处理的有效方法。目前在变形监测数据处理中的应用较为广泛。他的最大特点是拥有最小无偏差性，能够剔除随机干扰误差，从而获取逼近真实情况的有用信息。既可以用于数据的预报，也可以用于数据的检验。

1. Kalman 滤波的基本原理与公式

对于动态监测对象的数据处理，Kalman 滤波采用递推的方式，借助于该对象本身的状态转移矩阵和观测资料，实时最优估计监测对象的状态，并且能对未来时刻该对象的状态进行预报，因此，这种方法可用于动态监测对象的实时控制和快速预报。

Kalman 滤波的数学模型包括状态方程和观测方程两部分，其离散化形式为：
$$X_k = \phi_{k/k-1} X_{k-1} + \Gamma_{k-1} \Omega_{k-1}$$
$$L_k = H_k X_k + \Delta_k$$

式中，X_k 为 t_k 时刻监测对象的状态向量（n 维）；L_k 为 t_k 时刻对监测对象的观测向量（m 维）；$\phi_{k/k-1}$ 为时间 t_{k-1} 至 t_k 监测对象状态转移矩阵（$n \times n$）；Ω_{k-1} 为 t_{k-1} 时刻的动态噪声（r 维）；Γ_{k-1} 为动态噪声矩阵（$n \times r$）；H_k 为 t_k 时刻的观测矩阵（$m \times n$）；Δ_k 为 t_k 时刻的观测噪声（m 维）。

如果 Ω 和 Δ 满足如下统计特性：
$$E(\Omega_k) = 0, \quad E(\Delta_k) = 0$$
$$Cov(\Omega_k, \Omega_j) = Q_k \delta_{kj}, \quad Cov(\Delta_k, \Delta_j) = R_k \delta_{kj}, \quad Cov(\Omega_k, \Delta_k) = 0$$

式中，Q_k 和 R_k 分别为动态噪声和观测噪声的方差阵；δ_{kj} 是 Kronecker 函数，即：
$$\delta_{kj} = \begin{cases} 1 & k=j \\ 0 & k \neq j \end{cases}$$

那么，可推得 Kalman 滤波的递推公式为：

（1）状态预报方程：$\hat{X}_{(K/K-1)} = \phi_{K,K-1} \hat{X}_{(K-1/K-1)}$，$\hat{X}_{(K/K-1)}$ 为由时刻 t_{K-1} 的状态预报 t_K 时刻的状态，$\hat{X}_{(K/K)}$ 为 t_K 时刻的滤波值。

（2）预报误差协方差阵：$D_{X(K/K-1)} = \phi_{K,K-1} D_{X(K-1/K-1)} \phi_{K,K-1}^T + \Gamma_{K,K-1} D_{\Omega(K-1)} \Gamma_{K,K-1}^T$

按自适应原则 D_Ω 为状态协方差阵中的对角线上的次大者。

(3) 增益矩阵：$J_K = D_{X(K/K-1)} B_K^T [B_K D_{X(K/K-1)} B_K^T + D_{\Delta(K)}]^{-1}$，其中，$D_\Delta$ 为观测噪声方差阵，一般假定观测噪声的方差是一定的，取为动态平差中的观测值中误差协方差阵。

(4) 状态滤波方程：$\hat{X}_{(K/K)} = \hat{X}_{(K/K-1)} + J_K (L_K - B_K \hat{X}_{(K/K-1)})$。

(5) 滤波误差协方差阵：$D_{X(K/K)} = (I - J_K B_K) D_{X(K/K-1)}$。

(6) 初始状态条件：$\hat{X}_0 = E(X_0) = \mu_0$，$\hat{D}_0 = Var(X_0)$。

从上面的滤波过程可以看出，卡尔曼滤波方程是一组类推计算公式，其计算过程是不断预测、修正的过程，在求解时不需要存储大量的观测数据，特别适用于数据量比较大的时候的数据处理，并且当得到新的观测数据时，可随时得到新的滤波值，便于实时处理观测成果。还可以对观测对象的未来状态进行预报。

2. 实例

本实例以北京市地铁 4 号线 12 标段的某一地面沉降监测点的 20 期高程观测数据为算例。在动态水准监测系统中，以该点的高程及其沉降速率为状态，且认为各期的观测时刻都是相同的，则该点在第 $k+1$ 期的状态方程和观测方程分别为：

$$X_{i,k+1} = \begin{bmatrix} 1 & \Delta t_k \\ 0 & 1 \end{bmatrix} X_{i,k} + \begin{bmatrix} \frac{1}{2}\Delta t_k^2 \\ \Delta t_k \end{bmatrix} \Omega_{i,k}$$

$$L_{i,k+1} = B_{k+1} X_{k+1} + \Delta_{i,k+1}$$

滤波初值的确定，由于该动态系统的维数为 2，观测系统的维数为 1，故观测点的状态向量可以由前两期观测值的动态平差结果确定，取为：

$$X(0) = [51.81534, -0.00077]^T; D_X(0) = 1 \times 10^{-6} \times \begin{bmatrix} 0.1444 & -0.1444 \\ -0.1444 & 0.1444 \end{bmatrix}$$

取 $\Delta t = 1$，$D_\Omega(0) = 0.5776$；$D_\Delta(0) = 0.2888$

系统状态转移矩阵、观测矩阵和动态噪声矩阵取为：

$$\phi = \begin{bmatrix} 1 & 1 \\ 0 & 1 \end{bmatrix} \quad B = (1, 0) \quad \Gamma = \begin{bmatrix} 0.5 \\ 1 \end{bmatrix}$$

该点 20 期的数据经卡尔曼滤波处理后，其原始观测值、预报值、卡尔曼滤波值、原始观测值与预报值的差值、原始观测值与滤波值的差值分别列于表 15-10 中。相应的图形分别展示在图 15-9、图 15-10 和图 15-11 中。

观测值、预报值、滤波值对比表（单位：m）　　　　　　　　　表 15-10

观测次数	1	2	3	4	5
观测值	51.81563	51.81610	51.81423	51.81393	51.81341
预报值	51.81460	51.81490	51.81660	51.81400	51.81320
滤波值	51.81490	51.81580	51.81470	51.81400	51.81340
观预差值	0.00103	0.00120	−0.00237	−0.00007	0.00021
观滤差值	0.00073	0.00030	−0.00047	−0.00007	0.00001

续表

观测次数	6	7	8	9	10
观测值	51.81231	51.81257	51.81117	51.81091	51.80883
预报值	51.81280	51.81150	51.81210	51.81050	51.81020
滤波值	51.81240	51.81240	51.81140	51.81140	51.80910
观预差值	−0.00049	0.00107	−0.00093	0.00041	−0.00137
观滤差值	−0.00009	0.00017	−0.00023	−0.00049	−0.00027
观测次数	11	12	13	14	15
观测值	51.80852	51.80745	51.80750	51.80723	51.80868
预报值	51.80760	51.80740	51.80650	51.80700	51.80700
滤波值	51.80830	51.80740	51.80730	51.80720	51.80840
观预差值	0.00092	0.00005	0.00100	0.00023	0.00168
观滤差值	0.00022	0.00005	0.00020	0.00003	0.00028
观测次数	16	17	18	19	20
观测值	51.80921	51.80811	51.80500	51.80420	51.80475
预报值	51.80920	51.81010	51.80810	51.80330	51.80230
滤波值	51.80920	51.80850	51.80560	51.80400	51.80430
观预差值	0.00001	−0.00199	−0.00310	0.00090	0.00245
观滤差值	0.00001	−0.00039	−0.00060	0.00020	0.00045

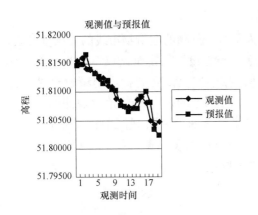

图 15-9 观测值与预报值对比图

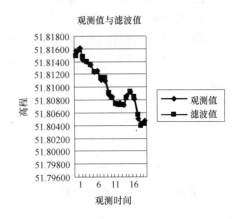

图 15-10 观测值与滤波值对比图

从表 15-9、图 15-9、图 15-10 和图 15-11 中可以看出，Kalman 滤波值、Kalman 预报值与原始观测值数据曲线的变化趋势非常接近，卡尔曼滤波值与原始观测值的最大差值为 0.73mm，平均为 0.002mm；Kalman 预报值与原始观测值的最大差值也仅为 3.10mm，平均为 0.04mm。这说明所建立的卡尔曼滤波模型是合理的、可靠的，较好地模拟了动态监测对象的变化规律。

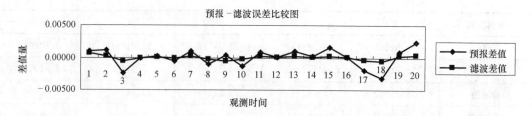

图 15-11 预报误差与滤波误差对比图

第四节 建（构）筑物的水平位移监测

位移观测的测量标志可根据监测对象和周围环境情况进行特别的设计，目标应满足观测需要，也可以用监测对象的特征点作为测量标志。水平位移监测的方法较多，当测量地面观测点在特定方向的位移时，可选用视准线法。他包括测小角法、活动觇牌法、激光准直法及测边角法等。采用视准线法测定绝对位移时，应在视准线两端各自向外的延长线上，埋设基准点或按检核方向线法埋设 4～5 个检核点。当测量观测点任意方向位移时，可视观测点的分布情况，采用前方交会法或方向差交会法、导线测量法或近景摄影测量等方法。

水平位移观测的周期应视变形情况和工程进展而定。

下面介绍几种常用方法。

1. 视准线法

视准线法包括小角法和活动觇牌法

（1）测小角法

测小角法的测量原理如图 15-12 所示，AB 为平行于待测的建筑物边线的一条基准线，在工作基点 A 点上设置精密全站仪，在另一个工作基点 B 及监测点 P_i 上设立觇标，用精密全站仪测出小角 α_i 及 A 到 P_i 的距离 S_i，角度观测的精度和测回数，应按要求的偏差值观测中误差估计确定；距离可按 1/2000 的精度量测。则 P_i 点相对于基准线 AB 的水平位移 λ_i 为：

$$\lambda_i = \frac{\alpha_i}{\rho} S_i$$

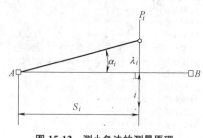

图 15-12 测小角法的测量原理

（2）活动觇牌法

活动觇牌法是视准线法的另一种方法。观测点的位移值是直接利用安置于观测点上的活动觇牌（见图 15-13）直接读数来测定的。观测时基准线离开观测点的距离不应超过活动觇牌读数尺的读数范围。在基准线一端安置经纬仪或视准仪，瞄准安置在另一端的固定觇牌进行定向，此时仪器在水平方向上制动好不能动。然后依次在各观测点上安置活动觇牌，观测者指挥活动觇牌操作者利用活动觇牌上的微动螺旋左右移动活动觇牌，待活动觇牌的照准标志正好移至方向线上时在活动觇牌上直接读数，同一观测点各期读数之差即为该点的水平位移。每个观测点，应按确定的测回数进行往测与返测。

2. 激光准直法

点位布设与活动觇牌法的要求相同。根据测定偏差值的方法不同，可采用有激光经纬仪准直法或衍射式激光准直法。

（1）激光经纬仪准直法

激光经纬仪准直法与活动觇牌法在测定偏离值的方法上是一致的。只是用激光经纬仪取代传统的光学经纬仪，使视准线成了一条具有一定能量的可见光束；在活动觇牌的中心装有两个半圆的硅光电池组成的光电探测器。两个硅光电池各接在检流表上。当激光照准觇牌中心时，左右两个电极产生的电流相等，检流表指针读数为零。否则就不为零。用"电照准"来取代"光照准"，可提高照准精度5倍左右。

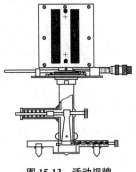

图15-13　活动觇牌

（2）衍射式激光准直法

用于较长距离（如1000m之内）的高精度准直，可采用三点式激光衍射准直系统或衍射频谱成像及投影成像激光准直系统。对短距离（如数十米）的高精度准直，可采用衍射式激光准直仪或连续成像衍射板准直仪。

3. 测边角法

对主要观测点，可以该点为测站测出对应基准线端点的边长与角度，求得偏差值。对其他观测点，可选适宜的主要观测点为测站，测出对应其他观测点的距离与方向值，按坐标法求得偏差值。角度观测测回数与长度的丈量精度要求，应根据要求的偏差值观测中误差确定。

第五节　建（构）筑物的倾斜监测与裂缝监测

一、倾斜监测

建（构）筑物倾斜观测的方法有两类：一类是直接测定建（构）筑物的倾斜；另一类是通过测量建（构）筑物基础相对沉降的方法来确定建（构）筑物的倾斜。

直接测定建（构）筑物倾斜方法中最简单的是吊垂球法。对于无法固定悬挂垂球的高层建筑、水塔、烟囱等构筑物，通常采用激光观测法或利用经纬仪测定水平角的方法来测定他们的倾斜。当建（构）筑物立面上观测点数量较多或倾斜变形比较明显时，也可采用近景摄影测量方法来测定他们的倾斜。

1. 吊垂球法

应在建（构）筑物顶部或一定高度的观测点上，直接或支出一点悬挂适当重量的垂球，在垂线下的底部固定读数设备，直接读取或量出上部观测点相对底部观测点的水平位移量和位移方向。

2. 激光铅直仪观测法

应在建（构）筑物顶部适当位置安置接收靶，在其垂线下的地面或地板上安置激光铅直仪或激光经纬仪，按一定周期观测，在接收靶上直接读取或量出顶部的水平位移量和位移方向。作业中仪器应严格整平、对中。

3. 激光位移计自动测记法

位移计宜安置在建筑物底层或地下室地板上，接收装置可设在顶层或需要观测的楼层，激光通道可利用楼梯间梯井，测试室宜选在靠近顶部的楼层内。当位移计发射激光时，从测试室的光线示波器上可直接获取位移图像及有关参数，并自动记录成果。

4. 测水平角法

对塔形、圆形构筑物，每测站的观测，应以定向点作为零方向，以所测上下各观测点的方向值和至底部中心的距离，计算顶部中心相对底部中心的水平位移分量和位移方向。对矩形建筑物，可在每测站直接观测顶部观测点与底部观测点之间的夹角或上层观测点与下层观测点之间的夹角，以所测角值与距离值计算整体的或分层的水平位移分量和位移方向。

二、裂缝监测

由于建（构）筑物的不均匀沉降或其他原因发生裂缝时，或者预留的伸缩缝发生变化时，为了观察其现状和变化，应对裂缝进行观测。当建（构）筑物多处发生裂缝时，应先对裂缝进行编号，画出裂缝分布图，然后开始进行裂缝监测，监测每一裂缝的位置、走向、长度、度和深度。

建（构）筑物裂缝监测的周期宜在开始时半个月测一次，以后一月左右观测一次。当发现裂缝加大时，应增加观测次数。

对于混凝土建（构）筑物上的裂缝监测，通常要求有较高的精度。因此要采用特制的监测标志。特制的监测标志可测量裂缝在三维空间上的变形量。图 15-14 是常用的裂缝监测标志。标志用两片白铁片制成，一片 150mm×150mm，并使其一边和裂缝的边缘对齐，另一片为 50mm×200mm，固定在裂缝的另一侧，并使其一部分紧贴在 150mm×150mm 的白铁片上，白铁片的边缘彼此平行。标志固定好后，在两片白铁片露在外面的表面涂上白色油漆，并用黑油漆在矩形白铁皮上写明编号和标志设置日期。

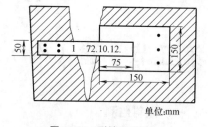

图 15-14 裂缝观测标志

标志设置好后，如果裂缝继续发展，白铁皮将被逐渐拉开，露出正方形白铁皮上没有涂油漆的部分，他的宽度就是裂缝加大的宽度，可以用尺子直接量出。

思考题与习题

1. 建（构）筑物变形产生的原因是什么？
2. 变形监测的含义、目的及其特点是什么？
3. 变形监测工作的具体实施步骤。
4. 沉降观测基准网点、工作基点和监测点的布设原则是什么？
5. 沉降观测频率和观测次数是如何确定的？
6. 水平位移观测有哪几种常用方法？
7. 倾斜观测有哪几种常用方法？
8. 裂缝观测有哪几种常用方法？

主要参考文献

[1] 北京建筑工程学院测量教研组. 普通工程测量（第二版）. 北京：中国建筑工业出版社，1984.
[2] 刘基余等编著. 全球定位系统原理及其应用. 北京：测绘出版社，1993.
[3] 覃辉. 土木工程测量. 上海：同济大学出版社，2006.
[4] 卞正富. 测量学. 北京：中国农业出版社，2002.
[5] 刘玉珠. 土木工程测量. 广州：华南理工大学出版社，2007.
[6] 过静珺. 土木工程测量. 武汉：武汉理工大学出版社，2003.
[7] 陈久强. 土木工程测量. 北京：北京大学出版社，2006.
[8] 杨小明. 土木工程测量. 北京：中国建材工业出版社，2006.
[9] 潘正风. 数字测图原理与方法. 武汉：武汉大学出版社. 2002.
[10] 合肥工业大学等. 测量学（第四版）. 北京：中国建筑工业出版社. 1979.
[11] 林文介. 测绘工程学. 广州：华南理工大学出版社，2003.
[12] 严莘稼. 建筑测量学教程. 北京：测绘出版社，2008.
[13] 周忠谟等编著. GPS卫星测量原理与应用（修订版）. 北京：测绘出版社. 1997.
[14] 刘大杰等编著. 全球定位系统（DPS）的原理与数据处理. 上海：同济大学出版社. 1996.
[15] 陈秀忠. 城市建设测量. 北京：测绘出版社，2008.
[16] 张坤宜. 交通土木工程测量. 武汉：武汉大学出版社，2003.
[17] 王侬. 现代普通测量学. 北京：清华大学出版社，2001.
[18] 张瑞菊. 基于三维激光扫描数据的古建筑构件三维重建技术研究. 博士学位论文. 武汉大学. 2006.
[19] 李必军等. 从激光扫描数据中进行建筑物特征提取研究. 武汉大学学报信息科学版，28（1）：65-70. 2003.
[20] 卢秀山等. 车载式城市信息采集与三维建模系统. 武汉大学学报（工学版）. 2003，36（3）：76-80.
[21] 罗名海. 3S技术的发展趋势与在城市规划中的应用前景. 地理空间信息. 2004，2（4）.
[22] 刘平. 遥感技术在城市规划中的应用. 山西建筑. 2008，43（15）.
[23] 范文兵. "3S"技术在城市规划及建设中的应用. 安徽建筑. 2006（1）.
[24] 孙旭红. 遥感系统、地理信息系统在城市规划监测中的应用. 科学技术与工程. 2006，6（11）.
[25] 李德仁等. 移动道路测量系统及其在科技奥运中的应用. 科学通报. 2009，54（3）.
[26] 李德仁. 移动测量技术及其应用. 地理空间信息. 2006，4（4）.
[27] 戴连君等. 北京市全球卫星定位综合应用服务系统. 测绘通报. 2004，8.

尊敬的读者：

感谢您选购我社图书！建工版图书按图书销售分类在卖场上架，共设22个一级分类及43个二级分类，根据图书销售分类选购建筑类图书会节省您的大量时间。现将建工版图书销售分类及与我社联系方式介绍给您，欢迎随时与我们联系。

★建工版图书销售分类表（详见下表）。

★欢迎登陆中国建筑工业出版社网站www.cabp.com.cn，本网站为您提供建工版图书信息查询、网上留言、购书服务，并邀请您加入网上读者俱乐部。

★中国建筑工业出版社总编室　电　话：010—58934845
　　　　　　　　　　　　　　　传　真：010—68321361

★中国建筑工业出版社发行部　电　话：010—58933865
　　　　　　　　　　　　　　　传　真：010—68325420
　　　　　　　　　　　　　　　E-mail：hbw@cabp.com.cn

建工版图书销售分类表

一级分类名称（代码）	二级分类名称（代码）	一级分类名称（代码）	二级分类名称（代码）
建筑学（A）	建筑历史与理论（A10）	园林景观（G）	园林史与园林景观理论（G10）
	建筑设计（A20）		园林景观规划与设计（G20）
	建筑技术（A30）		环境艺术设计（G30）
	建筑表现·建筑制图（A40）		园林景观施工（G40）
	建筑艺术（A50）		园林植物与应用（G50）
建筑设备·建筑材料（F）	暖通空调（F10）	城乡建设·市政工程·环境工程（B）	城镇与乡（村）建设（B10）
	建筑给水排水（F20）		道路桥梁工程（B20）
	建筑电气与建筑智能化技术（F30）		市政给水排水工程（B30）
	建筑节能·建筑防火（F40）		市政供热、供燃气工程（B40）
	建筑材料（F50）		环境工程（B50）
城市规划·城市设计（P）	城市史与城市规划理论（P10）	建筑结构与岩土工程（S）	建筑结构（S10）
	城市规划与城市设计（P20）		岩土工程（S20）
室内设计·装饰装修（D）	室内设计与表现（D10）	建筑施工·设备安装技术（C）	施工技术（C10）
	家具与装饰（D20）		设备安装技术（C20）
	装修材料与施工（D30）		工程质量与安全（C30）
建筑工程经济与管理（M）	施工管理（M10）	房地产开发管理（E）	房地产开发与经营（E10）
	工程管理（M20）		物业管理（E20）
	工程监理（M30）	辞典·连续出版物（Z）	辞典（Z10）
	工程经济与造价（M40）		连续出版物（Z20）
艺术·设计（K）	艺术（K10）	旅游·其他（Q）	旅游（Q10）
	工业设计（K20）		其他（Q20）
	平面设计（K30）	土木建筑计算机应用系列（J）	
执业资格考试用书（R）		法律法规与标准规范单行本（T）	
高校教材（V）		法律法规与标准规范汇编/大全（U）	
高职高专教材（X）		培训教材（Y）	
中职中专教材（W）		电子出版物（H）	

注：建工版图书销售分类已标注于图书封底。